U0210861

全国高等职业教育暨培训教材

建筑工程造价软件应用
——广联达系列软件

张晓敏	李社生	主　编
王　银	祁巧艳	
杨文娟	孙　婧	副主编
秦绍伯	靳艳萍	主　审

中国建筑工业出版社

图书在版编目（CIP）数据

建筑工程造价软件应用——广联达系列软件/张晓敏等主编. —北京：中国建筑工业出版社，2013.2

（全国高等职业教育暨培训教材）

ISBN 978-7-112-15000-7

Ⅰ.①建…　Ⅱ.①张…　Ⅲ.①建筑工程-工程造价-应用软件-高等职业教育-教材　Ⅳ.①TU723.3-39

中国版本图书馆 CIP 数据核字（2012）第 304644 号

本书主要围绕"工程量计算和清单计价"这一主题展开，以目前市场上应用较广的"广联达预算软件"为实例，介绍利用软件进行工程量的计算和工程量清单计价的编制。本书共有 12 章，包括图形算量、钢筋抽样和清单计价软件三部分内容。第一部分包括图形算量软件基础知识、界面介绍、通用功能、绘图输入、表格输入与报表预览；第二部分包括钢筋抽样软件基础知识、界面介绍、通用功能、绘图输入；第三部分包括计价软件基础知识、清单计价、定额计价。

本书主要作为高职高专工程造价专业学习预算软件应用的教学用书，也可作为高职高专建筑工程技术专业、建筑工程监理专业、建筑经济管理专业的选用教材。

* * *

责任编辑：范业庶

责任设计：董建平

责任校对：刘梦然　王雪竹

全国高等职业教育暨培训教材

建筑工程造价软件应用

——广联达系列软件

张晓敏　李社生　主　编

王　银　祁巧艳　杨文娟　孙　婧　副主编

秦绍伯　靳艳萍　主　审

*

中国建筑工业出版社出版、发行（北京西郊百万庄）

各地新华书店、建筑书店经销

北京科地亚盟排版公司制版

北京富生印刷厂印刷

*

开本：787×1092 毫米　1/16　印张：30½　字数：758 千字

2013 年 2 月第一版　2020 年 1 月第十二次印刷

定价：**59.00** 元

ISBN 978-7-112-15000-7

（23066）

前　言

　　随着建筑产业市场化的飞速发展，工程造价行业的业务规模和需求也迅速扩大，广大造价人员通过利用信息技术，对提高管理质量、工作效率的业务意识也在不断增强，从根本上为计算机技术的应用创造了良好的条件。根据实际情况，目前90%以上的工程招标投标环节中都使用了相关软件工具，在工程量清单招标、定标的新时期，更是要求造价从业人员掌握技术、经济、管理、商务、合同、计算机软件应用等全方位的专业能力。

　　计算工程量是工程项目预算报价工作中工作量最大的一块业务，而工程量的计算工作是繁琐和辛苦的，这在传统的手工算量体现的尤为明显。传统的手工算量存在着数据重复利用率差、计算量大、计算错误率高等问题。因此，在现阶段，熟练掌握应用算量软件开展业务已成为一名造价工作者必备的素质之一。

　　本书主要围绕"工程量计算和清单计价"这一主题展开，以目前市场上应用较广的"广联达预算软件"为实例，介绍利用软件进行工程量的计算和工程量清单计价的编制。本书共有12章，包括图形算量、钢筋抽样和清单计价软件三部分内容。

　　本书由甘肃建筑职业技术学院张晓敏、李社生主编，由甘肃省建筑工程造价管理总站秦绍伯、甘肃省第二安装工程公司基建处靳艳萍主审。编写分工：张晓敏编写第1章、第4章；李社生编写第2章、第3章；王银、祁巧艳共同编写第6章、第7章、第8章、第9章；杨文娟、孙婧共同编写第10章、第11章、第12章；王雪浪编写第5章并与张晓敏共同编写第4章第9、11、12节。

　　本书主要作为高职高专层次工程造价专业学生学习预算软件应用的教学用书，也可作为高职高专建筑工程技术专业、建筑工程监理专业、建筑经济管理专业的选用教材。

　　本教材的编写得到了甘肃建筑职业技术学院教学领导及建筑经济管理系各位老师的大力支持，在此深表感谢！

　　由于编者的学识和经验有限，书中难免有缺点和不妥之处，恳请各位师生批评指正。

编　者
2013 年 1 月

本书可附赠课件，需要课件的老师请与 5342787@qq.com 联系。

目　　录

第一篇　图形算量软件

第二篇　钢筋抽样软件

第三篇　清单计价软件

第一篇　图形算量软件

第1章　图形算量软件基础知识

1.1　图形算量软件简介

1.1.1　算量软件的开发思路

工程计量和工程计价是工程造价确定的主要工作，工程造价人员要完成一项工程的工程造价的测算，最基本也是最核心的一步就是计算各种构件的工程量，工程量计算的准确与否直接决定着工程造价的准确与否。图形算量软件的诞生就是为了解决手工算量的繁琐过程，并将大量的计算过程交由计算机来完成，将造价人员从大量的工程量计算中解放出来。

广联达图形算量软件基于各地计算规则与清单计价规则，采用建模方式，整体考虑各类构件之间的相互关系，以直接输入为补充进行算量。软件主要解决工程造价人员在招标投标过程中的算量、过程提量、结算阶段构件工程量计算等业务问题，能在很大程度上提高算量工作效率和精度。

本篇以广联达图形算量 GCL2008 软件为例介绍算量软件。广联达图形算量 GCL2008 软件是基于广联达公司自主平台开发的一款算量软件，无需安装 CAD 软件即可使用，软件采用 CAD 导图算量、绘图输入算量、表格输入算量等多种算量模式，三维状态随意绘图、编辑。

具体来说，广联达图形算量 GCL2008 软件的特点体现在以下几个方面：

（1）工程量表，专业简单。

软件设置了工程量表，回归算量的业务本质，帮助工程量计算人员理清算量思路，完整算量。选择或定义各类构件的工程量表——自动套用做法——计算汇总出量，三步完成算量过程。

软件提供了完善的工程量表和做法库，并可按照需要进行灵活编辑，不同工程之间可以直接调用，一次积累，多次使用。

（2）准确计算，精确算量。

软件内置各地计算规则，可按照规则自动计算工程量；也可以按照工程需要自由调整计算规则按需计算；GCL2008 软件采用广联达自主研发的三维精确计算方法，当规则要求按实计算工程量时，可以三维精确扣减按实计算，各类构件就能得到精确的计算结果。

（3）简化界面，流程规范。

界面图标可自由选择纯图标模式或图标结合汉字模式，同时，功能操作的每一步都有相应的文字提示，并且从定义构件属性到构件绘制，流程一致。

（4）三维处理，直观实用。

GCL2008 软件采用自主研发的三维编辑技术建模处理构件，不仅可以在三维模式下绘制构件、查看构件，还可以在三维中随时进行构件编辑，包括构件图元属性信息，还有图元的平面布局和标高位置，真正实现了所得即所见，所见即能改。

（5）复杂构件，简单解决。

面对复杂结构的工程算量，GCL2008 软件可以通过调整构件标高，逐一解决。还新增了区域处理的方法，根据工程结构特点，将工程从立面进行划分区域，然后在区域的基础上，对每个区域单独建立需要的楼层，再结合图纸将所有构件绘制到软件中，从而计算工程量，轻松处理错层、跃层、夹层等复杂结构。

（6）报表清晰，内容丰富。

GCL2008 软件中配置了三类报表，每类报表按汇总层次进行逐级细分来统计工程量，其中指标汇总分析系列报表将当前工程的结果进行了汇总分析，从单方混凝土指标表，再到工程综合指标表，可以看到工程的主要指标，并可根据经验迅速分析当前工程的各项主要指标是否合理，从而判断工程量计算结果是否准确。

1.1.2　算量软件的运行环境

软件的运行速度会因为您的计算机系统配置的不同而略有不同。下面是软件对于计算机系统配置的基本需求：

Inter Pentiun 4 2.0G 处理器或更高。

Windows XP、Windows Vista、Windows 7。

1GB RAM（推荐使用 2GB）。

独立显卡（推荐大于 512M 显存）。

不低于 10GB 可用硬盘空间。

配有 32 位彩色或更高级视频卡的彩色显示器。

1024×768 或更高的显示器分辨率。

CD-ROM 驱动。

1.1.3　算量软件的安装与卸载

（1）软件的安装：

第一步：放入安装光盘，如果光驱是自动运行的话，就直接进入安装目录界面；如果光驱不是自动运行，就进入光盘根目录，单击 Autorun. exe，进入安装目录界面，在弹出的安装界面中选择您需要安装的项目。

第二步：单击"安装 广联达建设工程造价管理整体解决方案"或"安装 广联达图形算量 GCL2008"，稍许等待后将弹出如图 1.1-1 所示的窗口。

第三步：单击"下一步"按钮，进入"许可协议"页面，您必须同意协议才能继续安装，如图 1.1-2 所示。（强烈建议您在安装之前关闭所有运行的程序，包括防病毒软件）

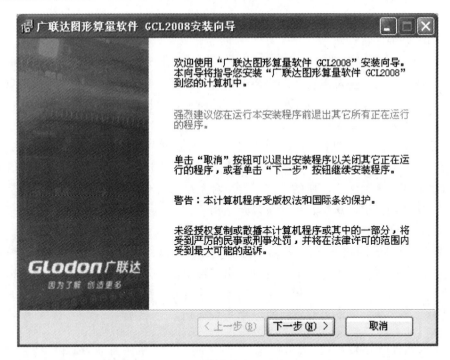

图 1.1-1

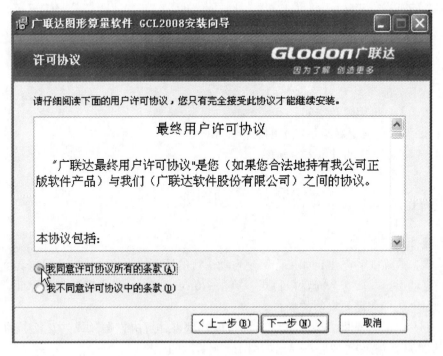

图 1.1-2

第四步：认真阅读《最终用户许可协议》后，选择"我同意许可协议所有的条款"，单击"下一步"按钮，进入"著作权声明"页面，如图 1.1-3 所示。

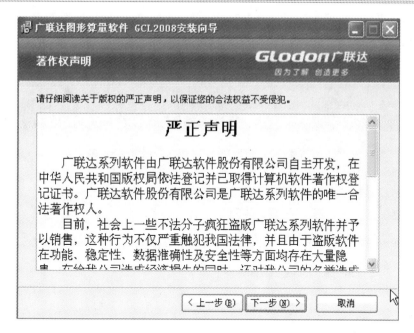

图 1.1-3

第五步：认真阅读《广联达软件股份有限公司严正声明》后，单击"下一步"按钮，进入"安装选项"页面，如图 1.1-4 所示。

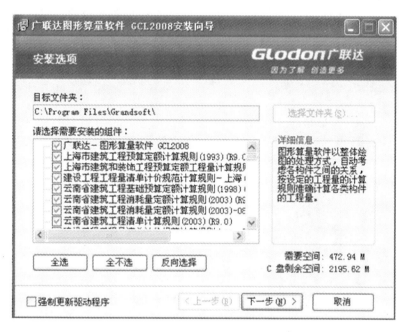

图 1.1-4

注意：

安装程序默认的安装路径为"C：\ Program Files \ GrandSoft \ "，您可以通过"选择文件夹（S）…"按钮来修改默认的安装路径；

组件名称前打"√"则表示安装该组件。不打勾则表示不安装。

第六步：单击"下一步"按钮，开始安装所选组件，如图 1.1-5 所示。

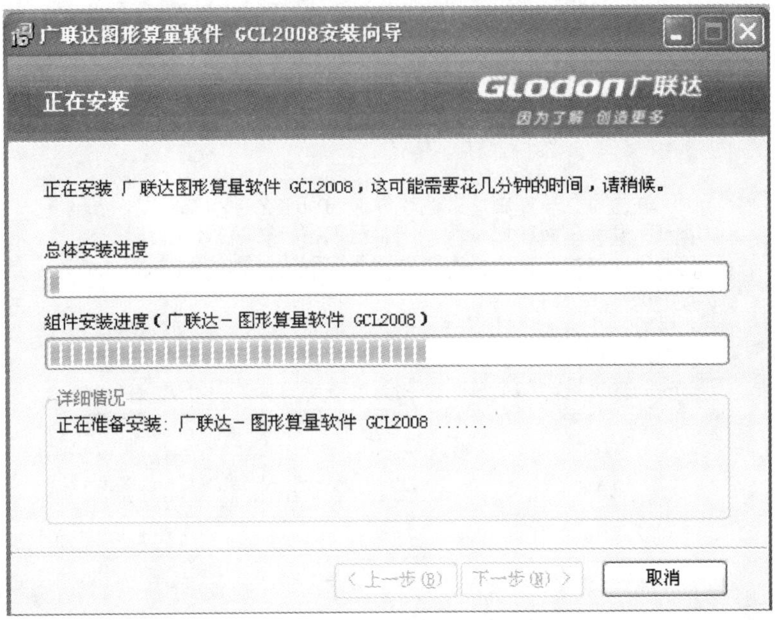

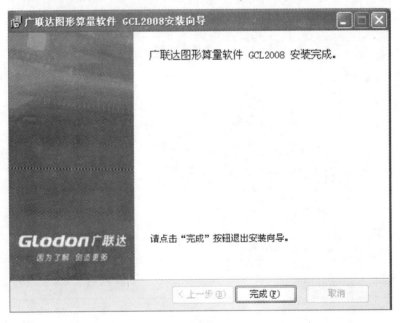

图 1.1-5

第七步：安装完成后会弹出图 1.1-6 所示窗口，单击"完成"按钮，即可完成安装。

图 1.1-6

（2）卸载软件：

第一步：单击电脑左下角"开始"→"程序"→"广联达建设工程造价管理整体解决方案"→"卸载广联达图形算量软件 GCL2008"按钮。

第二步：在弹出的对话框中打"√"选择要卸载的内容，单击"下一步"按钮，如图 1.1-7 所示。

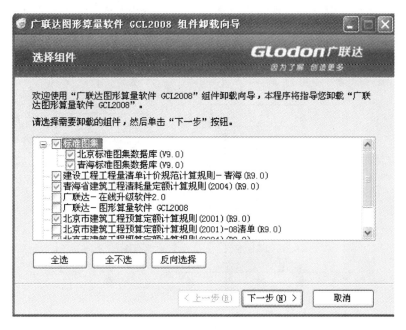

图 1.1-7

第三步：在弹出的对话框中，单击"确定"按钮即可，如图 1.1-8 所示。

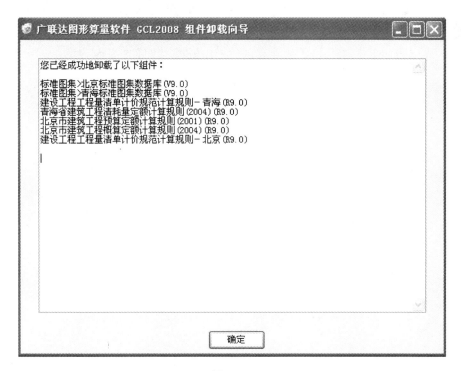

图 1.1-8

1.2 软件算量操作流程

1.2.1 用软件做工程算量的顺序

用软件做工程算量的顺序是按照施工图的顺序：先结构后建筑，先地上后地下，先主体后屋面，先室内后室外，如图 1.2-1 所示。

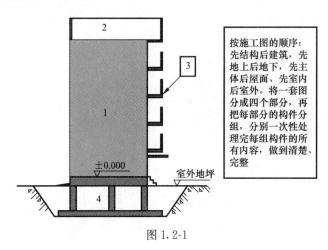

图 1.2-1

1.2.2 软件算量流程

软件算量，需要把各类构件的长度、面积、体积属性输入软件；再把点形构件、线形构件和面形构件画到软件当中；软件中用层高确定高度，属性确定截面，轴网确定位置（点、线、面），从而计算工程量，软件算量的操作流程如图 1.2-2 所示。

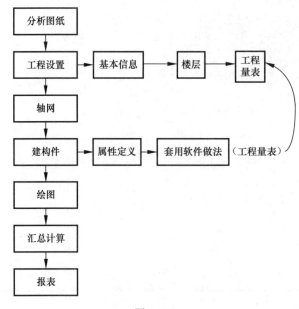

图 1.2-2

1.3　软件算量与手工算量对比

1.3.1　算量软件能算什么量

算量软件能够计算的工程量包括：土石方工程量、砌体工程量、混凝土及模板工程量、屋面工程量、天棚及其楼地面工程量、墙柱面工程量等。

1.3.2　算量软件如何算量

软件算量并不是说完全抛弃了手工算量的思想。实际上，软件算量是将手工的思路完全内置在软件中，只是将计算过程利用软件来实现，依靠已有的计算扣减规则，利用计算机这个高效的运算工具，快速、完整地计算出所有的细部工程量。

我们知道，手工算量最常用的方法是统筹法，也就是先计算出三线一面"$L_{中}$"、"$L_{外}$"、"$L_{内}$"及"$S_{面}$"这四个最基本的工程量，然后利用其他工程量和基本工程量的关系列出相应的式子，计算对应的工程量，继而完成所有工程量的计算工作。图形算量软件是利用代码算量的。在软件中，"三线一面"就相当于代码，当然软件中的代码不仅限于三线一面，还有墙长、墙宽等。代码是按构件为单元进行划分，是不能再分解的最小量。图形算量软件算量的整体思路就是用代码作为算量的最小参数单元，按工程量计算规则自动计算出构件的代码量，造价人员只需直接提取相应的工程量就可以了。

软件最大限度的遵循手工的算量流程，下面以建筑物首层为例，熟悉一下在手工算量时，首层要计算哪些工程量。

墙、门窗、过梁、梁、柱————外围部分。

板————顶盖部分。

地面、踢脚、墙裙、墙面、顶棚————内装部分。

外墙裙、外墙面————外装部分。

楼梯、水池、房心回填土————室内部分。

阳台、雨篷、散水、平整场地等————室外部分。

用图形算量软件来做，步骤相对来说就更好统一，也更简单了。建筑物的任何一层都由这六大实体组成，所不同的是，手工需要列出六大实体的计算式子，软件则是将六大实体"搬"入计算机。下面以"墙"为例，看一看手工算量与软件算量的关系，如图 1.3-1 所示。

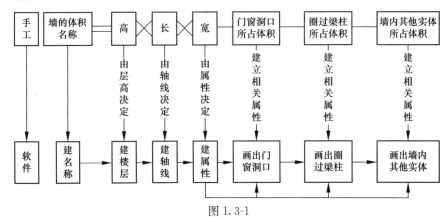

图 1.3-1

第2章 界面介绍

2.1 界面预览

2.1.1 界面示例及工具栏解释

进入软件后，切换到绘图输入界面，可以看到软件界面内由标题栏、菜单栏、工具栏、导航条、绘图区、状态栏等部分组成，如图 2.1-1 所示。

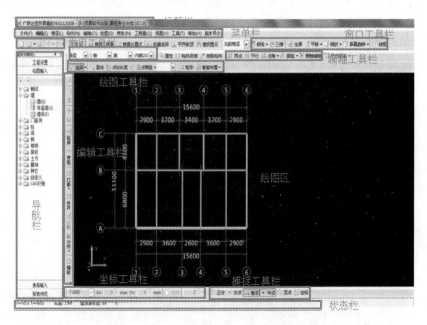

图 2.1-1

标题栏：显示软件名称、工程名称、工程保存路径。

菜单栏：菜单栏的主要作用就是触发软件的功能和操作，软件的所有功能和操作都可以在这里找到。

导航栏：最左侧部分，包括工程设置、绘图输入、表格输入、报表预览四部分。

绘图区：中间黑色的区域是整个绘图操作的区域。

状态栏：提示鼠标的坐标信息，楼层层高、底标高；图元数量，绘图过程中的步骤提示。

窗口工具栏：用于绘图区显示，包括俯视、前视、后视等；轴测图显示；当前层、相邻层、全部楼层、自定义楼层三维查看；动态观察器等。

辅轴工具栏：在任意图层都会显示，便于直接添加辅轴。

绘图工具栏：根据不同图层动态显示不同的绘图命令。

编辑工具栏：常用的删除、复制、移动、旋转等常用编辑命令；延伸、修剪、打断、合并、分割、对齐、设置夹点等特殊编辑命令。

坐标工具栏：可以通过坐标进行绘图。

捕捉工具栏：可以设置交点、垂点、中点、顶点、坐标等捕捉方式。

常用工具栏：包括常用的新建、打开、保存、撤销、恢复。

楼层构件切换工具条：主要用于楼层、构件类型、构件、构件名称切换。

2.1.2 软件常用名词解释

对于图形算量 GCL2008 软件初学者，在使用软件前，需要理解以下名词在软件应用时所表达的意思，这也是熟练使用软件必需的一步。

(1) 构件：即在绘图过程中建立的墙、梁、板、柱等。

(2) 构件图元：简称图元，指绘制在绘图区域的图形。

(3) 构件 ID：ID 就如同每个人的身份证一样。ID 是按绘图的顺序赋予图元的唯一可识别数字，在当前楼层、当前构件类型中唯一。

(4) 公有属性：也称公共属性，指构件属性中用蓝色字体表示的属性，即所有绘制的构件图元的属性都是一致的，如图 2.1-2 所示。

(5) 私有属性：指构件属性中用黑色字体表示的属性，该构件所有图元的私有属性可以一样，也可以不一样。

(6) 附属构件：当一个构件必须借助其他构件才能存在，那么该构件被称为附属构件，比如门窗洞。

(7) 组合构件：先绘制各类构件图元，然后再进行组合成一整体构件，例如，阳台、飘窗、老虎窗。这些构件有一个共同的特征，就是由一些构件组合而成，例如阳台是由墙、栏板、板等组成。

(8) 复杂构件：定义构件时，需要分子单元进行建立；如保温墙、条基、独基、桩承台、地沟。

(9) 依附构件：是 GCL2008 软件为了提高绘图速度所提供的一种构件绘制方式，即在定义构件时，先建立主构件与依附构件之间的关联关系，在绘制主构件时，将与其关联

图 2.1-2

的构件一同绘制上去。如绘制墙时，可以将圈梁、保温层一同绘制上去。圈梁、保温层、压顶可以依附墙而绘制，那么墙构件称为主构件，圈梁、保温层、压顶构件称为依附构件。

(10) 普通构件：如墙、现浇板构件。

(11) 块：用鼠标拉框选择范围内所有构件图元的集合称作块，对块可以进行复制、移动、镜像等操作。

(12) 点选：当鼠标处在选择状态时，在绘图区域单击某图元，则该图元被选择，此操作即为点选，如图 2.1-3 所示。

图 2.1-3

（13）拉框选择：当鼠标处在选择状态时，在绘图区域内拉框进行选择。框选分为两种：

1）单击图中任一点，向右方拉一个方框选择，拖动框为实线，只有完全包含在框内的图元才被选中，如图 2.1-4 所示。

2）单击图中任一点，向左方拉一个方框选择，拖动框为虚线，框内及与拖动框相交的图元均被选中，如图 2.1-5 所示。

（14）点状实体：软件中为一个点，通过画点的方式绘制，如柱、独基、门、窗、墙洞等。

（15）面状实体：软件中为一个面，通过画一封闭区域的方法绘制，如板、筏板基础等。

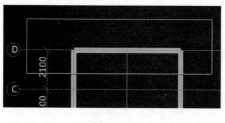

图 2.1-4

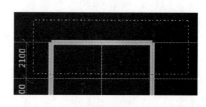

图 2.1-5

（16）线状实体：软件中为一条线，通过画线的方式绘制，如墙、梁、条形基础等。

（17）工程量表：把工程中每个构件需要计算的项罗列出来，作为工程算量的分项依据。这些计算项形成的表就是工程量表。GCL2008 软件中根据各地计算规则内置了一整套量表，使用者可根据工程具体情况调整，使之符合工程实际要求，指导我们的后续算量工作。工程量表符合手工算量的业务流程，并能避免错项、漏项。

（18）标高变量：构件标高属性不但可以是一具体数值，而且可以是一组"汉字"，比如"层顶标高"，表示构件的标高为楼层的顶标高，如图 2.1-6 所示。

图 2.1-6

2.2 主界面内容

GCL2008 图形算量软件的界面主要有工程设置界面、绘图输入界面、表格输入界面、报表预览界面。

2.2.1 工程设置界面

工程设置界面由工程信息、楼层信息、外部清单、计算设置、计算规则五部分组成，可在此界面输入与工程有关的工程信息、楼层信息、混凝土强度等级，查看和调整软件计算规则等，如图 2.2-1 所示。

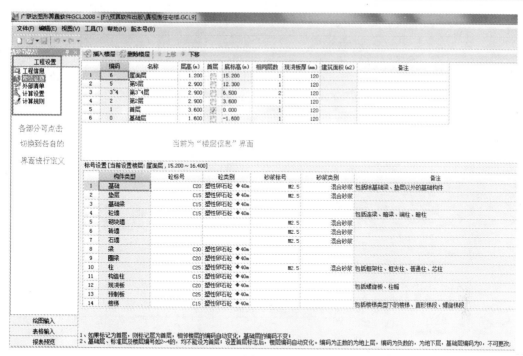

图 2.2-1

2.2.2　绘图输入界面

绘图输入页面主要包括绘图界面、定义界面两大部分，是主操作界面，主要进行构件的定义、绘制、编辑、计算等。

（1）绘图界面如图 2.2-2 所示。

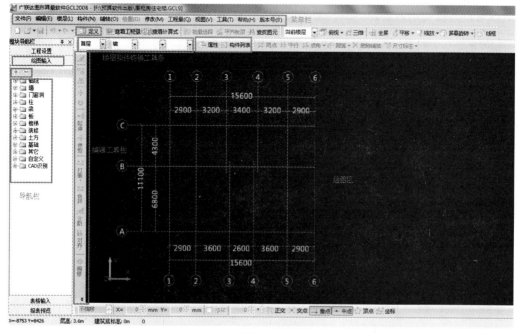

图 2.2-2

（2）定义界面如图 2.2-3 所示。

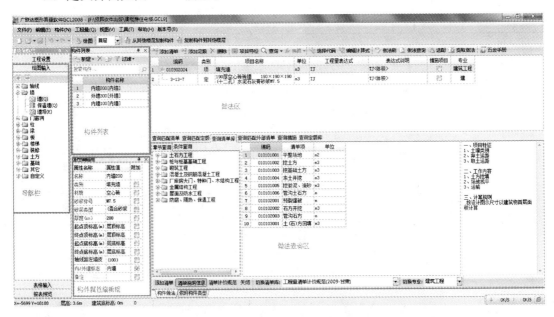

图 2.2-3

2.2.3　表格输入界面

在表格输入界面，可以不绘图就能计算工程量，表格输入主要处理零星构件的工程量计算。

绘图输入中的构件在定义做法的时候需要套用量表，但表格输入中的构件不需要引用量表，可以直接套用做法；同时，表格输入的构件要区分楼层建立，如图 2.2-4 所示。

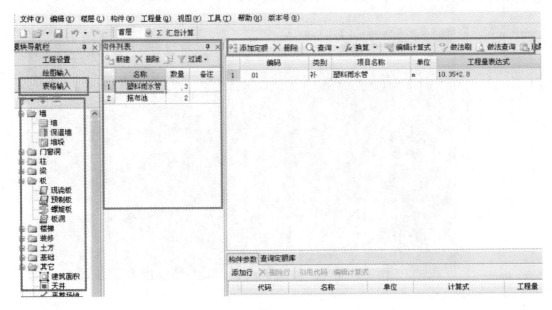

图 2.2-4

2.2.4　报表预览界面

GCL2008 软件提供三类报表：做法汇总分析、构件汇总分析、指标汇总分析，根据标书的不同模式（清单模式、定额模式、清单和定额模式），报表的形式会有所不同，如图 2.2-5 所示。

图 2.2-5

2.3　界面切换

2.3.1　界面的切换

在绘图过程中，需要在"工程设置"、"绘图输入"、"表格输入"、"报表预览"等界面进行切换，如图 2.3-1 所示。

操作步骤：

直接用鼠标左键单击"工具导航条"中相应的按钮即可。

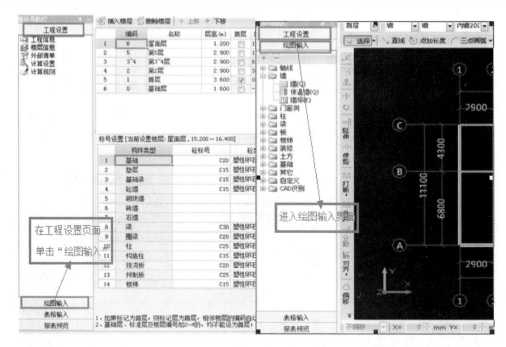

图 2.3-1

2.3.2　楼层的切换

（1）当前楼层（软件默认楼层）。

进行软件切换到"绘图输入"页面后，软件默认楼层为首层，在屏幕下端的状态栏中会显示当前楼层的层高、底标高等信息，有利于用户在绘图时进行查看和修改，如图 2.3-2 所示。

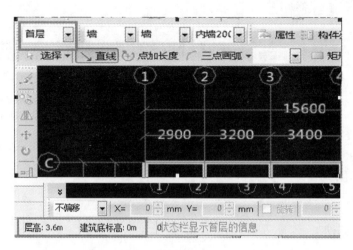

图 2.3-2

（2）楼层切换。

画完一个楼层的构件后，需要切换到另外一个楼层，操作步骤为：单击屏幕左上角工具栏中"楼层选择"的 首层 ▼ 下拉菜单，选择相应楼层即可，如图 2.3-3 所示。

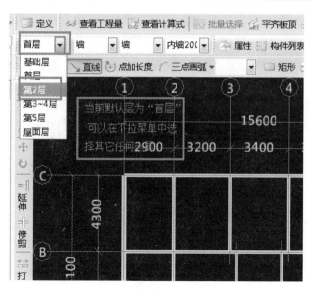

图 2.3-3

2.3.3 构件的切换

（1）构件类型切换。

方法一：在"工具导航条"中的"绘图输入"页面用鼠标左键选择相应的构件类别，软件会自动展开该构件下面的子构件，如：现在需要选择框架柱，操作步骤为：单击"工具导航条"中的"柱"按钮然后选择"框架柱"即可，如图 2.3-4 所示。

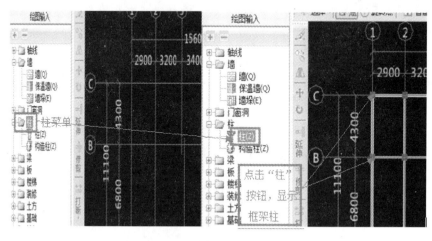

图 2.3-4

方法二：从工具栏中的"构件选择"的 [轴网 ▼] [轴网 ▼] 下拉菜单中直接选择相应构件即可，如图 2.3-5 所示。

（2）构件名称切换。

方法一：从工具栏中的"构件列表"的 [矩形轴网1 ▼] 下拉菜单中选择即可，如图 2.3-6 所示。

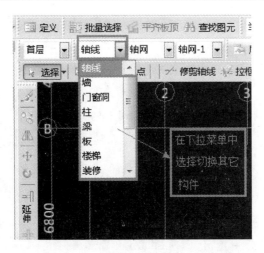

图 2.3-5

图 2.3-6

方法二：用鼠标左键单击工具栏中的 ![构件查看] 按钮，然后在构件列表中直接选择相应构件即可，如图 2.3-7 所示。

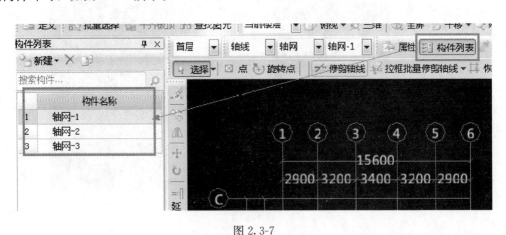

图 2.3-7

（3）拾取构件。

对于已经画过的构件，当构件数量较多，不方便从构件列表中选择时，可以直接单击工具栏中的 ![拾取构件] 按钮，然后用鼠标左键选择构件图元即可，软件自动切换到当前构件状态，如图 2.3-8 所示。

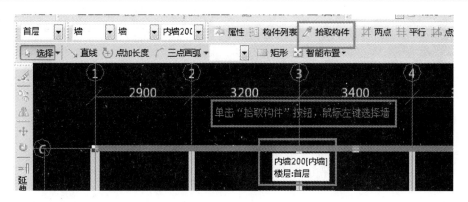

图 2.3-8

第3章 通用功能

3.1 新建工程

3.1.1 启动软件

方法一：双击桌面"广联达图形算量软件 GCL2008"图标，启动软件，如图 3.1-1 所示。

图 3.1-1

方法二：右键单击"开始"按钮，选择图形算量软件图标，右键单击启动，如图 3.1-2 所示。

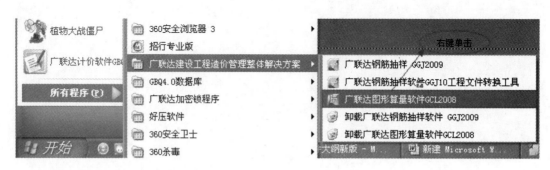

图 3.1-2

3.1.2 退出软件

方法一：单击软件界面右上角的"　"按钮。
方法二：双击软件界面左上角的"　"按钮。

方法三：通过文件菜单退出，如图 3.1-3 所示。

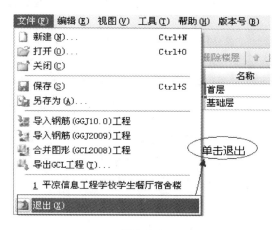

图 3.1-3

3.1.3 新建工程

第一步：双击桌面"广联达图形算量软件 GCL2008"图标，启动软件。

第二步：单击"新建向导"按钮，如图 3.1-4 所示。

图 3.1-4

第三步：按照实际工程的图纸输入工程名称、选择计算规则和定额库，输入完毕后单击"下一步"按钮如图 3.1-5 所示。

第四步：输入工程的相关信息，输入室外地坪相对标高±0.000，输入完毕后单击"下一步"按钮，如图 3.1-6 所示。

第五步：编制信息页面的内容只起标识作用，可不进行输入，单击"下一步"按钮，如图 3.1-7 所示。

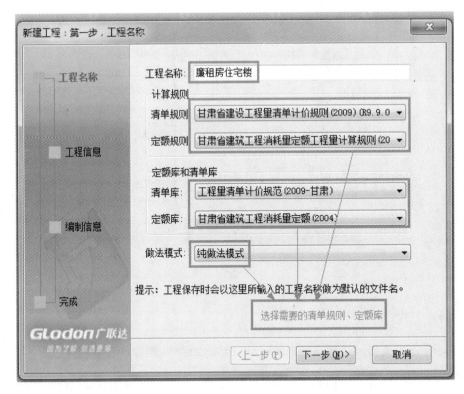

图 3.1-5

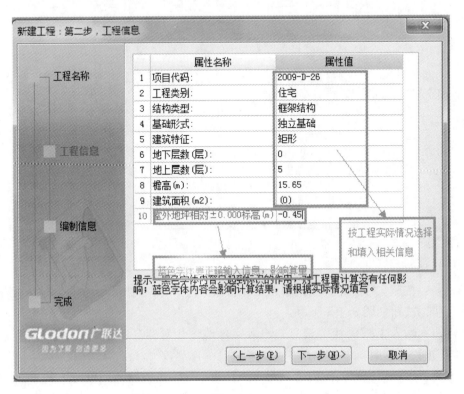

图 3.1-6

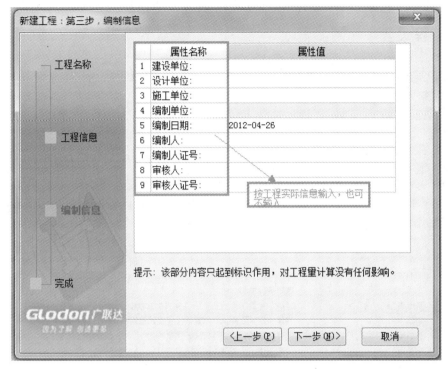

图 3.1-7

第六步：确认输入的所有信息没有错误以后，单击"完成"按钮，完成新建工程的操作，如图 3.1-8 所示。

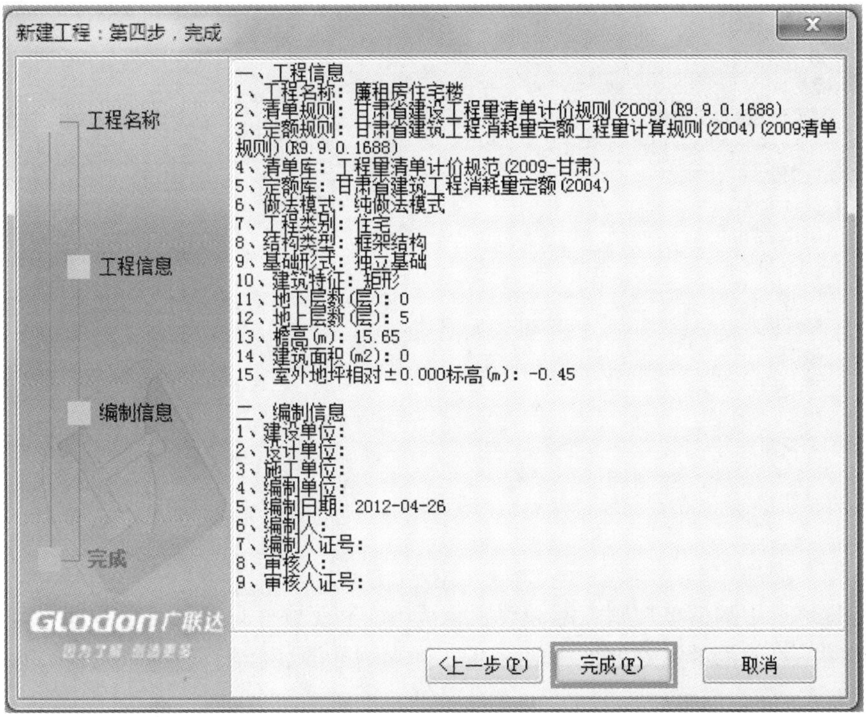

图 3.1-8

3.2 工程设置

工程设置包括工程信息、楼层信息、外部清单、计算设置、计算规则五部分，如图 3.2-1 所示。

图 3.2-1

3.2.1 工程信息

可在工程信息页面浏览新建工程时选择的清单规则、定额规则、清单库和定额库，可输入与工程相关的信息，所有在【工程信息】页签中输入的信息都会与报表的标题、页眉、页脚中的相应信息自动链接，如图 3.2-2 所示。

	属性名称	属性值
1	⊟ 工程信息	
2	工程名称:	廉租房住宅楼
3	清单规则:	甘肃省建设工程量清单计价规则(2009)(R9.9.0.1688)
4	定额规则:	甘肃省建筑工程消耗量定额工程量计算规则(2004)(2009清单规则)(R9.9.0.
5	清单库:	工程量清单计价规范(2009-甘肃)
6	定额库:	甘肃省建筑工程消耗量定额(2004)
7	做法模式:	纯做法模式
8	项目代码:	2009-D-26
9	工程类别:	住宅
10	结构类型:	框架结构
11	基础形式:	独立基础
12	建筑特征:	矩形
13	地下层数(层):	0
14	地上层数(层):	5
15	檐高(m):	15.65
16	建筑面积(m2):	(0)
17	室外地坪相对±0.000标高(m):	-0.45 这个信息的设置对计算工程量有影响
18	⊟ 编制信息	
19	建设单位:	
20	设计单位:	
21	施工单位:	
22	编制单位:	
23	编制日期:	2012-04-26
24	编制人:	
25	编制人证号:	
26	审核人:	
27	审核人证号:	

图 3.2-2

注意：

1）工程信息中的清单规则、定额规则、清单库和定额库只能浏览，不能修改；

2）工程信息中的"室外地坪相对标高"将影响外墙装修工程量和基础土方工程量的计算，请根据实际情况填写；

3）工程信息会因地区规则的不同而有所差异。

3.2.2　楼层信息

在楼层信息界面可输入工程的立面信息，包括了楼层设置和标号设置。

（1）楼层设置，如图 3.2-3 所示。

第一步：单击"工程设置"界面下的"楼层信息"按钮，在右侧的区域内可以对楼层进行定义；

第二步：单击"插入楼层"按钮，进行楼层的添加；

第三步：将顶层的名称修改为屋面层；

第四步：若在其他层的"首层标记"处打勾"√"，可将其变为首层；

第五步：根据图纸输入首层的底标高。

图 3.2-3

注意：

1）软件分层如图 3.2-4 所示。

2）基础层层高设置参照图 3.2-5 所示。

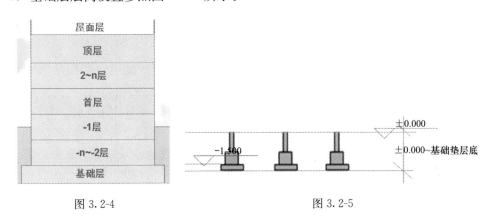

图 3.2-4　　　　　　　　　　　　图 3.2-5

（2）强度等级设置

修改各种构件的混凝土及砂浆的类别和强度等级，如图 3.2-6 所示。

（3）界面术语解释

1）楼层管理：可选择相应的区域插入楼层、删除楼层，输入楼层的层高及标准层数等信息。

图 3.2-6

2）插入楼层：光标选中要插入的楼层，单击"插入楼层"按钮，即可在选中的楼层前插入楼层。

3）删除楼层：可删除选择的楼层。

4）复制楼层：单击右键快捷菜单项"复制楼层"按钮，将选定的楼层行复制到剪贴板中。

5）粘贴楼层：单击右键快捷菜单项"粘贴楼层"，将剪贴板中的楼层行粘贴到当前选择的区域，可以跨区域粘贴。

6）上移：可调整楼层顺序，将光标选中的楼层向上移一层，楼层的名称和层高等信息同时上移。

7）下移：将光标选中的楼层向下移一层。

8）编码：软件默认，不可修改，"0"表示基础层；"1"代表首层；地上层用正数表示，地下层用负数表示。

9）名称：楼层名称软件默认"第×层"格式，可按工程需要修改楼层名称，比如机房层。

10）首层：软件会将首层标识默认勾选在软件默认的首层上，可任意勾选调整，对于首层以下的楼层为地下室，以上楼层为地上层。

11）底标高：只需在首层输入图纸上的首层底标高，其他楼层的底标高软件自动计算，首层底标高默认为 0.00m，建议按建筑标高定义输入。

12）层高：当前楼层的高度，单位为 m；软件提供了 Excel 表格拖动复制的功能，可以快速调整层高数据。

13）相同层数：工程中遇到标准层时，只要将相同的数量输入即可，软件自动将编码改为"$n \sim m$"，底标高会自动叠加，如图 3.2-7 所示。

	编码	名称	层高(m)	首层	底标高(m)	相同层数	现浇板厚(mm)	建筑面积(m2)	备注
1	6	屋面层	1.200	□	15.200	1	120		
2	5	第5层	2.900	□	12.300	1	120		
3	3~4	第3~4层	2.900	□	6.500	2	120		
4	2	第2层	2.900	□	3.600	1	120		
5	1	首层	3.600	☑	0.000	1	120		
6	0	基础层	1.600	□	-1.600	1	120		

图 3.2-7

14）现浇板厚：在这里设定以后，后面新建板时就默认此值，如有个别差异可在新建界面单独修改。

15）建筑面积：不可填写为只读，读取绘图界面根据规则计算对应层建筑面积总和，没有取值范围限制。

16）备注：可以填写说明性的文字，对软件的计算没有任何影响。

17）复制到其他楼层：当有几个楼层强度等级设置相同时，不需要每层单独设置，如图 3.2-8 所示。

图 3.2-8

18）恢复默认值：当您想恢复软件默认设置时可以使用此功能。

注意：

1）该界面中的白色区均可编辑，黄色区不可编辑。

2）"插入楼层"对于首层以上（包括首层）的楼层前插楼层，当前楼层编码不变，在当前行上面插入一楼层行，其楼层编码为当前楼层编码＋1，即依次递增；如首层，前插入一楼层，则编码为 2，如 2 层前的楼层为 3～5，在 2 层前插入楼层后，2 层前的楼层编码为 3，原来 3～5 层编码自动变为 4～6，其上楼层依次递增；对于基础层前插入楼层，当前楼层编码不变，在当前行上面插入一楼层行，其楼层编码为其上层编码－1。

3）标高数据单位一般为米（m）。

4）删除楼层时不能删除当前所在的楼层。

5）首层和基础层是软件自动建立的，是无法删除的。

3.2.3 外部清单

可导入招标方提供的 Excel 格式的清单文件，便于构件定义做法时直接调用招标方已经完成的招标清单书。软件支持导入 Excel2000 以上各个版本（暂不包括 Excel2007）的清单文件，如图 3.2-9 所示。

图 3.2-9

27

导入 Excel 清单项：

第一步：单击"导入 Excel 清单项"按钮，选择需要导入的 Excel 文件，软件会智能进行清单编码、名称、单位、工程量的列识别，您还可以通过单击"列识别"按钮，对软件的识别结果进行调整，软件优化了自动识别行的功能，判断清单项的编码、名称和单位均有值的则为满足要求的清单行；

第二步：单击"选择全部清单行"按钮，单击"导入"按钮即可，如图 3.2-10 所示。

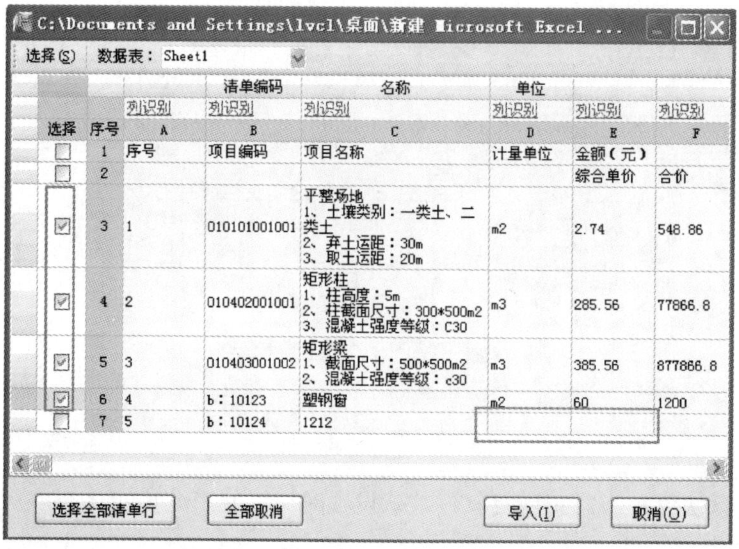

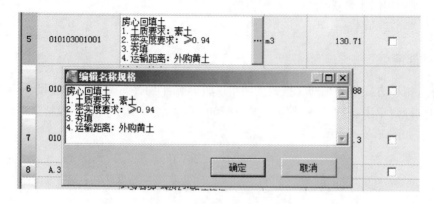

图 3.2-10

项目特征：可在此界面进行项目特征的编辑；由于"2008 清单计价规范"的变化，可以直接识别项目特征单列的 Excel 表格。

查询：可查询清单库和措施项，将甲方清单中缺少的清单项补充全。

注意：可以通过单击清单名称单元格的三点按钮，在弹出的窗口中直接进行清单项目特征的编辑，如图 3.2-11 所示。

图 3.2-11

3.2.4　计算设置

有些计算信息在同一个工程中只需设置一次，不需要多次重复设置，软件提供计算设置功能，将一些计算信息放开给用户，统一自行设置，软件将按设置的计算方法计算。您可通过"清单项目"和"定额项目"页签切换，来调整清单和定额的计算方法，如图 3.2-12 所示。

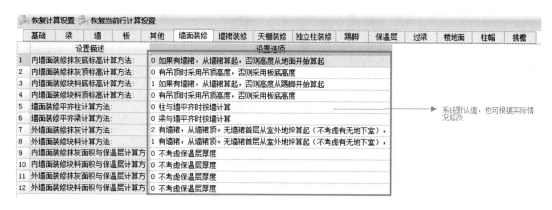

图 3.2-12

（1）恢复计算设置：将当前修改的规则恢复到初始默认规则状态，恢复默认规则时，可以选择恢复全部构件默认规则或者部分构件的默认规则。

（2）恢复当前默认设置项：执行此操作，系统自动将当前行的规则选项调整为系统缺省的规则选项。

3.2.5　计算规则

GCL2008 软件一方面内置全国各地清单及定额计算规则，另一方面将计算规则开放给用户，让用户在使用软件进行工程量计算时，不但可以明白软件的计算思路，让软件计算不再像一个黑匣子，而且还可以根据需要对选定的规则进行调整，使之更符合实际算量需求，明明白白算量，如图 3.2-13 所示。

（1）导入规则：可导入保存的规则文件。

（2）导出规则：可将自行修改的规则导出存为单独的规则文件，以供其他工程导入使用，清单规则默认导出文件扩展名为".QDGZ"，定额规则默认导出文件扩展名为".DEGZ"。

（3）恢复计算规则：将当前清单规则或定额规则恢复为系统默认的计算规则，恢复时可选择恢复全部构件或部分构件类型。

（4）恢复当前行计算规则：在选定的规则行上单击鼠标右键，单击快捷菜单项"恢复当前行计算规则"，可只恢复选择行的计算规则。

（5）过滤工程量：由于软件将所有工程量规则都显示在这里，只查看或修改某个工程量不方便定位，可通过"过滤"将其过滤出来，方便查看。

注意：

图 3.2-13

1）根据各地的清单及定额计算规则要求，软件已经将各构件扣减计算规则设为正确的计算方法，一般不需要调整。

2）计算设置与计算规则的区别在于计算设置主要是对构件自身的计算方式进行设置；计算规则主要是处理构件与构件之间的相交情况如何计算。

3.3　轴网建立

轴线是绘图输入功能里构建绘图输入时的最基本的参照，轴线的作用在于为绘图提供精确位置及长度信息的定位。因此轴线是绘图输入的基础，为了准确计算出工程量，必须保证轴线绘图的准确。

3.3.1　主轴网的建立

在软件中的主轴网分为三类，分别为：正交轴网、圆弧轴网、斜交轴网。正交轴网是建筑工程中最常用的一种轴网类型，也是一般建筑主体的主轴网。

（1）正交轴网的建立：

第一步：在"导航栏"选择"轴网"构件类型，单击构件列表工具栏"新建"→"新建正交轴网"按钮，打开轴网定义界面，如图 3.3-1 所示。

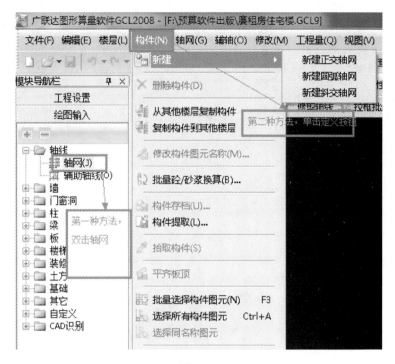

图 3.3-1

第二步：可以在属性编辑框名称处输入轴网的名称，默认"轴网-1"。如果工程有多个轴网拼接而成，则建议填入的名称尽可能详细，如图 3.3-2 所示。

图 3.3-2

第三步：选择一种轴距类型：软件提供了下开间、左进深、上开间、右进深四种类型，如图 3.3-3 所示。

第四步：定义开间、进深的轴距，软件提供了以下三种方法供选择：

1）从常用数值中选取：选中常用数值，双击鼠标左键，所选中的常用数值即出现在轴距的单元格上；

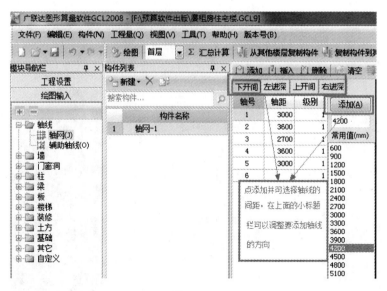

图 3.3-3

图 3.3-4

2）直接输入轴距：在如图 3.3-4 中轴距输入框处直接输入轴距（如 3000mm），然后单击"添加"按钮或直接回车，轴号由软件自动生成。

3）自定义数据：在"定义数据"中直接以"，"隔开输入轴号及轴距。格式为：轴号，轴距，轴号，轴距，轴号……

例如，输入 A，3000mm，B，1800mm，C，3300mm，D；对于连续相同的轴距也可连乘，例如，1，3000mm×6，7，定义完数据后点击"生成轴网"按钮，如图 3.3-5 所示。

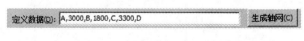

图 3.3-5

第五步：修改轴号，根据图纸修改轴号与图纸标注一致（针对以上 1）、2）两种方法）。上、下开间，左、右进深的标注个数可不一样，即可以定义只在一端标注的轴线，但两端都标注的轴线，两端标注的轴线号必须相同，软件会进行合法性校验，如图 3.3-6 所示。

图 3.3-6

第六步：轴网定义完成后单击工具栏"绘图"按钮，切换到绘图界面，采用"画点"或"画旋转点"的方法画入轴网，如图 3.3-7 所示。

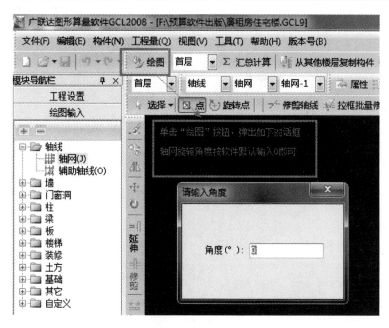

图 3.3-7

注意：1）插入轴网的时候可以按键盘 F4 键，改变轴网的插入点。

2）级别：可以定义轴线标注尺寸的内外级别显示，如图 3.3-8 为轴Ⓐ、轴Ⓒ级别定义为 2 的结果。

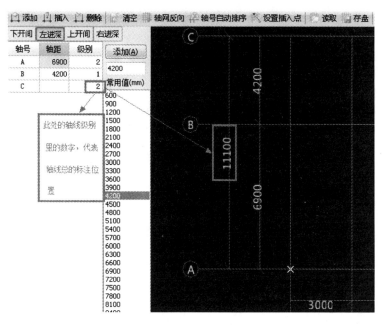

图 3.3-8

3）如果轴网上下开间或左右进深统一连续编号，可以使用"轴号自动生成"功能，让软件自动排序。

4）可以在轴距列表定义输入框中输入加减表达式，例如 1000mm＋200mm，回车后软件自动计算为 1200mm；如图 3.3-9 所示。

（2）圆弧轴网的建立：

第一步：在导航栏选择"轴网"构件类型，单击构件列表工具栏"新建"→"新建圆弧轴网"按钮，打开轴网定义界面。

第二步：可以在属性编辑框名称处输入轴网的名称，默认"轴网-1"。如果工程有多个轴网拼接而成，则建议填入的名称尽可能详细。

第三步：选择一种轴距类型：软件提供了下开间、左进深两种类型，如图 3.3-10 所示。

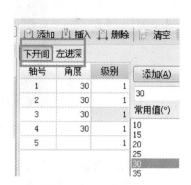

图 3.3-9　　　　　　　　　　　　　　　图 3.3-10

第四步：定义下开间、左进深的轴距，软件提供了以下三种方法供选择：

1）从常用数值中选取：选中常用数值，双击鼠标左键，所选中的常用数值即出现在轴距的单元格上。

2）直接输入轴距，在如图轴距输入框处直接输入轴距如 30°，然后单击"添加"按钮，轴号由软件自动生成；

3）自定义数据：在"定义数据"中直接以","隔开输入轴号及轴距。格式为：轴号，轴距，轴号，轴距，轴号……

例如，输入 1，30°，2，30°，3；对于连续相同的轴距也可连乘，例如：1，30°×2，3，定义完数据后单击"生成轴网"按钮。

第五步：修改轴号，根据图纸修改轴号与图纸标注一致（针对以上 1）、2）两种方法）。

第六步：轴网定义完成后，单击工具栏"绘图"按钮，切换到绘图界面，采用"画点"或"画旋转点"的方法画入轴网，如图 3.3-11 所示。

注意：

1）圆弧轴网下开间输入为角度，左进深输入为弧距。

2）下开间、左进深可以使用"轴网反向"对轴线标注进行反向。

3）起始半径：为第一根圆弧轴线距离圆心的距离，如图 3.3-12 所示。

（3）斜交轴网的建立：

斜交轴网的建立操作步骤同正交轴网，不再赘述，如图 3.3-13 所示。

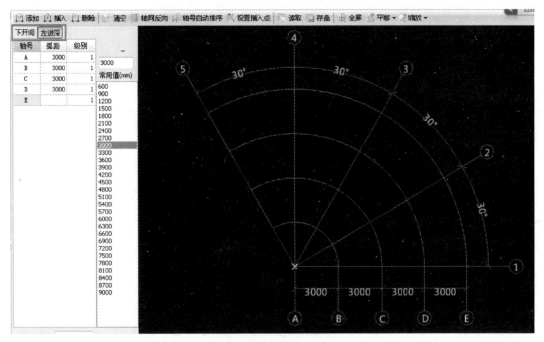

图 3.3-11

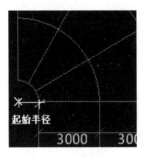

图 3.3-12

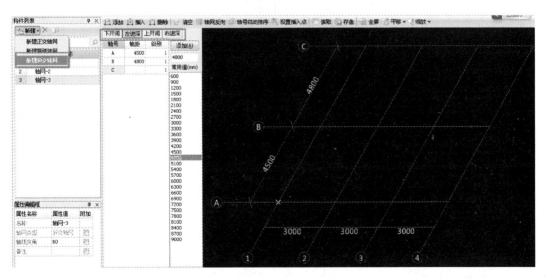

图 3.3-13

（4）轴网建立相关操作说明：

1）添加：在轴网数据的最后一行后增加一行数据。

2）插入：在当前选择轴距行前增加一行数据。

3）删除：删除当前选中的轴距行所有数据，包括轴号、轴距、级别。

4）清空：清空选中轴网的所有数据信息。

5）轴网反向：将已经输入好的轴距位置反向排列，轴号及轴距标注不变。例如：1，3000mm，2，2000mm，3，1000mm，4反向后为：1，1000mm，2，2000mm，3，3000mm，4。

6）轴号自动生成：单击"轴号自动生成"按钮，将选中轴网的所有轴号按照轴号编号原则自动调整。

7）轴号编号原则：

① 当起始轴号为 XX-nn 或 XX-n 或 X-nn 或 X-n 时，按照"－"后的文本字段进行自动编号。

② 当起始轴号为 XX 或 X 时，按照最末的文本字段进行编号；如果 XX 或 X 为字母时，按英文字母的顺序排列（如 AA，AB……BA，BB）；如果 XX 或 X 为数字，则按阿拉伯数字顺序排列（如 01，02……09，10，11）。

③ 当存在 n/X 时，按照"/"前面的文本字段进行自动编号。

④ 当存在 Xn 时，按照"n"自动编号；n 为自然数。

⑤ 未包括上述情况的编号，不支持自动编号。

⑥ 编号排除英文字母 I、O、Z。

8）设置插入点：可通过此功能改变轴网的插入点，默认的插入点是轴网左下角，可以设置轴线的任何交点为插入点，设置后会有一明显的标记 X，如果设置的插入点不在轴线交点上，可以通过 Shift＋鼠标左键偏移定位。

9）读取：可将保存过的轴网调用到当前工程中。

10）存盘：把当前建立的轴网保存起来，以供其他工程使用，轴网文件扩展名为".GAX"。

11）常用值：软件提供的常用数据，双击某个数值或选中数值后单击"添加"按钮，可以到轴网尺寸列表中。

12）定义数据：如果不通过轴网尺寸列表进行输入，可以在此处通过键盘来输入轴网尺寸。

13）生成轴网：单击此按钮，可在轴网示意图中显示当前"定义数据"行中的轴网，通过"定义数据"框定义轴网数据，必须单击"生成轴网"按钮，确认输入完成。

3.3.2 辅助轴线的建立

辅助轴线有两点辅轴、平行辅轴、点角辅轴、圆弧辅轴等，如图 3.3-14 所示。

（1）两点辅轴：

第一步：在"辅轴"工具条中单击"两点辅轴"按钮，如图 3.3-15 所示。

第二步：用鼠标左键单击两点辅轴的第一点，再用鼠标左键单击两点辅轴的第二点，两点辅轴生成，同时弹出对话框，提示用户输入所创建的两点辅轴的轴号，输入轴号，单击"确定"按钮即可，如图 3.3-16 所示。

图 3.3-14

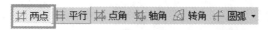

图 3.3-15

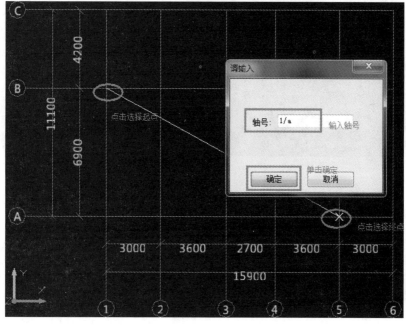

图 3.3-16

（2）平行辅轴：

所谓平行辅轴，就是与主轴网中的轴线或与已画好的辅轴相平行并间隔一段距离的辅助轴线。

第一步：在"辅轴"工具条中，单击"平行辅轴"按钮，如图 3.3-17 所示。

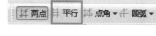

图 3.3-17

第二步：用鼠标左键选择基准轴线，则弹出对话框，提示用户输入平行辅轴的偏移距离及轴号。

如果选择的是水平轴线，则偏移距离正值向上，负值向下；如果选择的是垂直轴线，则偏移距离正值向右，负值向左。

第三步：输入偏移距离和辅轴轴号，单击"确定"按钮，平行辅轴即可建立，同时软件标注出了基准轴线到辅轴间的距离，如图 3.3-18 所示。

（3）点角辅轴：

所谓点角辅轴，就是通过指定辅助轴线上的任一点以及该轴线与 X 轴正方向的夹角形成的辅助轴线。

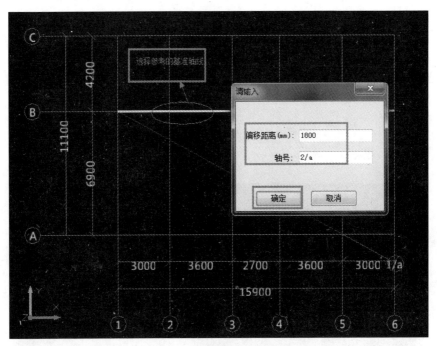

图 3.3-18

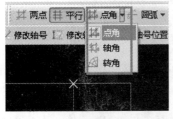

图 3.3-19

第一步：在"辅轴"工具条中，单击"点角辅轴"按钮，如图 3.3-19 所示。

第二步：用鼠标左键单击所要建立的点角辅轴上的任一点，软件弹出对话框，提示用户输入点角辅轴的相对 X 轴正方向的角度及轴号，输入后单击"确定"按钮即可，如图 3.3-20 所示。

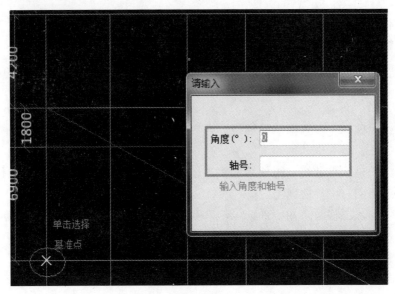

图 3.3-20

（4）三点画弧形辅轴：

所谓三点画弧形辅轴，就是定位一条弧线上的任意三个点创建的辅助轴线。

第一步：在"辅轴"工具条中，单击"圆弧"按钮旁下箭头，选择"三点画弧形辅轴"，如图 3.3-21 所示。

图 3.3-21

第二步：用鼠标左键单击"弧形辅轴"的起点，再用鼠标左键单击弧形辅轴的第二点，然后用鼠标左键指定第三个点，软件弹出对话框，提示用户输入所创建的弧形辅轴的轴号，输入后单击"确定"按钮即可，如图 3.3-22 所示。

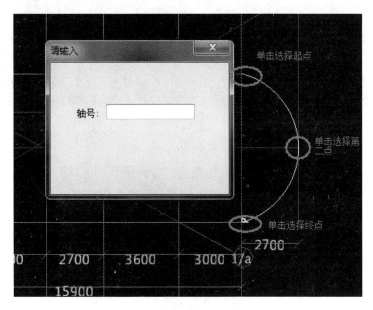

图 3.3-22

3.3.3　轴线的编辑功能

（1）修剪轴线：

第一步：鼠标左键单击"绘图"工具条中的"修剪轴线"按钮；

第二步：用鼠标左键点选需要修剪的轴线段，轴线呈白色，同时这一点也就是剪断点，如图 3.3-23 所示。

（2）延伸轴线，如图 3.3-24 所示。

第一步：单击"修改"工具条的"延伸"按钮；

第二步：按鼠标左键，点选需要延伸至的一条边界轴线；

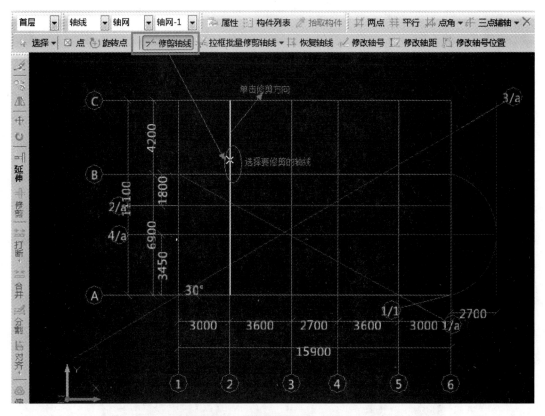

图 3.3-23

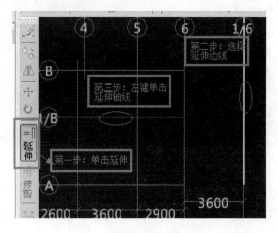

图 3.3-24

第三步：按鼠标左键，点选需要延伸的轴线，则所选轴线被延伸至边界轴线；

第四步：重复第三步操作，以延伸其他需要延伸的轴线，右键中止操作。

（3）恢复轴线，如图 3.3-25 所示。

第一步：单击"绘图"工具条中的"恢复轴线"按钮；

第二步：按鼠标左键，单击需要恢复的轴线，则该轴线即可恢复到初始状态；

第三步：重复第二步的操作可连续恢复轴线，或单击右键结束当前的操作状态。

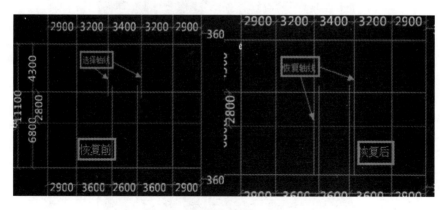

图 3.3-25

（4）修改轴号：

第一步：单击"绘图"工具条中的"修改轴号"按钮。

第二步：按鼠标左键单击需要修改轴号的轴线，弹出"输入轴号"窗口，如图 3.3-26 所示。

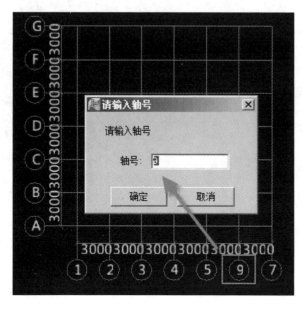

图 3.3-26

第三步：输入新的轴号，单击"确定"按钮即可，如图 3.3-27 所示。

（5）修改轴号位置：

在实际工作中，当一个工程中有多个轴网时，图纸的复杂性与电脑屏幕的面积使我们的绘图区显得凌乱，如图 3.3-28 所示弧形轴网处。针对这种情况，为了增加绘图区的清晰度，可以根据需要对轴线的标注进行调整。

第一步：单击"绘图"工具条中的"修改轴号位置"按钮，如图 3.3-29 所示。

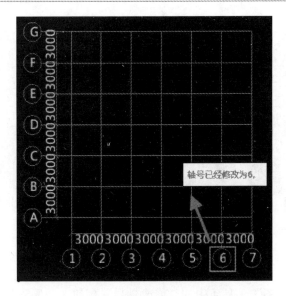

图 3.3-27

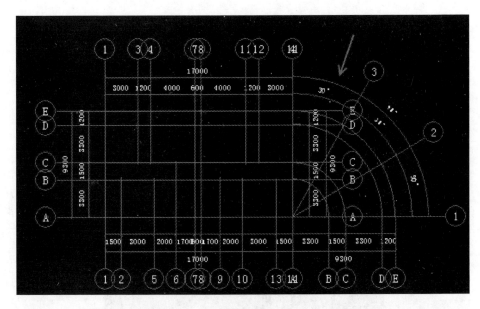

图 3.3-28

图 3.3-29

第二步：按鼠标左键点选或框选需要调整轴号显示位置的轴线，如有多根轴线需要调整，即可按鼠标左键进行连续选择，被选中的轴线呈虚线显示。

第三步：单击鼠标右键确认选择，则弹出对话框，用户可选择轴号标注的形式，单击"确认"按钮，则轴号位置按所选进行显示，如图 3.3-30 所示。

注意：

1）起点：轴线的起点。水平轴线左侧为起点，垂直轴线下侧为起点。

2）终点：轴线的终点。水平轴线右侧为终点，垂直轴线上侧为终点。

3）交换位置：交换轴线的轴号显示位置，如目前显示在起点，执行命令后显示在终点。

4）两端标注：轴线的起点和终点同时标注轴号。

5）不标注：轴线的起点和终点均不标注轴号。

（6）修改轴距：

第一步：单击"绘图工具条"中的"修改轴距"按钮，如图 3.3-31 所示。

图 3.3-30

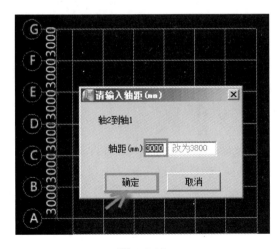

图 3.3-31

第二步：按鼠标左键点选轴线，比如要修改轴 1～轴 2 间的轴距，单击轴 2，弹出图 3.3-32 对话框。

第三步：在轴距输入框中输入正确的轴距（如 3800mm），单击"确定"按钮即可，如图 3.3-33 所示。

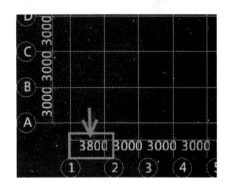

图 3.3-32

图 3.3-33

3.4　绘图

3.4.1　图面控制

（1）滚轮操作：

1）向前推动鼠标滚轮，对图形进行放大。

43

2）向后推动鼠标滚轮，对图形进行缩小。

3）双击鼠标滚轮，可以显示全图。

4）按住鼠标滚轮，可以移动图形。

（2）非滚轮操作

1）放大操作：

方法一：单击工具栏 🔍 缩放 ▾ 按钮，选择"窗口"，在绘图区按住鼠标左键拉一个窗口，该窗口范围内的图形就可以放大。

方法二：单击工具栏 🔍 缩放 ▾ 按钮，选择"放大"，可以将显示区域的图形放大。

2）缩小操作：单击工具栏 🔍 缩放 ▾ 按钮，选择"缩小"，可以将显示区域的图形缩小；

3）实时放大缩小：单击工具栏 🔍 缩放 ▾ 按钮，选择"实时"，在绘图区域按住鼠标左键上下拖动鼠标，可以对图形进行放大或缩小，达到您想要的大小后，单击鼠标右键结束放大缩小状态。

4）显示全图：单击工具栏中的 ⊕ 全屏 按钮，显示全图。

5）移动图形：单击工具栏中的 ✋ 平移 按钮，在绘图区按住鼠标左键拖动鼠标来移动图形。

3.4.2　属性定义

属性定义是以构件为单元，确定构件尺寸、材质及其他与工程量计算有关的基本属性，如图3.4-1所示（以柱构件为例）。

图 3.4-1

操作步骤：

第一步：在"工具导航条"中选择要进行绘制的构件图标。

第二步：单击"构件"工具条中的"定义构件"按钮。

第三步：在属性编辑中给出构件相应信息→切换构件做法页面，选择清单项及定额子目。

第四步：单击选择构件进行绘图。

公共属性和私有属性：在属性编辑器中，蓝色字体的属性为公共属性，黑色字体为私有属性。公共属性的作用是：只要修改该属性，该工程的所有图元的这个属性也跟着修改，如我们把柱的截面宽度400mm改为240mm，则该工程的所有柱图元的截面宽度都变为240mm；私有属性的作用是：修改该属性，不会影响已经绘制好的图元。

缺省属性和非缺省属性：在属性编辑器中，带括号的属性为缺省属性，不带括号的属性为非缺省属性。缺省属性的作用是：该属性会根据某些公共数据自动改变。如柱的高度，当它为缺省属性时，它就会跟着楼层高度走，楼层多高，它就为多高。

3.4.3　构件做法

软件能够自动计算相应构件的所有代码工程量，其做法就是选取我们需要的清单项及定额子目，它可以辅助我们提取想要的工程量，如图3.4-2所示。

操作步骤：

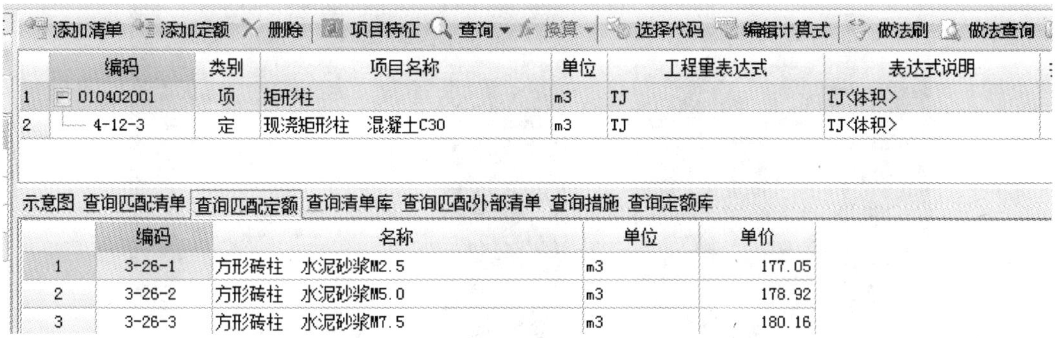

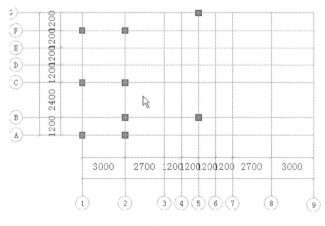

图 3.4-2

第一步：在"工具导航条"中选择要套做法构件图标；

第二步：单击"构件"工具条中的"定义构件"；

第三步：在属性编辑中给出构件相应信息→切换构件做法页面，选择清单项及定额子目。

3.4.4 画点

点式绘制适用于点式构件或部分面状构件，如图 3.4-3 所示。

图 3.4-3

操作步骤（以柱构件为例）：

第一步：在"构件"工具条选择一种已经定义的构件；

第二步：单击"绘图"工具条中的" 点 "按钮；

第三步：在绘图区域单击一点作为构件的插入点（只有鼠标的显示方式为" "才能绘制），完成绘制。

3.4.5 画旋转点

旋转点式绘图主要是指在点式绘图的同时，对实体进行旋转的方法来绘制构件，主要适用于实体旋转一定角度的情况，如图 3.4-4 所示。

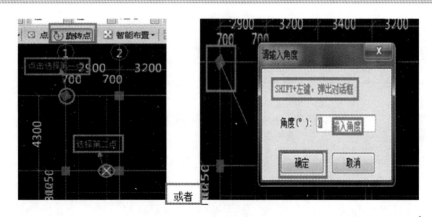

图 3.4-4

操作步骤（对于点式构件）：

第一步：在"构件"工具条选择一种已经定义的构件。

第二步：单击"绘图工具条"中的" 旋转点 "按钮。

第三步：在绘图区域点击一点作为构件的插入点（只有鼠标的显示方式为" "才能绘制）。

第四步：移动鼠标，光标在绘图区域内捕捉另外一点，确定构件的旋转角度；也可以在鼠标没有捕捉到任何点的情况下按住"Shift"后单击鼠标左键，在弹出的界面中输入旋转的角度即可。

3.4.6 画直线与折线

当需要绘制多条连续的直线时，可以采用绘制折线的方式来绘制。

当需要绘制非连续的直线时，可以采用绘制直线的方式来绘制，如图 3.4-5 所示。

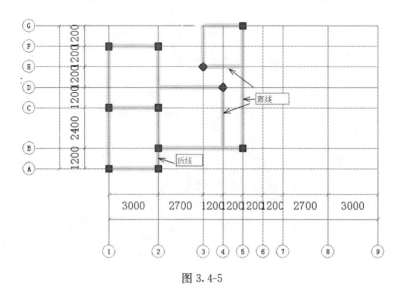

图 3.4-5

操作步骤：

第一步：在"构件"工具条选择一种已经定义的构件。

第二步：单击"绘图"工具条中的"🗽 折线"或"🗽 直线"按钮。

第三步：单击条形构件的起点，再次单击鼠标左键时，该点为当前构件图元的终点，同时也是下一个图元的起点，单击鼠标右键完成绘制。直线绘制，单击条形构件的起点，再次单击鼠标左键时，该点自动为当前构件图元的终点，绘制完成。

3.4.7　画弧线

软件提供了逆小弧、顺小弧、逆大弧、顺大弧、三点画弧五种画弧的方式，适用于墙、梁、条基等条形构件。图 3.4-6 所示为弧形墙的绘制。

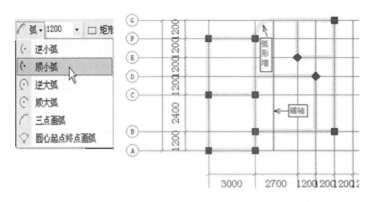

图 3.4-6

操作步骤：

第一步：在"构件"工具条选择一种已经定义的构件。

第二步：单击"绘图工具条"中的"🗽 弧▾"按钮，选择画弧的方式。

第三步：在"绘图工具条"的输入框内输入弧线的半径（如果是采用三点画弧的方式，那么可以跳过此步骤）。

第四步：在绘图区域单击弧线的起点、终点，完成绘制（如果是采用三点画弧的方式，那么还需要单击弧线的中点）。

3.4.8　智能布置

智能布置是区别于其他绘图方法的一种快速画图方法，每种构件都有不同的布置方法。图 3.4-7 所示为智能布置圈梁。

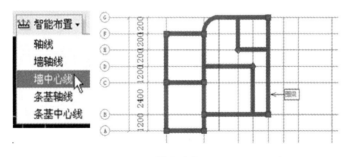

图 3.4-7

操作步骤：

第一步：在"构件"工具条中选择一种已经定义的构件。

第二步：单击"绘图"中" 🏗 **智能布置▾** "按钮，选择智能布置的方式。

第三步：根据绘图区域下方的状态条提示，进行布置，单击鼠标右键完成操作（对于部分构件，无需此步骤，直接选择智能布置的方式即可完成操作）。

3.5 修改

3.5.1 构件选择

使用 GCL2008 图形算量软件，有很大一部分工作都是在绘图区完成的。而在这大部分工作中，又有很大一部分工作与选择构件图元有关系。因此，在图上熟练选择构件图元十分重要。在绘图区只有三种状态：选择状态、绘图状态、编辑状态。只有在选择状态，才可以选择构件图元。如何切换到选择状态呢？有两种方法：

第一种：单击"绘图"工具条中的" 🖱 "按钮，就可以进入选择状态。

第二种：在绘图状态，单击鼠标右键。也可进入选择状态。

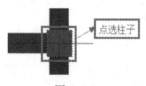

图 3.5-1

进入选择状态，就可以选择构件了。软件提供 6 种选择方式：

方式 1：点选，单击构件上一点，就可以选择构件，如图 3.5-1 所示。

方式 2：左框选，在绘图区用鼠标从左向右拉一个框，当构件全部显示在框内时，则被选中，如图 3.5-2 所示。

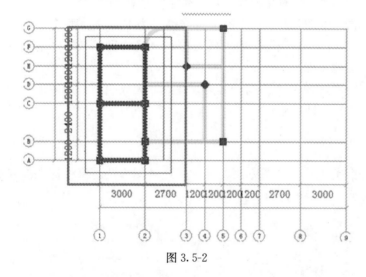

图 3.5-2

方式 3：右框选，在绘图区用鼠标从右向左拉一个框，当构件部分显示在框内时，则被选中。

方式 4：按名称选择构件图元，如图 3.5-3 所示。

第一步：单击"工具"栏中的 🔍 **查找图元▾** 按钮，在菜单中选择"按名称选择构件图元"选项；

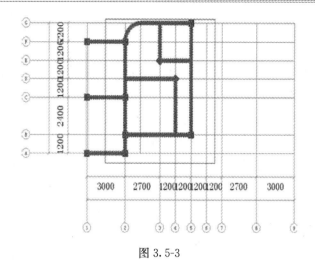

图 3.5-3

第二步：在弹出的窗口中选择需要的构件名称，单击"确定"按钮，所选择的构件即被选中。

方式5：按类型选择构件图元

第一步：单击"工具"栏中的 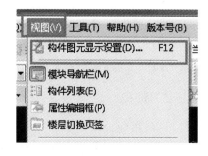 查找图元▾ 按钮，在菜单中选择"按类型选择构件图元"选项。

第二步：在弹出的窗口中选择需要的构件子类型，单击"确定"按钮，所选构件类型所包含的构件即被选中。

方式6：查找图元

实际工程中，当画了很多构件，采用以上方法选择或者查找构件都比较慢时，可以采用"查找图元"进行快速查找，操作步骤为：

第一步：单击"工具"栏中的 查找图元▾ 按钮，在菜单中选择"查找图元"选项。

第二步：在弹出的窗口中选择需要筛选的条件（如按名称、构件ID、钢筋信息等）。

第三步：在"查找内容"处输入相应的信息，单击"确定"按钮即可。

3.5.2 构件及构件名称显示与隐藏

为了方便绘图以及查错，构件和构件名称的显示与隐藏也非常重要，显示与隐藏构件及构件名称有两种方法：

第一种：单击"主菜单"中"视图"按钮，选择图元显示设置或快捷键"F12"，如图3.5-4所示。

第二种：检查画完的构件图元时，需要隐藏或显示构件图元，直接点击键盘上与构件对应的字母键，构件图元将会自动隐藏或显示。例如，显示与隐藏墙构件图元，直接按键盘上的Q键进行切换，需要显示与隐藏构件的名称，可以点击键盘上的"Shift＋键盘字母"就可以显示与隐藏构件图元的名称。例如：显示与隐藏墙构件图元名称"shift＋Q"，如图3.5-5所示。

图 3.5-4

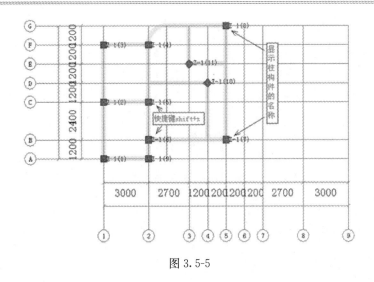

图 3.5-5

3.5.3　删除

使用删除功能，可以删除当前层中的构件及其附属构件，如图 3.5-6 所示。操作步骤如下：

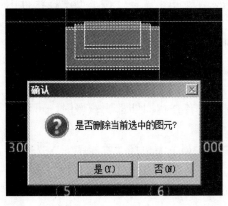

图 3.5-6

第一步：在菜单栏单击"修改"中的"删除"按钮。

第二步：鼠标左键点选或拉框选择需要删除的图元，右键确认选择。

第三步：单击"是"按钮，则删除当前选中的构件图元；单击"否"按钮，则取消当前删除的状态。

注意：删除某个构件后，该构件的附属构件也会被删除，比如删除门窗后，门窗上的过梁也会被删除。

3.5.4　撤销

如果将构件的属性值修改错误或错误的删除了某个构件图元时，可以使用"撤销"功能。

操作简单，只需单击常用工具栏"撤销"按钮，完成操作。

注意：GCL2008 软件会维护一个记录了最近 20 个操作的列表，并允许您按顺序撤销各个操作。同样，您也可以恢复使用"撤销"命令撤销的最近 20 个操作中的任一操作。

3.5.5　镜像

操作步骤：

第一步：在菜单栏单击"修改"中的"镜像"按钮。

第二步：鼠标左键点选或拉框选择需要镜像的图元，右键确认选择，如图 3.5-7 所示。

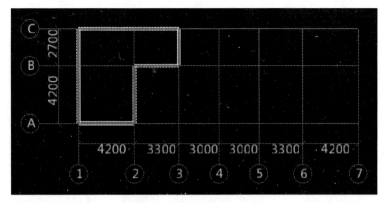

图 3.5-7

第三步：移动鼠标，按鼠标左键指定镜像线的第一点和第二点，如图 3.5-8 所示。

第四步：当单击确定镜像线第二个点后，软件会弹出"是否删除原来的图元"确认提示框，根据工程实际需要选择"是"或"否"，则所选构件图元将会按该基准线镜像到目标位置，如图 3.5-9 所示。

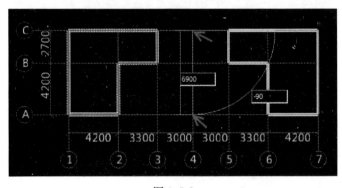

图 3.5-8

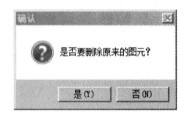

图 3.5-9

3.5.6　复制

操作步骤：

第一步：在菜单栏单击"修改"中的"复制"按钮。

第二步：鼠标左键点选或拉框选择需要复制的图元，右键确认选择，如图 3.5-10 所示。

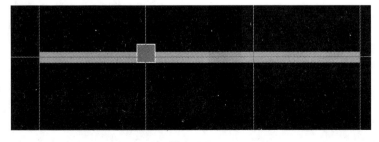

图 3.5-10

第三步：在绘图区域按鼠标左键指定一点作为复制的基准点，移动鼠标，如图 3.5-11

所示。

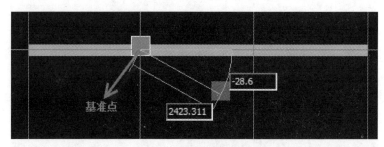

图 3.5-11

第四步：按鼠标左键指定一点以确定要复制的目标位置，则所选构件图元将被复制到目标位置，如图 3.5-12 所示。

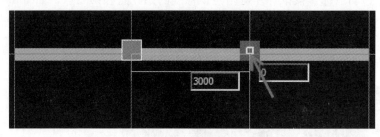

图 3.5-12

第五步：移动鼠标，可以继续复制选定构件图元到其他位置。

3.5.7　偏移

在绘图过程中，需要将选中的构件图元按指定的方向偏移一定的距离，可使用"偏移"操作，"偏移"操作只能对线状构件和面状构件进行操作。

（1）线状构件的偏移操作

第一步：在菜单栏单击"修改"中的"偏移"按钮。

第二步：点选或拉框选择需要偏移的构件图元，右键确认选择，如图 3.5-13 所示。

第三步：移动鼠标，按鼠标左键指定偏移方向和距离或按 Tab 键在偏移距离输入框中输入偏移数值后回车，如图 3.5-14 所示。

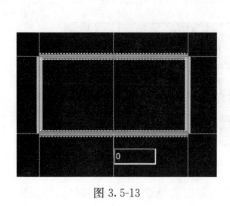

图 3.5-13

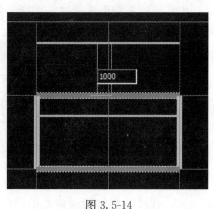

图 3.5-14

第四步：在弹出的"是否删除原来的图元"的对话框中，选择"是"，删除原图元；选择"否"，则原图元与偏移后的图元均存在，如图 3.5-15 所示。

如图 3.5-16 所示：为删除原来图元后的结果。

图 3.5-15

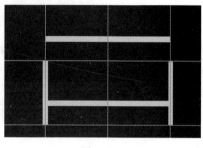

图 3.5-16

（2）可对多个图元同时进行偏移操作

多个图元进行偏移时，各个图元会向着鼠标所在方向各自偏移相同的距离，如图 3.5-17 所示。

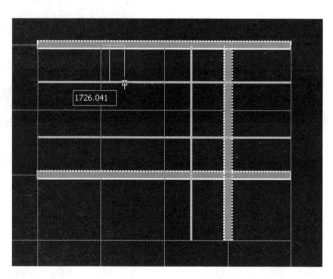

图 3.5-17

包括弧形图元，如图 3.5-18 所示。

（3）面状构件的偏移操作

1）整体偏移：

第一步：在菜单栏单击"修改"中的"偏移"按钮。

第二步：点选或拉框选择需要偏移的构件图元，右键确认选择，弹出偏移方式选择对话框，如图 3.5-19 所示。

第三步：选择"整体偏移"，单击"确定"按钮。

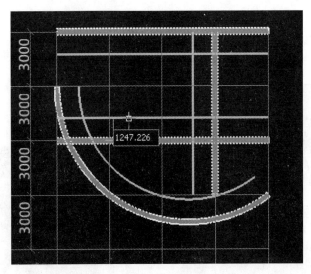

图 3.5-18

第四步：移动鼠标指定面状实体偏移的方向（移动到实体外表示向外扩，移动到实体内表示向内缩），如图 3.5-20 所示。

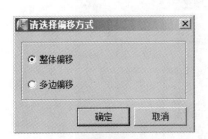

图 3.5-19

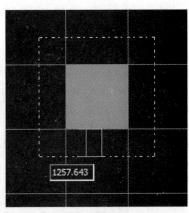

图 3.5-20

第五步：按 Tab 键跳入偏移距离输入框，输入偏移距离回车即可，如图 3.5-21 所示。整体偏移后的结果，如图 3.5-22 所示。

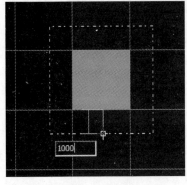

图 3.5-21

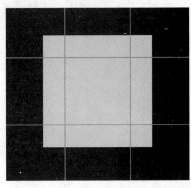

图 3.5-22

2）多边偏移：

第一步：在菜单栏单击"修改"下的"偏移"按钮。

第二步：点选或拉框选择需要偏移的构件图元，右键确认选择，弹出偏移方式选择对话框。

第三步：选择"多边偏移"，单击"确定"按钮。

第四步：按鼠标左键选择需要偏移的边（选中的边将高亮显示），右键确认选择，如图 3.5-23 所示。

第五步：移动鼠标指定面状实体偏移的方向（移动到实体外表示向外扩，移动到实体内表示向内缩），如图 3.5-24 所示。

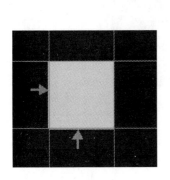

图 3.5-23

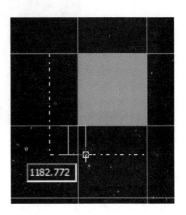

图 3.5-24

第六步：按 Tab 键，弹出偏移距离输入框，输入偏移距离回车即可，如图 3.5-25 所示。

多边偏移后，如图 3.5-26 所示。

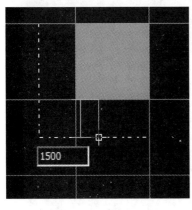

图 3.5-25

图 3.5-26

3.5.8　块操作

（1）块复制：

当前楼层的某两个范围内的构件图元属性和相对位置完全一致，可使用块复制。

操作步骤：

第一步：单击菜单栏"楼层"中的"块复制"按钮。

第二步：在绘图区拉框选择需要复制图元的范围，如图 3.5-27 所示。

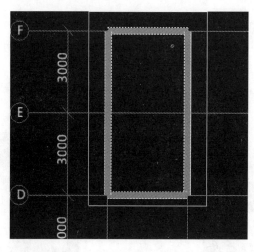

图 3.5-27

第三步：选择一个基准点作为复制的起点，如图 3.5-28 中箭头所示轴线交点，并且移动鼠标。

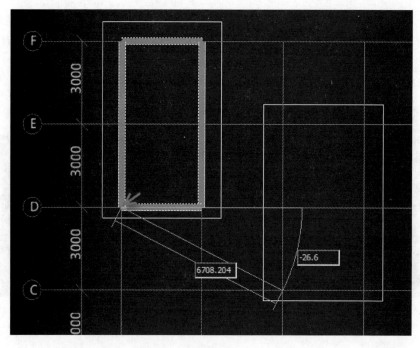

图 3.5-28

第四步：按鼠标左键指定一点以确定要复制的目标位置，则所选区域（块）内的所有构件图元将被复制到目标位置，如图 3.5-29 所示。

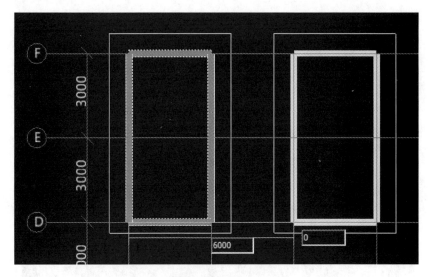

图 3.5-29

第五步：按鼠标左键指定另一点以确定其他要复制的目标位置，右键中止操作，如图 3.5-30 所示。

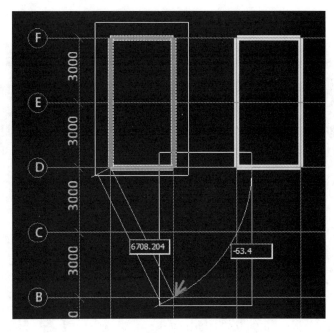

图 3.5-30

（2）块镜像：

在当前楼层中，发现某个位置的所有图元和已经绘制的图元完全对称，可使用块镜像操作。

操作步骤：

第一步：单击菜单栏"楼层"下的"块镜像"按钮。

第二步：在绘图区拉框选择需要镜像图元的范围，如图 3.5-31 所示。

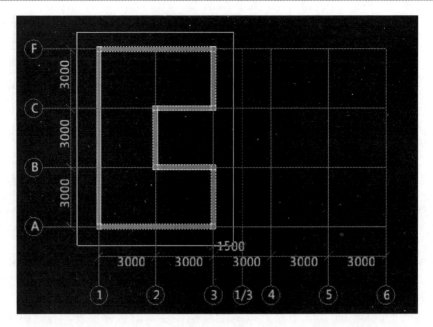

图 3.5-31

第三步：按鼠标左键指定镜像线的第一点和第二点，如图 3.5-32 所示。

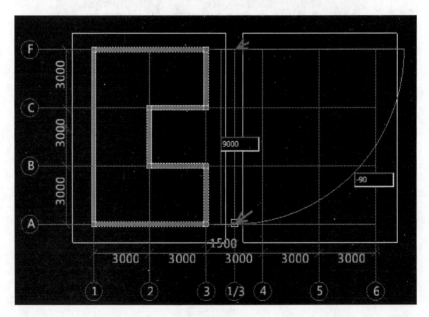

图 3.5-32

第四步：当单击确定镜像线第二个点时，软件会弹出"是否删除原来图元"提示对话框，单击"是"，完成操作，如图 3.5-33 所示。

（3）块移动：

在绘制完某个区域的所有构件后，发现所有的构件位置都是错误的，需要整体移动到其他位置，可使用块移动操作。

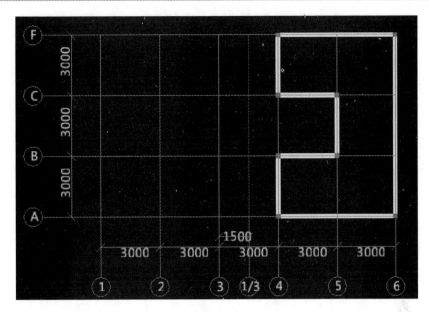

图 3.5-33

操作步骤：

第一步：单击菜单栏"楼层"下的"块移动"按钮。

第二步：在绘图区拉框选择需要移动图元的范围，如图 3.5-34 所示。

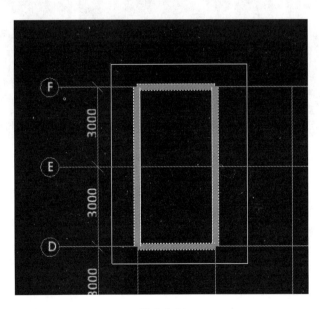

图 3.5-34

第三步：选择一个基准点作为移动的起点（如图箭头所示轴线交点），并且移动鼠标，如图 3.5-35 所示。

第四步：按鼠标左键指定一点以确定要移动的目标位置，则所选区域（块）内的所有构件图元将被移动到目标位置，如图 3.5-36 所示。

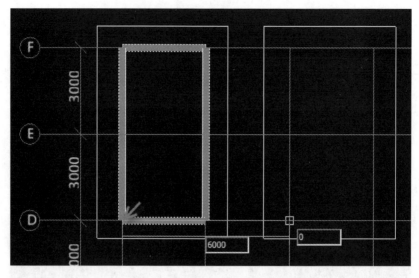

图 3.5-35

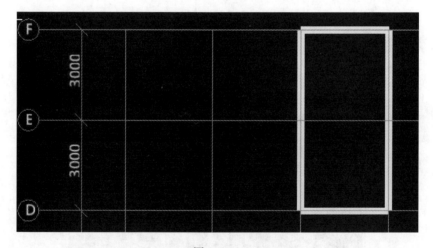

图 3.5-36

3.5.9　修改构件属性

（1）修改构件属性。

在绘图过程中，有部分构件的标高、高度等私有属性需要修改，可以用构件的"属性编辑器"进行修改。

操作步骤：

第一步：选中需要修改的构件图元，单击"构件"工具条中的 属性 按钮，打开"构件属性编辑器"。

第二步：更改相应数据后，单击 按钮关闭即可。

（2）修改构件图元名称：

在画图过程，经常会忘记先切换构件名称就直接绘图，画完了才发现构件名称不对，这时可以采用以下方法进行修改，如图 3.5-37 所示。

操作步骤：

第一步：选择构件图元（点选、拉框选、F3 按构件名称选）。

第二步：单击右键下的"修改构件图元名称(Y)"按钮。

第三步：弹出"批量修改图元名称"对话框，选择目标构件后，单击"确定"按钮即可。

3.5.10　从其他层复制构件图元

当前楼层的构件图元和其他楼层的图元属性和位置基本相同，在当前层不需要再次重复绘制，从其他层复制构件图元只需稍作修改即可。

例如，xx 办公楼工程，将首层的墙体复制到第二层，当前层为首层。

第一步：首先切换楼层到第二层（目标层）。

第二步：在菜单栏单击"楼层"下的"从其他楼层复制构件图元"按钮，弹出"从其他楼层复制构件图元"的窗口，如图 3.5-38 所示。

第三步：在左侧"源楼层"列表中选择要复制的相应楼层，在下方"图元选择"列表中选择相应的构件名称，如图 3.5-39 所示。

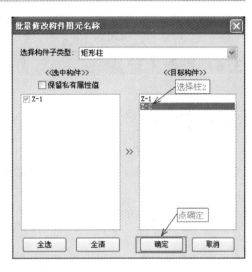

图 3.5-37

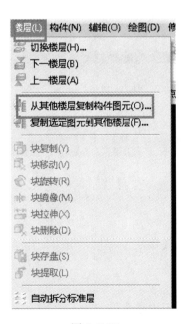

图 3.5-38

图 3.5-39

第四步：单击"确定"按钮，则"源楼层"所选构件图元直接被复制到当前楼层。

3.6　查看工程量

3.6.1　汇总计算

整个工程绘制完毕，需要查看构件工程量时，必须先进行"汇总计算"；当修改了某个构件的属性或修改了某个图元后，需要查看修改后的工程量，也要进行"汇总计算"。

操作步骤：

第一步：在菜单栏单击"工程量"中的"汇总计算"按钮，弹出"确定执行计算汇总"提示框，如图 3.6-1 所示。

第二步：单击"确定"按钮，开始计算汇总。

第三步：汇总结束后弹出"计算汇总成功"提示，如图 3.6-2 所示。

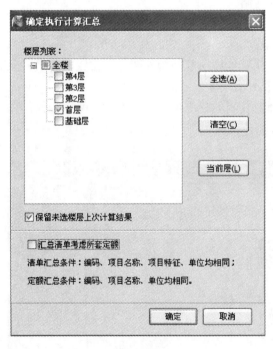

图 3.6-1

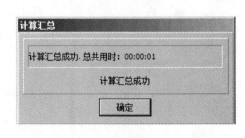

图 3.6-2

3.6.2　查看构件图元工程量

当需要查看当前构件类型下所选构件图元的构件工程量及做法工程量，可以使用"查看构件图元工程量"功能。

操作步骤：

第一步：在菜单栏单击"工程量"中的"查看构件图元工程量"按钮。

第二步：点选或拉框选择需要查看工程量的构件图元，弹出"查看构件图元工程量"窗口，可以查看构件工程量及做法工程量。

构件工程量，如图 3.6-3 所示。

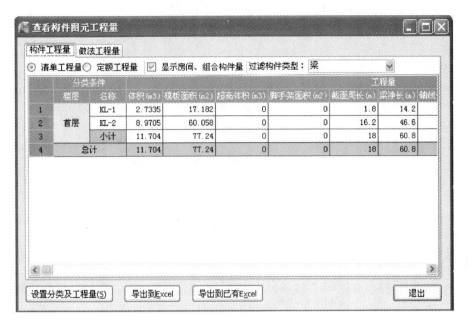

图 3.6-3

注意：

按照不同的分类条件及顺序查看所选构件图元的构件工程量，比如查看当前层中框架柱的模板工程量，可以按照不同的断面周长分别查看，如图 3.6-4、图 3.6-5 所示。

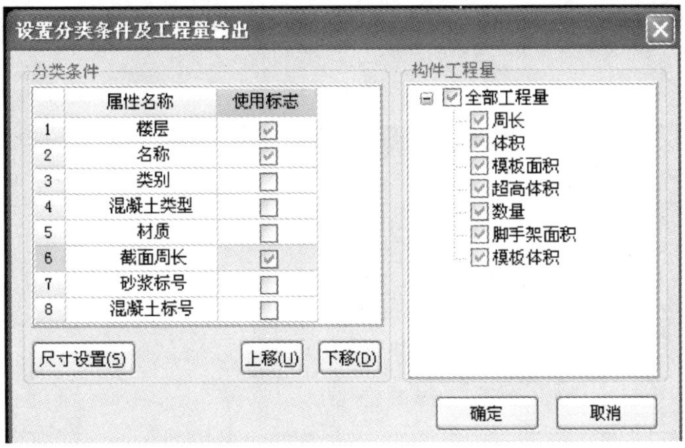

图 3.6-4

做法工程量，如图 3.6-6 所示。

注意：

"显示/隐藏构件明细"：控制是否显示定额子目工程量的组成构件明细，如图 3.6-7 所示。

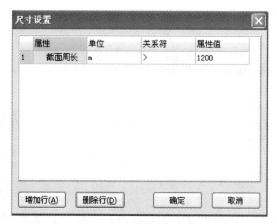

图 3.6-5

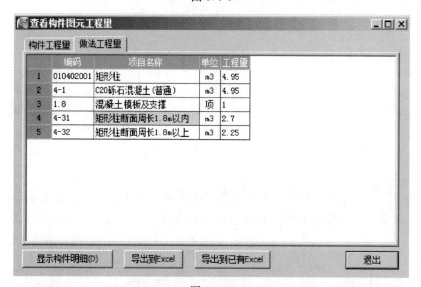

图 3.6-6

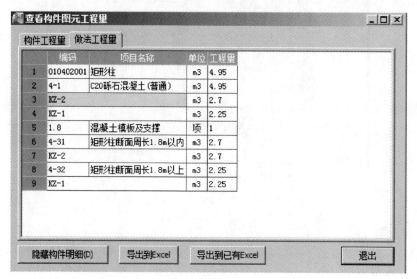

图 3.6-7

3.6.3 查看构件图元工程量计算式

当需要查看所选构件图元的工程量计算式、进行计算过程及结果正确性的检查核对时，可以使用"查看构件图元工程量计算式"功能。

操作步骤：

第一步：在菜单栏单击"工程量"中的"查看构件图元工程量计算式"按钮。

第二步：鼠标左键点选需要查看工程量计算式的构件图元，弹出"查看构件图元工程量计算式"窗口，如图 3.6-8 所示。

图 3.6-8

注意：1）在工程量类别中可以选择查看"清单工程量"或"定额工程量"。

2）构件名称：选择该构件不同单元的名称（在部分基础构件中可以使用，比如独基）。

3）工程量名称：可以选择查看当前构件的所有工程量计算式。

4）计算机算量：显示软件计算结果计算式。

5）手工算量：手工输入计算式，可以和软件计算的结果进行比较。

6）重新输入：单击该按钮，可以清空手工输入的计算式。

7）手工算量结果：实时显示手工输入计算式的结果。

8）查看计算规则：点击【查看计算规则】按钮，可以查看当前所选工程量代码在软件中详细的扣减计算规则，了解软件计算思路，让您明明白白算量。

9）对于装修构件，软件能够直接按房间查看房间中墙面、楼地面、踢脚线等依附构件的工程量计算式，这样就方便了核对过程，如图 3.6-9 所示。

同时，报表中也可以直接看到房间中所有依附构件工程量。

10）显示详细计算式：显示中间量的详细计算过程，如图 3.6-10 所示。

11）对于像飘窗、老虎窗、楼梯、阳台等组合构件，软件能够直接在组合构件中查看

图 3.6-9

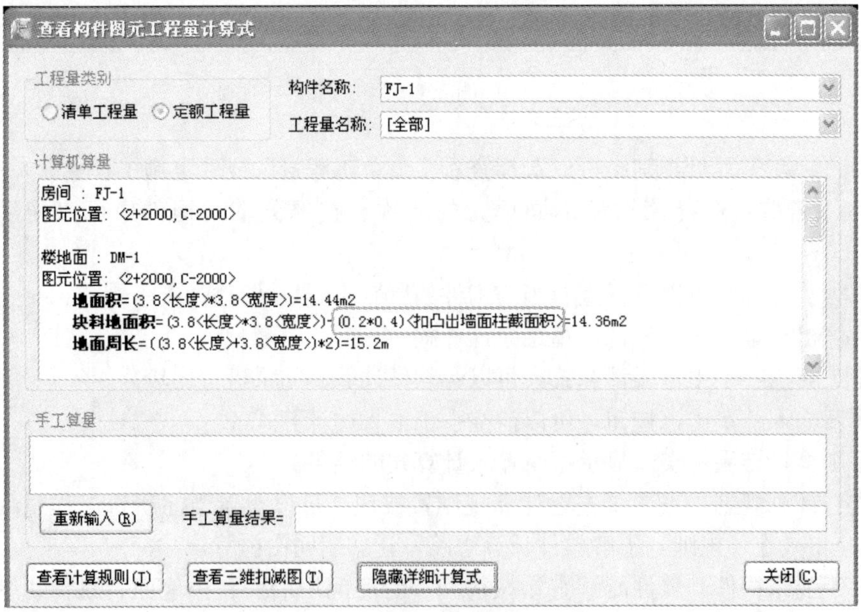

图 3.6-10

构成组合构件的各个图元的工程量计算式，整体检查整体核对，方便了对量过程，如图 3.6-11 所示。

图 3.6-11

同时，报表中也可以在组合构件中直接看到组成构件的各图元工程量，如图 3.6-12 所示。

绘图输入工程量汇总表-阳台

工程名称：工程4　　　　　　　　　　　清单工程量　　　　　　　　编制日

楼层	构件名称	工程量名称							
首	YT-1	阳台	阳台水平投影面积(m2)						
		YT-1	40.681						
		小计	40.681						
		带形窗	带形窗高度(m)	洞口面积(m2)	框外围面积(m2)	数量(樘)	洞口三面长度(m)	洞口周长(m)	原始面积(m2)	带形窗水平宽度(m)
		DXC-1[YT-1]	5.4	31.41	31.41	3	28.25	45.7	34.2	17.45
		小计	5.4	31.41	31.41	3	28.25	45.7	34.2	17.45
		栏板	体积(m3)	伸入墙内长度(m)	内边线长度(m)	外边线长度(m)	中心线长度(m)	面积(m2)		
		LB-1[YT-1]	1.2564	0.3	17.45	17.45	17.45	15.705		
		小计	1.2564	0.3	17.45	17.45	17.45	15.705		

图 3.6-12

第三步：查看构件三维扣减图时，单击"查看三维扣减图"按钮，下面出现三维扣减图，如图 3.6-13 所示。

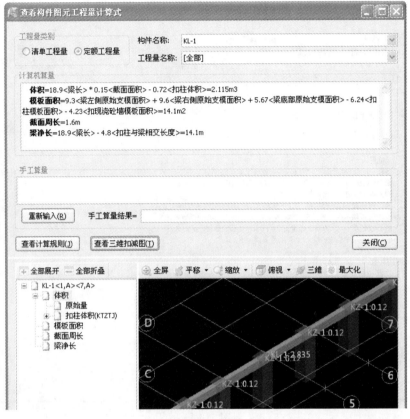

图 3.6-13

3.7 保存工程

使用"保存"可以保存您所建立的工程，建议在"新建工程"结束后立刻就执行"保存工程"操作。

操作步骤：

第一步：单击"工程"中的"保存"按钮，如果是第一次保存，则会弹出"保存"界面，如图 3.7-1 所示。

第二步：输入文件名，单击"保存"按钮，即可保存工程。

注意：

1）软件默认工程保存的文件夹为"C:\Users\幸福.家\Documents\Grandsoft Projects\GCL\9.0"，用户可以选择保存在别的文件夹，软件会记忆用户上次保存工程的目录路径，下一次保存工程时直接默认此路径。

2）软件默认工程保存的文件名为新建时输入的工程名称。

3）如果已经保存过一次，则再次单击"保存"按钮时会直接进行保存，不会再弹出任何窗口。

4）为了防止工程数据丢失，建议您养成经常保存的好习惯。同时软件也提供了自动提示保存的功能。

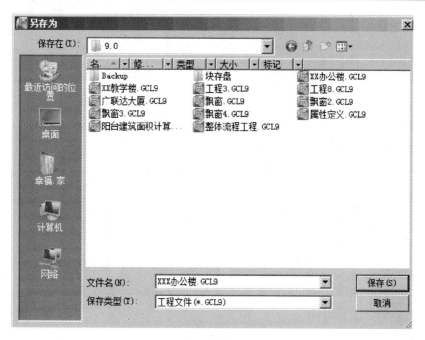

图 3.7-1

3.8　打开工程

需要打开以前建立的工程继续进行编辑。

操作步骤：

第一步：在菜单栏单击"文件"中的"打开"按钮，弹出"打开"界面，如图 3.8-1 所示。

图 3.8-1

第二步：选择需要打开的文件，单击"打开"按钮，完成操作。

3.9　软件中的快捷键

软件中常用的快捷键如下所列：

F1：打开文字帮助系统

F2：绘图和定义界面的切换

F3：批量选择构件图元/点式构件绘制时水平翻转

F4：在绘图时改变点式构件图元的插入点位置（例如：可以改变柱、轴网的插入点），改变线形构件端点实现偏移

F5：合法性检查

F7：CAD 图层显示状态

F8：检查做法

F9：汇总计算

F10：查看构件图元工程量

F11：查看构件图元工程量计算式

F12：构件图元显示设置

Ctrl＋3：三维动态观察器

Ctrl＋Enter：俯视图

Ctrl＋5：全屏

Ctrl＋I：放大

Ctrl＋T：缩小

Ctrl＋Z：撤销

Ctrl＋Shift＋Z：恢复

Ctrl＋X：剪切

Ctrl＋C：复制

Ctrl＋V：粘贴

Ctrl＋N：新建

Ctrl＋S：保存

Del：删除

Shift＋F3：点式构件绘制时上、下翻转

Ctrl＋＝（主键盘上的"＝"）：上一楼层

Ctrl＋－（主键盘上的"－"）：下一楼层

第4章 绘图输入

4.1 墙构件

广联达软件按照墙的不同位置及作用分别提供了新建内墙、外墙、虚墙三种墙体。

4.1.1 墙构件的定义

（1）属性定义

第一步：在绘图输入导航栏选择墙构件，双击"墙"按钮，进入"构件列表"对话框，单击"新建"下的"新建内墙"按钮，如图4.1-1所示。

或单击"墙"按钮，再单击工具栏中的"定义"按钮，也可进入"构件列表"对话框，如图4.1-2所示。

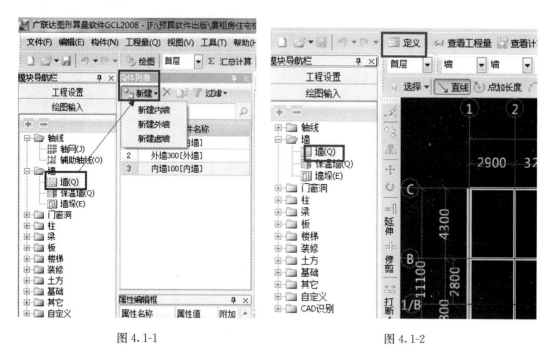

图 4.1-1   图 4.1-2

第二步：在属性编辑框输入墙的相关属性，如名称、类别、材质等，如图4.1-3所示。

属性解释：

1）名称：根据图纸输入墙名称，如：外墙240mm厚，第一次新建默认为Q-1，以后依次类推。

2）类别：根据实际工程情况选择墙体的类别，分别为：混凝土墙，砌块墙，砖墙，

图 4.1-3

间壁墙，填充墙，虚墙等，具体选项与地区规则有关，且是用来实现自动套用做法功能的一个属性。

3）材质：不同材质的墙对应不同的计算规则，如现浇混凝土、加气混凝土砌块、承重空心砌块、砖、多孔砖、承重空心砖、非承重空心砖等。

4）砂浆强度等级：当前构件的砂浆强度等级，可以根据实际情况进行调整。这里的默认取值与楼层信息界面强度等级设置里的砂浆强度等级一致；

5）砂浆类型：当前构件的砂浆类型，可以根据实际情况进行调整。这里的默认取值与楼层信息界面强度等级设置里的砂浆类型一致。

6）混凝土类型、混凝土强度等级：当前构件的混凝土强度等级，可以根据实际情况进行调整，墙的混凝土类型及强度等级的正确选择可以让我们在处理同定额默认的混凝土类型，强度等级不同时，进行混凝土、砂浆的快速换算。在构件下，软件为我们提供了一个快速进行标准换算的功能键，就是"批量混凝土/砂浆换算"。这个功能键的运用完全是基于构件属性定义中的混凝土类型、混凝土强度等级要设置正确，具体"批量混凝土/砂浆换算"将在柱中进行讲解。

7）厚度：在墙体厚度中要说明的一点就是，在算标准砖墙体时，会涉及墙体厚度折算的问题，软件在计算标准砖墙体厚度是默认的，是按折算厚度计算的，所以在计算370mm 厚标准砖墙体时直接输入"370"，软件就会按照折算厚度 365mm 计算了，同理当计算 120mm 厚墙体时软件也会按照 115mm 折算厚度计算。

8）标高：墙体标高采用四点标高控制，即：起点顶标高、终点顶标高、起点底标高、终点底标高。采用四点标高控制就能很好地控制了线性构件的全部标高，使得标高变化的墙体能准确绘制出来，如图 4.1-4 所示。

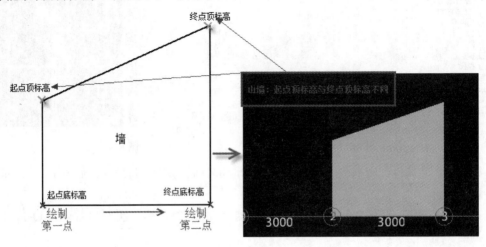

图 4.1-4

9）轴线距左墙皮距离："轴线距左墙皮距离"是用来控制线形构件偏心问题的，用来设置沿线形构件绘制方向左墙皮与线形构件轴线的偏心距离。例如，绘制370mm厚墙体时，设计上一般设置为370mm墙偏心布置，那么绘制这种偏心构件时可以用"轴线距左墙皮距离"来快速设置。具体"轴线距左墙皮距离"所指的距离可以通过如图4.1-5所示理解。

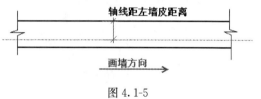

图4.1-5

10）内/外墙标志：用来识别内外墙图元的标志，内外墙的计算规则不同。

11）备注：该属性值仅仅是个标识，对计算不会起任何作用。

（2）做法定义

定义完属性后，切换进入"构件做法"界面，套用墙体的"清单项目"和"定额项目"，这是很重要的一步，初学者经常会遗忘这一步。

操作步骤：

第一步：从软件的清单库中查找对应的"清单项目"，如图4.1-6所示。

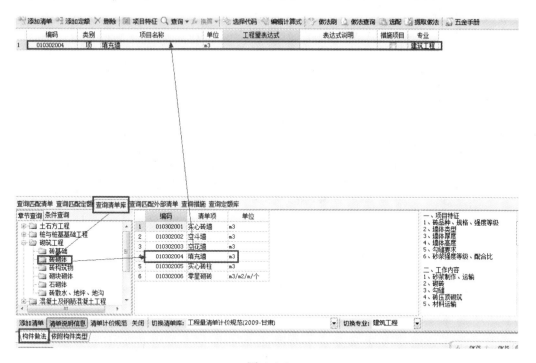

图4.1-6

第二步：选择输入"工程量表达式"，如图4.1-7所示。

	编码	类别	项目名称	单位	工程量表达式	表达式说明
1	010302004	项	填充墙	m3	...	

单击按钮，弹出工程量表达式对话框

图4.1-7

第三步：选择"工程量代码"，如图 4.1-8 所示。

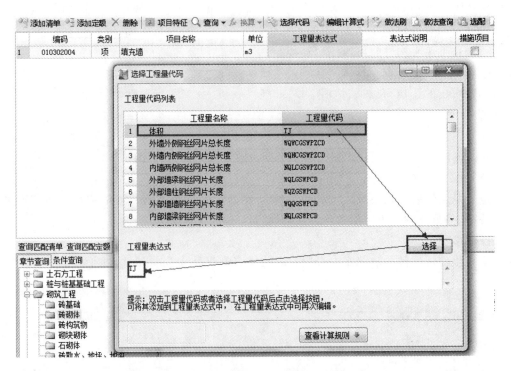

图 4.1-8

第四步：从软件的定额库中查找对应的"定额项目"，如图 4.1-9 所示。

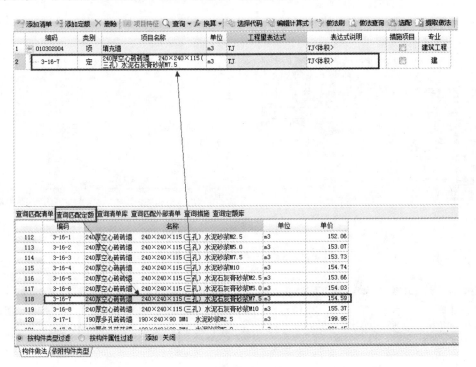

图 4.1-9

注意：当其他墙体需要套用相同的做法时，可用"做法刷"批量套用做法，操作步骤如下：

第一步：选中已套好的做法（按住 ctrl 键，可选择不连续的定额子目），如图 4.1-10 所示。

图 4.1-10

第二步：单击"做法刷"，在弹出的对话框中选择需要套用相同做法的构件，单击"确定"按钮即可，如图 4.1-11 所示。

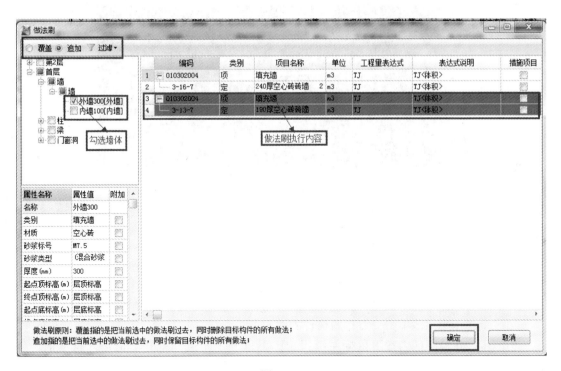

图 4.1-11

4.1.2　墙构件的绘制

软件提供的墙体绘制方法主要有：直线、点加长度、画弧（逆小弧、顺小弧、逆大弧、顺大弧、三点画弧、起点圆心终点画弧和画圆）、矩形、智能布置（轴线、梁轴线、梁中心线、条基轴线、条基中心线）。在绘制墙体时，可以通过灵活运用这几种绘制方法，实现快速绘图的效果，如图 4.1-12 所示。

图 4.1-12

（1）采用"直线"绘制墙体时具体步骤：

第一步：在"构件列表"中选择一种定义好的墙体构件。

第二步：单击"直线"按钮绘制功能。

第三步：鼠标左键点取第一绘制点，再点取第二绘制点，这样一道墙体就绘制出来了，如果要结束，直接右键确认即可，如果要连续绘制下一段墙体，可以再继续点取第三绘制点，直接连续墙体绘制完成，右键确认即可完成直线绘制墙体的功能，如图 4.1-13所示。

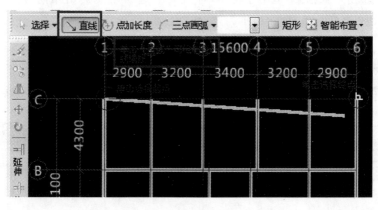

图 4.1-13

（2）采用"点加长度"绘制墙体。采用"点加长度"绘制墙体可以快速将墙体在一个线性方向内沿起始点进行前后延伸。

操作步骤：

第一步：在"构件列表"中选择一个已经定义的构件。

第二步：单击绘图工具栏"点加长度"按钮。

第三步：在绘图区单击一点作为构件的插入点。

第四步：在绘图区内按下鼠标左键指定第二点确定角度。打开"请输入长度值"界面，输入线性构件的长度后单击"确定"按钮即可；或者在鼠标未捕捉到点的情况下，按住"Shift"再单击鼠标左键，打开"请输入长度和角度"界面，输入线性构件的长度和角度即可，如图 4.1-14 所示。

（3）采用"画弧"绘制墙体，如图 4.1-15 所示。

"画弧"功能中着重介绍"三点画弧"功能的使用。"三点画弧"绘制墙体的步骤如下：

第一步：在当前需要绘制的墙体状态下，单击"三点画弧"功能键。

第三步：鼠标右键依次点取圆弧的起点、圆弧段上任意一点、圆弧终点。

第三步：单击鼠标右键确认，结束"三点画弧"绘制墙体功能。

图 4.1-14

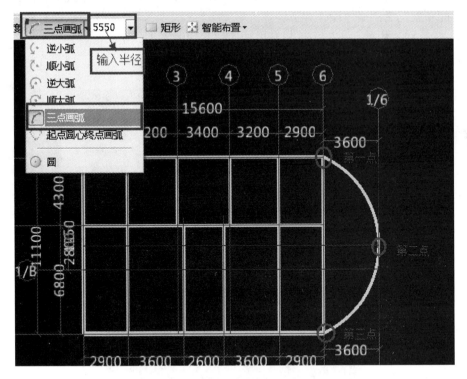

图 4.1-15

（4）采用"矩形"绘制墙体，如图 4.1-16 所示。

采用"矩形"绘制墙体时，直接用鼠标左键点取矩形对角线上的两个角点，任意一次性绘制出矩形房间的四周墙体。具体步骤如下：

第一步：在当前需要绘制的状态下，用鼠标左键单击"矩形"按钮。

第二步：鼠标右键分别点取矩形绘制区域的对角线点，即可完成矩形墙体绘制。

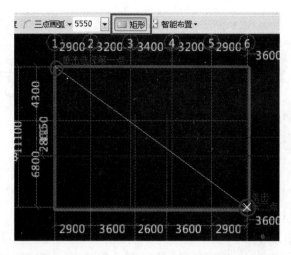

图 4.1-16

（5）采用"智能布置"绘制墙体。

每种构件都有不同的智能布置方式，灵活利用智能布置功能，将极大地提高绘图效率。

"智能布置"绘制墙体操作如下：

第一步：在"构件列表"中选择布置的墙体，如图 4.1-17 所示。

第二步：在菜单栏单击"智能布置"下的"轴线"按钮，如图 4.1-18 所示。

图 4.1-17

图 4.1-18

第三步：按鼠标左键点选或框选需要布置墙的所有轴线，如图 4.1-19 所示。

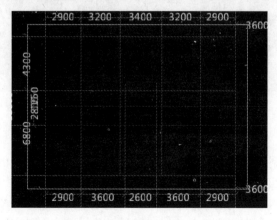

图 4.1-19

第四步：单击鼠标右键确认选择，则所选轴线的位置上均布置上了墙，如图 4.1-20 所示。

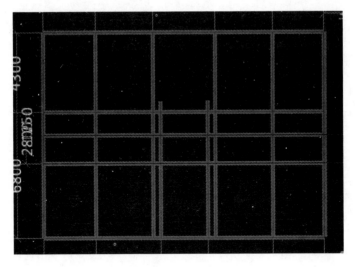

图 4.1-20

（6）墙体的删除，如图 4.1-21 所示。

第一步：单击"选择"按钮。

第二步：选择需要删除的墙体。

第三步：单击"删除"按钮即可。

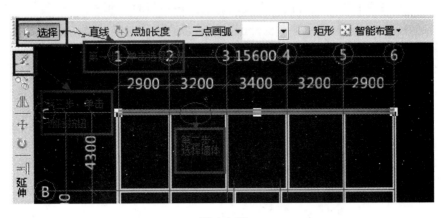

图 4.1-21

4.2　门窗洞口

4.2.1　门

（1）门的定义

第一步：在绘图输入导航栏选择门构件，双击"门"按钮，进入"构件列表"对话框，单击"新建"下的"新建矩形门"按钮，如图 4.2-1 所示。

第二步：在属性编辑框输入门的相关属性，如名称、类别、材质等，如图 4.2-2 所示。

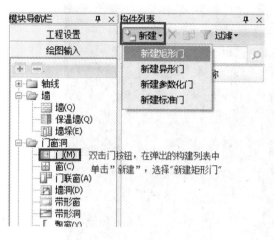

图 4.2-1　　　　　　　　　　　　　　　　　图 4.2-2

属性解释：

1）名称：根据图纸输入门名称，如：M1。

2）洞口宽度：对于矩形门，可以直接输入宽度值，对于参数化门和异形门，宽度取洞口外接矩形的宽度；对于标准门，直接取标准图集中门的宽度值。

3）洞口高度：对于矩形门，可以直接输入高度值，对于参数化门和异形门，高度取洞口外接矩形的高度；对于标准门，直接取标准图集中门的高度值。

4）框左右扣尺寸：洞口宽度和框外围宽度的总差值，这里一般不输入数值。

5）框上下扣尺寸：洞口高度和框外围高度的总差值，这里一般不输入数值。

6）框厚：输入门实际的框厚尺寸，对墙面、墙裙、踢脚块料面积的计算有影响，如图 4.2-3 所示。

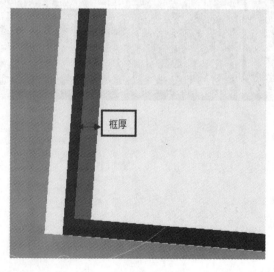

图 4.2-3

7) 立樘距离：门框中心线与墙中心间的距离，默认为"0"。如果门框中心线在墙中心线左边，该值为负，否则为正。

8) 离地高度：门洞口底边离地面的高度，正常情况下应该是"0"，软件默认的也是"0"；不过这里的数值是可以进行修改的。例如，对于阳台门是需要门槛的，这里就应该是门槛的高度。不过一般情况下，这里的数值是不影响工程量的计算结果的，如图 4.2-4 所示。

图 4.2-4

9) 洞口面积：矩形门根据所输入的洞口宽度和洞口高度自动计算出面积，对于参数化门和异形门，软件将根据门的截面形状计算出面积。

10) 框外围面积：这里的数值是门框的外围面积，如果框上下左右扣尺寸为"0"的话，这里的数值是和洞口面积相同的数值；如果门框上下左右扣减的数值不为"0"，这里的数值应该是一个小于门洞口面积的数值；这里的数值也是不用输入的，软件会根据上面输入的数值自动计算；对于参数化门和异形门，软件将根据门的截面形状计算出正确的面积。

11) 备注：该属性值仅仅是个标识，对计算不会起任何作用。

第三步：定义完属性后，切换进入"构件做法"界面，套用门的"清单项目"和"定额项目"，如图 4.2-5 所示。

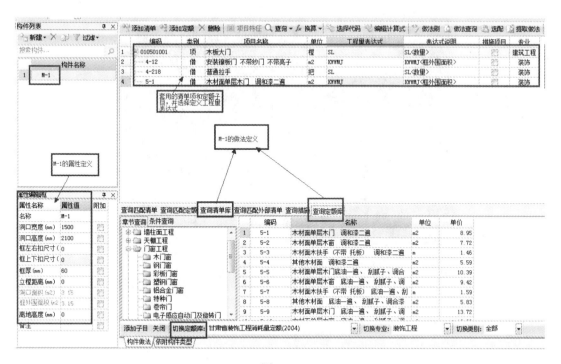

图 4.2-5

(2) 门的绘制

软件提供门的绘制方法主要有：点、智能布置、精确布置，如图 4.2-6 所示。

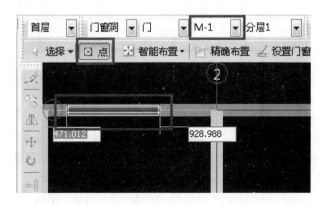

图 4.2-6

1）采用"点"绘制门的具体步骤，如图 4.2-7 所示。

第一步：在"构件列表"中选择一种定义好的门。

第二步：单击"点"绘制功能。

第三步：鼠标左键点取布置墙段，右键返回即可。

图 4.2-7

2）采用"智能布置"绘制门的具体步骤：

第一步：在"构件列表"中选择一种定义好的门。

第二步：单击"智能布置"下的"墙段中点"按钮，如图 4.2-8 所示。

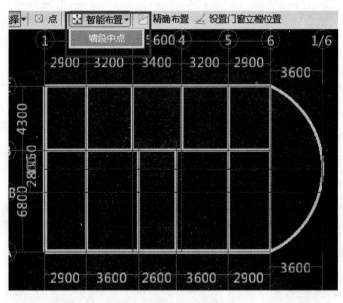

图 4.2-8

第三步：左键拉框选择需要布置的墙段，如图 4.2-9 所示。

第四步：单击鼠标右键，则选取的所有墙段都布置上了门，如图 4.2-10 所示。

3）采用"精确布置"绘制门步骤。

正常情况下，门的布置是随意布置的，这样并不影响软件对门工程量的计算，以及门工程量对墙体工程的扣减计算，如果特殊的情况下需要精确布置门的位置。

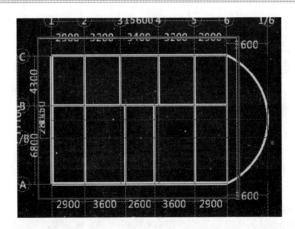

图 4.2-9

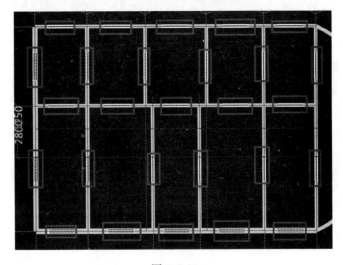

图 4.2-10

具体操作步骤，如图 4.2-11 所示。

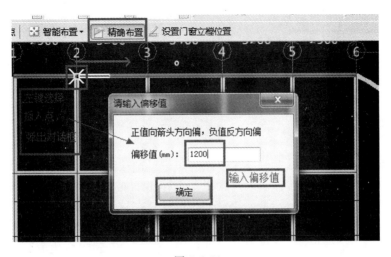

图 4.2-11

第一步：在"构件列表"中选择一种定义好的门。

第二步：单击"精确布置"绘制功能。

第三步：点取布置墙段，左键点取选择插入点。

第四步：在弹出的对话框中输入偏移值，单击"确定"按钮即可。

4）设置"门窗立樘位置"，如图 4.2-12 所示。

第一步：单击"门窗立樘位置"绘制功能。

第二步：左键选择需要设置的门构件，右键返回弹出对话框。

第三步：在对话框中点选设置的立樘位置，单击"确定"按钮即可。

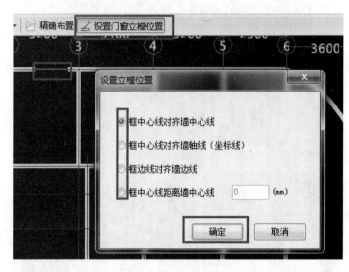

图 4.2-12

4.2.2　窗

窗是建筑物中的围护构件，在建筑中主要的作用是采光、通风。软件中窗构件按照洞口形状可以分为矩形窗、异形窗和参数化窗三种类型。

（1）窗的定义

第一步：在绘图输入导航栏选择窗构件，双击"窗"按钮，进入"构件列表"对话框，单击"新建"下的"新建矩形窗"，如图 4.2-13 所示。

若是"新建异形窗"。在新建下拉的菜单栏里面单击"新建异形窗"按钮，可以在弹出的对话框中绘制任意形状的窗平面形状；在这里可以绘制直线、弧线，并且可以组合多种图形，如图 4.2-14 所示。

若是"新建参数化窗"，在新建下拉的菜单栏里面单击"新建参数化窗"按钮；

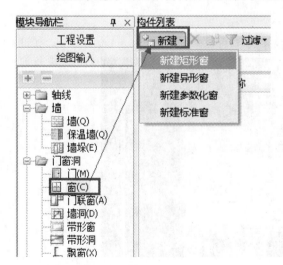

图 4.2-13

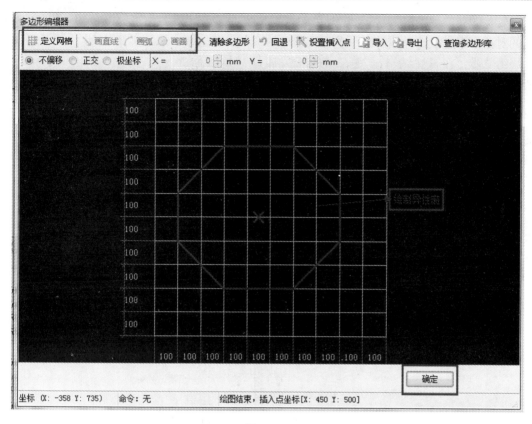

图 4.2-14

可以在弹出的参数化图形中选择需要的窗形状，并且在右边的参数属性中修改属性数值，使其达到符合需要的数值，如图 4.2-15 所示。

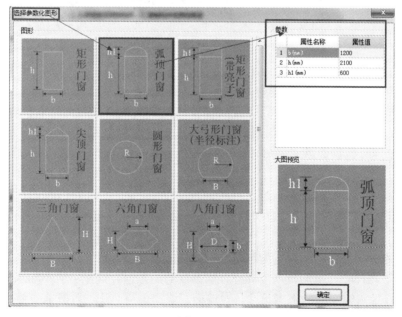

图 4.2-15

若是"新建标准窗"。在新建下拉的菜单栏里面单击"新建标准窗"按钮，可以在弹出的对话框中直接选择标准图以及标准图中的窗种类和型号，如图 4.2-16 所示。

第二步：在属性编辑框输入窗的相关属性，如名称、类别、材质等，如图 4.2-17 所示。

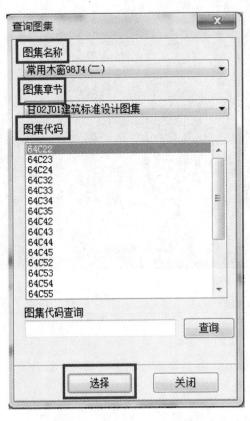

图 4.2-16

图 4.2-17

属性解释：

1）名称：可以根据设计图纸或者自己的习惯输入窗名称，软件默认的窗构件是 C-1，依此类推。

2）洞口宽度：在这一栏中可以直接根据设计图输入窗洞口的宽度数值，注意这里的单位是毫米（mm）；通常这里输入的是洞口的尺寸；对于参数化窗和异形窗，宽度取洞口外接矩形的宽度，也就是窗构件的最大宽度值；对于标准窗，直接取标准图集中窗宽度值。

3）洞口高度：对于矩形窗，可以直接输入高度值，对于参数化窗和异形窗，高度取窗洞口外接矩形的高度，也就是窗构件垂直方向的最大值；对于标准窗，直接取标准图集中的高度值。

4）框左右扣尺寸：窗洞口宽度和框外围宽度的总差值，这里一般不输入数值。

5）框上下扣尺寸：窗洞口高度和框外围高度的总差值，这里一般不输入数值。

6）框厚：输入窗实际的框厚尺寸，对墙面、墙裙块料面积的计算有影响，如图4.2-18所示。

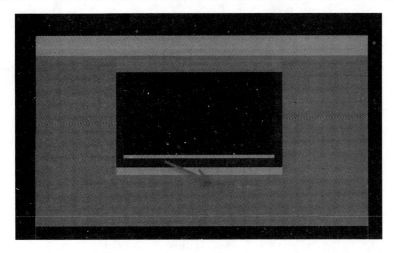

图 4.2-18

7）立樘距离：窗框中心线与墙中心线之间的距离，软件默认的立樘距离为"0"，也就是软件默认的窗框中心线与墙中心线是重合的。如果窗框中心线偏离墙中心线，则这里填写偏移的数值，窗框中心线在墙中心线的左边，该值为负，否则为正。立樘距离同样只对内外墙面、墙裙的块料面积工程量计算有影响，对于其他工程量没有影响。

8）洞口面积：窗构件在墙上所占的面积，通常是为了计算墙体工程量时扣除窗构件所占墙砌体的工程量时使用的参数；要注意的是，上面输入的洞口的宽度和高度都是按照毫米（mm）单位输入的，但是这里计算出来的面积单位是平方米（m²），注意不要搞错了单位。

9）框外围面积：这里的数值是窗框的外围面积，如果框上下左右扣尺寸为"0"的话，这里的数值是和洞口面积相同的数值。

10）离地高度：窗洞口底部距楼地面的高度，如图 4.2-19 所示。

图 4.2-19

11）备注：这一栏可以自己填写一些需要做的标记之类的东西。这一栏只是一个标识，可以按照自己的意愿随意填写，对工程量的计算不起任何作用。

第三步：定义完属性后，切换进入"构件做法"界面，套用窗的"清单项目"和"定额项目"，如图 4.2-20 所示。

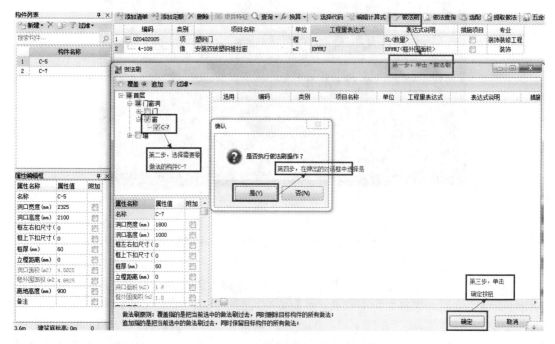

图 4.2-20

（2）窗的绘制

软件提供窗的绘制方法主要有：点、智能布置、精确布置，如图 4.2-21 所示。

图 4.2-21

1）采用"点"绘制窗的具体步骤：

第一步：在"构件列表"中选择一种定义好的窗。

第二步：单击"点"绘制功能。

第三步：鼠标左键点取布置墙段，右键返回即可，如图 4.2-22 所示。

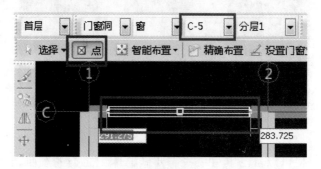

图 4.2-22

2）采用"智能布置"绘制窗的步骤同门的操作。

3）采用"精确布置"绘制窗的步骤同门的操作。

4）采用"设置门窗立樘位置"同门的操作。

4.2.3　门联窗

门联窗是门和窗组合在一起的建筑构件，也称作门耳窗，分为单侧门耳窗和双侧门耳窗。单侧门耳窗按照窗在门的位置，还可以分为左侧门耳窗和右侧门耳窗；通常情况下，窗的距地高度加上窗的高度是等于门的高度，也就是门顶和窗顶是在同一标高。

（1）门联窗的定义

第一步：在"绘图输入导航栏"选择门联窗构件，双击"门联窗"按钮，进入"构件列表"对话框，单击"新建"下的"新建门联窗"，如图 4.2-23 所示。

第二步：在"属性编辑框"输入门联窗的相关属性，如名称、类别、材质等，如图 4.2-24 所示。

图 4.2-23

图 4.2-24

属性解释：

1）名称：根据图纸输入门联窗名称，如：MLC1。

2）洞口宽度：输入门联窗的洞口总宽度。

3）洞口高度：输入门联窗的洞口总高度。

4）窗宽度：门联窗中窗的洞口宽度，如图 4.2-25 所示。

5）窗距门相对高度：门联窗中窗距门的相对高度。

6）门离地高度：门联窗中门的离地高度，同窗"离地高度"。

其他属性含义同门。

图 4.2-25

第三步：定义完属性后，切换进入"构件做法"界面，套用门联窗的"清单项目"和"定额项目"，如图 4.2-26 所示。

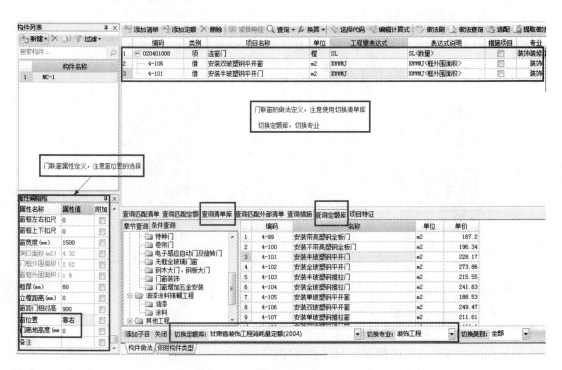

图 4.2-26

（2）门联窗的绘制

软件提供门联窗的绘制方法主要有：点、智能布置、精确布置；如图 4.2-27 所示。

图 4.2-27

1）采用"点"绘制门联窗的具体步骤：

第一步：在"构件列表"中选择一种定义好的门联窗。

第二步：单击"点"绘制功能。

第三步：鼠标左键点取布置墙段，右键返回即可，绘制好的门联窗三维显示如图 4.2-28 所示。

2）采用"智能布置"绘制门联窗的步骤同门的操作。

3）采用"精确布置"绘制门联窗的步骤同门的操作。

4）设置"门窗立樘位置"同门的操作。

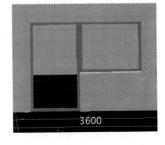

图 4.2-28

4.2.4　墙洞

在实际建筑工程中，建筑物的墙体立面上经常会有一些预留洞口，包括给水排水管线安装需要预留的洞口，电气施工，电话、电视施工所需要的预留洞口以及暖气通风工程所需要预留的施工洞口等。

在计算这些有预留洞口的墙体工程量时，就需要按照定额规定的工程量计算规则，扣减这些预留洞口所占体积以及面积等工程量。为了精确地扣除这些工程量，也就是为了能够精确地计算留有这些预留洞口的墙体的体积和面积，在软件中就需要正确地绘制这些预留洞口。这样的预留洞口，在软件中是用墙洞来处理的。

（1）墙洞结构的定义

墙洞构件分为矩形墙洞和异形墙洞，具体步骤如下：

第一步：在绘图输入"导航栏"选择墙洞构件，双击"墙洞"按钮，进入"构件列表"对话框，单击"新建"下的"新建矩形墙洞"按钮，如图 4.2-29 所示。

图 4.2-29

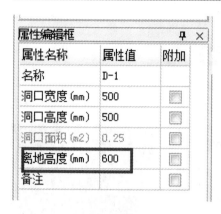

图 4.2-30

第二步：在"属性编辑框"输入墙洞的相关属性，如名称、类别、材质等，如图 4.2-30 所示。

属性解释：

1）名称：可以根据设计图纸或者自己的习惯输入墙洞的名称，如：D-1、D-2 等，软件默认的窗构件是 D-1，依此类推。

2）洞口宽度：这一栏直接根据设计图输入墙洞的宽度数值，注意这里的单位是毫米（mm）。

3）洞口高度：这一栏中直接根据设计图输入的高度数值，注意这里的单位是毫米（mm）。

4）洞口面积：墙洞构件在墙上所占的面积，是为了计算墙体工程量时所需要扣减的墙洞构件所占墙砌体的体积和面积时使用的参数。

5）离地高度：墙洞构件下底面距离地面的尺寸，如同窗构件中的窗离地的高度。一般情况下，这里的数值不影响工程量的计算结果。

6）备注：这一栏可以自己填写一些需要做的标记之类的东西。这一栏只是一个标识，对工程量的计算不起任何作用。

（2）墙洞的绘制

软件提供墙洞的绘制方法主要有：点、智能布置、精确布置，如图 4.2-31 所示。

图 4.2-31

1）采用"点"绘制门的具体步骤：

第一步：在"构件列表"对话框中选择一种定义好的墙洞。

第二步：单击"点"绘制功能。

第三步：鼠标左键点取布置墙段，右键返回即可，绘制好的墙洞三维显示，如图 4.2-32 所示。

2）采用"智能布置"绘制门联窗的步骤同门的操作。

3）采用"精确布置"绘制门联窗的步骤同门的操作。

图 4.2-32

4.2.5 带形窗

带形窗是窗构件的一种，常用于综合办公楼的走廊、住宅楼的阳台等处；利用带形窗构件，可以轻松地处理比较长的走廊处的窗构件，幕墙、阳台等处的转角窗等构件的工程量计算。带形窗也是门窗构件的一种，但是带形窗构件又不同于普通的门窗构件。普通的门窗构件只能依附到墙体和栏板等其他构件之上，而带形窗可以绘制在墙、栏板上，也可以不依附于墙、栏板图元而单独存在，作为一个独立的构件绘制。

带形窗在软件中不同于普通门窗的另一个特点是：普通门窗为点状构件，而带形窗为线状构件。不同门窗本身有自己的属性数据，只要定义了属性就可以计算出数据，而且点画到图形上就可以了，而带形窗的洞口宽度必须要绘制到图形中才能得到数据。

（1）带形窗的定义

第一步：在绘图输入"导航栏"选择带形窗构件，双击"带形窗"按钮，进入"构件列表"对话框，单击"新建"下的"新建带形窗"按钮，如图 4.2-33 所示。

图 4.2-33

第二步：在"属性编辑框"输入带形窗的相关属性，如名称、类别、材质等，如图 4.2-34 所示。

属性解释：

1）名称：根据图纸输入带形窗名称，如，DXC1。

2）框厚：输入带形窗实际的框厚尺寸，对墙面、墙裙块料面积的计算有影响。

3）框左右扣尺寸：带形窗洞口高度和框外围高度的总差值，这里的数值通常情况下可以不输入，软件默认的数值为"0"。

4）框上下扣尺寸：带形窗洞口高度和框外围高度的总差值，这里的数值通常情况下可以不输入，软件默认的数值为"0"。

图 4.2-34

5）起点顶标高：在绘制带形窗的过程中，鼠标起点处带形窗的顶标高。标高属性值可以是数值，也可以输入变量作为标高值，例如可以输入 0.9m、3.6m 这样的数值，也可以输入层底标高＋0.9m、层的标高＋2.7m 这样的数值格式作为标高；输入变量作为标高时，标高可以随标高变量的变化而变化，不需要再用手工调整，使用起来比较方便。

6）起点底标高：在绘制带形窗的过程中，鼠标起点处带形窗的底标高。标高属性值可以是数值，也可以输入变量作为标高值。

7）终点顶标高：在绘制带形窗的过程中，鼠标终点处带形窗的顶标高。标高属性值可以是数值，也可以输入变量作为标高值。

8）终点底标高：在绘制带形窗的过程中，鼠标终点处带形窗的底标高。标高属性值可以是数值，也可以输入变量作为标高值。

9）备注：这一栏可以自己填写一些需要做的标记之类的东西。这一栏只是一个标识，可以按照自己的意愿随意填写，对工程量的计算不起任何作用。

第三步：定义完属性后，切换进入"构件做法"界面，套用带形窗的"清单项目"和"定额项目"，如图 4.2-35 所示。

图 4.2-35

（2）带形窗的绘制

软件提供带形窗的绘制方法主要有：直线、点加长度、三点画弧、矩形、智能布置，如图 4.2-36 所示。

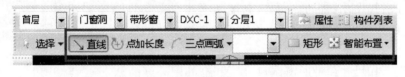

图 4.2-36

1）采用"直线"绘制带形窗时具体步骤：

第一步：在"构件列表"对话框中选择一种定义好的带形洞。

第二步：单击"直线"绘制功能。

第三步：鼠标左键点取第一绘制点，再点取第二绘制点，单击右键确认。这样一道带形窗体就绘制出来了，如图 4.2-37 所示。

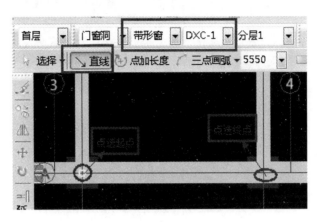

图 4.2-37

带形窗绘制的三维效果图如图 4.2-38 所示。

2）采用"点加长度"绘制带形窗同"墙体点加长度"操作。

3）采用"画弧"绘制带形窗，如图 4.2-39 所示。

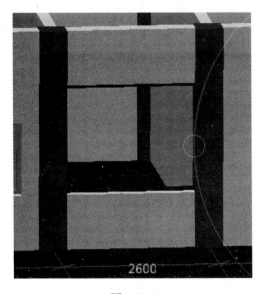

图 4.2-38

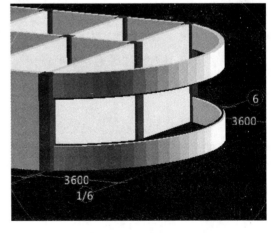

图 4.2-39

第一步：在当前需要绘制的带形窗状态下，点击"三点画弧"功能键。

第二步：鼠标右键依次点取圆弧的起点、圆弧段上任意一点、圆弧终点。

第三步：点击鼠标右键确认。

4）采用"矩形"绘制带形窗同"墙的矩形绘制"。

采用"矩形"绘制，矩形房间的四周墙体都布置了带形窗，如图 4.2-40 所示。

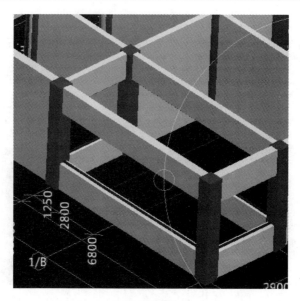

图 4.2-40

图 4.2-41

5）采用"智能布置"绘制带形窗。

"智能布置"绘制带形窗，可按墙、栏板布置，如图 4.2-41 所示。

4.2.6 带形洞

带形洞为墙体上面较长的预留洞口，以及墙体拐角处的预留洞口，和墙体之间的工程量计算及扣减等问题，都可以利用带形洞在软件中得到解决。

带形洞的属性及用法等均与带形窗相同。

4.2.7 飘窗

飘窗是指为房间采光和美化造型而设置的凸出外墙的窗。随着建筑技术水平的发展和建筑风格的多样化，各种不同类型的飘窗的应用也越来越多。一般的飘窗可以呈矩形或梯形，从室内向室外凸起。飘窗的三面都装有玻璃，窗台的高度比起一般的窗户较低。这样的设计既有利于进行大面积的玻璃采光，又保留了宽敞的窗台，使得室内空间在视觉上得以延伸。

一般的窗户都是做在墙体的垂直平面以内，要是把窗户凸出到墙外面，就成了飘窗了。现在流行的飘窗一般可以分为两种形态，第一种是带台阶的，另一种则是落地的。飘窗不仅可以增加户型的采光和通风等功能，也给商品房的外立面增添了建筑魅力。

飘窗分参数化飘窗和组合飘窗：

（1）参数化飘窗

第一步：在绘图输入"导航栏"选择飘窗构件，双击"飘窗"按钮，进入"构件列表"对话框，单击"新建"下的"新建参数化飘窗"按钮，如图 4.2-42 所示。

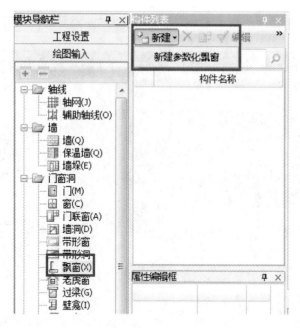

图 4.2-42

第二步：在弹出的对话框里选择飘窗的参数化图形，如图 4.2-43 所示。

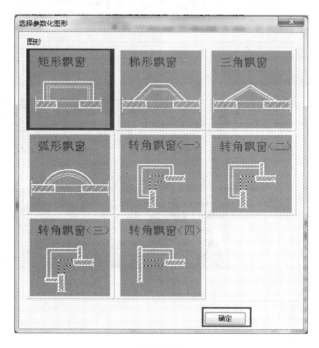

图 4.2-43

第三步：选择参数化飘窗的类型后弹出输入参数的界面，界面中所有绿色体数字都可按照实际设计尺寸进行修改，输入参数后点击保存退出。如图 4.2-44 所示。

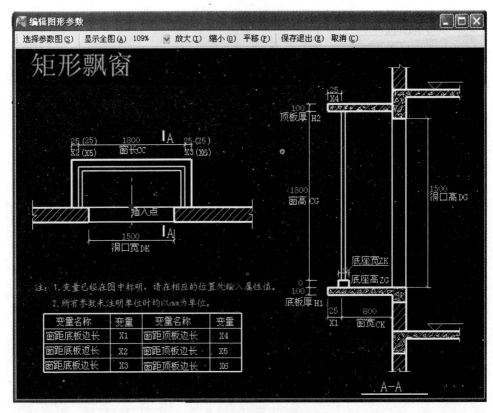

图 4.2-44

新建的参数化飘窗的属性界面如图 4.2-45 所示。

参数化飘窗的三维效果图，如图 4.2-46 所示。

图 4.2-45

图 4.2-46

（2）组合飘窗

组合飘窗属于组合构件，因而需要使用"新建组合构件"功能来建立构件，所以组合飘窗的属性只有名称和备注两项内容，如图 4.2-47 所示。

建立组合飘窗构件需要先建立组成飘窗的构件图元。构成飘窗的构件图元有：墙、板、梁、墙洞、带形窗、装修、保温层以及栏板等构件。

属性名称	属性值	附加
名称	PC-1	
备注		□

图 4.2-47

操作步骤：

第一步：在建立飘窗的位置绘制墙洞和带形窗，如图 4.2-48 所示。

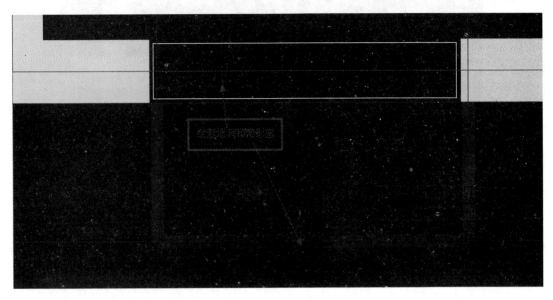

图 4.2-48

第二步：在建立飘窗的位置绘制现浇板，如图 4.2-49 所示。

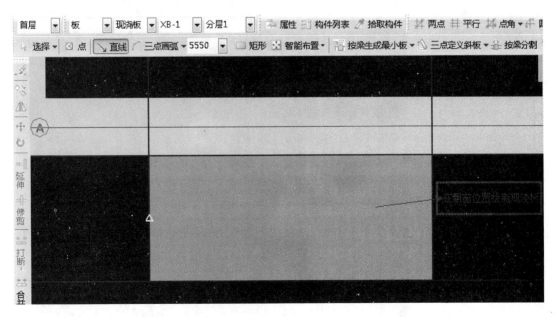

图 4.2-49

第三步：在飘窗的界面单击"新建组合构件"按钮，用鼠标左键拉框选择全部所需要组合的图元，然后用鼠标左键单击选择插入点，如图 4.2-50 所示。

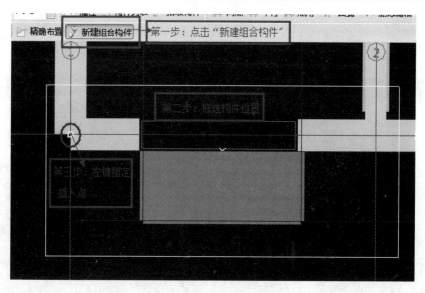

图 4.2-50

第四步：在弹出的对话框中，检查组合构件框中的构件，并将多余的构件删除。做法是选中多余的构件，单击左上角的"移出"按钮即可；移出的构件不再组合到组合构件之中；按下"撤销"按钮可以撤销误操作移出的构件；输入新建构件名称，建立新的组合飘窗构件；最后单击"确定"按钮，完成新建组合飘窗，如图 4.2-51 所示。

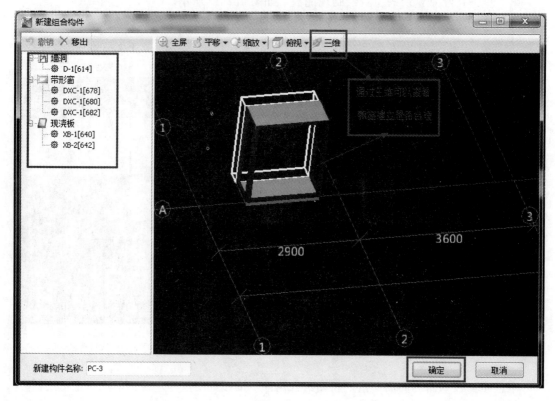

图 4.2-51

4.2.8 老虎窗

老虎窗，也称作老虎天窗。是一种开在屋顶上的天窗，实际上是专指开在斜屋面上凸出屋面的屋顶窗，用作房屋顶部的采光和通风。老虎窗是近代引进的西方建筑风格的一种建筑构件。老虎窗在软件中和飘窗一样，分为参数化老虎窗与组合老虎窗两种。

（1）参数化老虎窗

第一步：在绘图输入导航栏选择老虎窗构件，双击"老虎窗"按钮，进入"构件列表"对话框，单击"新建"下的"新建参数化老虎窗"按钮，如图4.2-52所示。

第二步：在弹出的对话框里选择老虎窗的参数化图形，如图4.2-53所示。

图 4.2-52

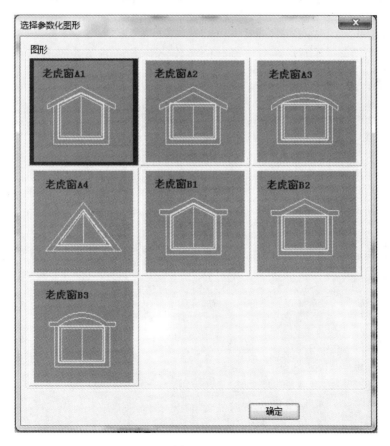

图 4.2-53

　　第三步：按照设计图中的设计值，修改各个参数值。修改完毕后点击保存退出，这样一个你所需要的参数化老虎窗构件的建立工作就完成了，如图 4.2-54 所示。

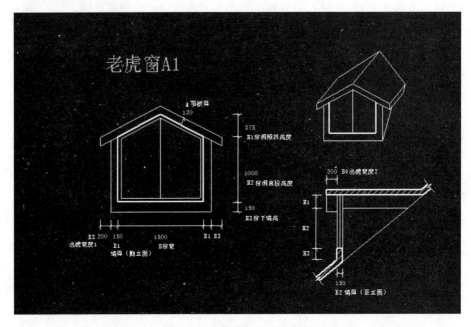

图 4.2-54

新建的参数化老虎窗的属性界面如下，如图 4.2-55 所示。

参数化老虎窗的三维效果图，如图 4.2-56 所示。

（2）组合老虎窗

组合老虎窗属于组合构件，需要使用"新建组合构件"功能来建立构件，定义和绘制方法参见组合飘窗的操作。

图 4.2-55

图 4.2-56

102

4.2.9　过梁

当墙体上开设门窗洞口时，为了支撑洞口上部砌体所传来的各种荷载，并将这些荷载传给窗间墙，通常在门窗洞口上设置横梁，该横梁即被称为过梁。

实际的建筑设计中，常常有圈梁带过梁的情况，当遇到这种情况时，软件会按照计算规则自动处理过梁与圈梁的扣减关系，不必再去分开设置。

过梁分为矩形过梁、异形过梁和标准过梁三种类型。在构件列表中点击新建，可以建立矩形过梁、异形过梁和标准过梁。

（1）过梁的定义

第一步：在绘图输入导航栏选择门窗过梁构件，双击"门窗过梁"按钮，进入"构件列表"对话框，单击"新建"下的"新建矩形过梁"按钮，如图 4.2-57 所示。

第二步：在属性编辑框输入过梁的相关属性，如名称、类别、材质等，如图 4.2-58 所示。

图 4.2-57

图 4.2-58

属性解释：

1）名称：可以按照设计图上面的编号，也可以按照自己的习惯标注不同的过梁名称，如：GL-1、GL-2。

2）材质：按照设计要求，填写和选择过梁的材质，如现浇混凝土、预制混凝土和砖过梁。

3）混凝土强度等级：这一栏填写过梁的混凝土设计强度等级。点开这一栏，可以选择不同的混凝土强度等级；也可以根据实际情况进行调整。这里的默认值与楼层信息界面强度等级设置里的混凝土强度等级一致。

　　4）长度：按照设计要求填写过梁搭入墙体长度，这里填写的应该是过梁两端搭入墙体的长度之和，而不是单侧搭入墙体的长度。这里的长度单位是毫米（mm）；软件默认的搭入墙体长度是500mm。

　　5）截面宽度：过梁的设计宽度值，软件默认的过梁宽度是过梁所搭入的墙宽度，即在这一栏是空格的情况下，过梁的宽度按照墙体的宽度计算。

　　6）截面高度：过梁的截面高度，按照设计要求的高度填写，软件这里的单位是毫米（mm）。

　　7）起点伸入墙内长度：绘制过梁时，起点处伸入墙内的长度，默认为250mm。

　　8）终点伸入墙内长度：绘制过梁时，终点处伸入墙内的长度，默认为250mm。

　　9）截面周长：指的是过梁的截面周长，（过梁的截面高度＋过梁的截面宽度）×2的数值，这一栏不需要填写，软件根据上面输入的过梁的宽度和高度数值自行计算，所以，这一栏的数值是灰显的，虽然上面过梁的宽度和高度数值单位都是毫米（mm），但是这里显示的单位是米（m），请注意不要搞错。

　　10）截面面积：指的是矩形过梁的截面面积，这里的数值不需要填写，软件根据上面输入的过梁的宽度和高度数值自行计算，所以，这一栏的数值是灰显的，虽然上面过梁的宽度和高度数值单位都是毫米（mm），但是这里显示的单位是平方米（m²），请注意不要搞错。

　　11）位置：标注过梁是在门窗洞口的上方还是下方作窗台的构件使用，软件默认过梁是布置在洞口的上方。

　　12）中心线距左墙距离：过梁的中心线距离过梁所搭入墙体的左墙皮的距离，可以利用这里所填入的数值调整过梁和所搭入的墙体之间的偏心距离问题，这里填入的数值单位是毫米（mm）。

　　13）备注：这一栏可以自己填写一些需要做的标记之类的东西，对工程量的计算不起任何作用。

　　若是新建异形过梁。

　　单击"新建"下的"新建异形过梁"按钮，在弹出的"构件做法"界面中，可以绘制设计所要求的截面形状；异形过梁属性中的截面形状标注为异形，可以点开本栏中的三点按钮，进入编辑状态，重新编辑绘制或者修改过梁的截面形状。

　　若是新建标准过梁。

　　单击"新建"下的"新建标准过梁"按钮，即可以在弹出的对话框中直接选择标准图集以及标准图中的过梁种类和型号。

　　第三步：定义完属性后，切换进入"构件做法"界面，套用过梁的"清单项目"和"定额项目"，如图4.2-59所示。

　　（2）过梁的绘制

　　软件提供过梁的绘制方法主要有：点、智能布置，如图4.2-60所示。

　　这里主要介绍采用"智能布置"绘制过梁：

　　第一步：在"构件列表"中选择一种定义好的过梁。

　　第二步：单击"智能布置"的按钮，按"门、窗"绘制，如图4.2-61所示。

图 4.2-59

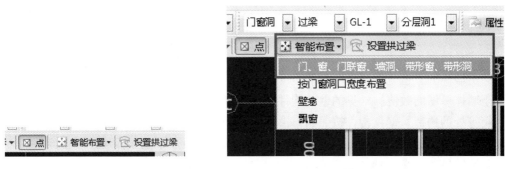

图 4.2-60   图 4.2-61

第三步：左键拉框选择需要布置的门窗洞，如图 4.2-62 所示。

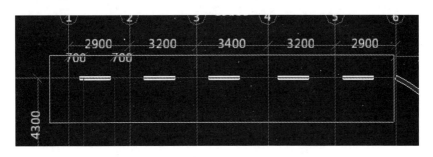

图 4.2-62

第四步：单击鼠标右键，则选取的所有门窗都布置上了过梁，如图 4.2-63 所示。

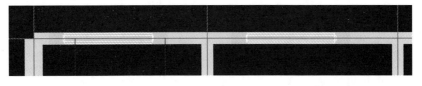

图 4.2-63

过梁的三维效果图，如图 4.2-64 所示。

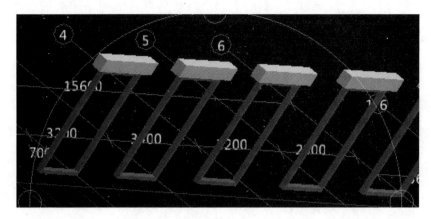

图 4.2-64

4.2.10　壁龛

壁龛是镶嵌于墙体构件中的槽形空间，类似于墙洞，只是墙洞是穿透墙体的，而壁龛是不穿透墙体的。也就是说，墙洞的厚度是和墙体的厚度相同的，而壁龛的厚度应该是一个小于墙体厚度的数值。常见的壁龛构件应用，有镶嵌于墙体内部的采暖散热器，以及各种表箱等处的构造。壁龛构件按照洞口形状可以分为矩形壁龛和异形壁龛两种类型。

在壁龛构件的界面，单击"新建"按钮，可以建立矩形壁龛和新建异形壁龛。

（1）壁龛的定义

第一步：在绘图输入"导航栏"选择壁龛构件，双击"壁龛"按钮，进入"构件列表"对话框，单击"新建"下的"新建矩形壁龛"按钮，如图 4.2-65 所示。

图 4.2-65

第二步：在属性编辑框输入壁龛的相关属性，如名称、类别、材质等，如图 4.2-66 所示。

属性解释：

1）名称：可以根据设计图纸或者自己的习惯输入壁龛的名称，如：BK1、BK2 等。软件默认的壁龛构件名称是 BK1，以此类推。

2）洞口宽度：这一栏中直接根据设计图输入壁龛的宽度数值，单位是毫米（mm）。对于异形壁龛，这里的宽度值是指异形壁龛的外接矩形宽度，也就是壁龛构件的最大宽度值。

属性名称	属性值
名称	BK-1
洞口宽度(mm)	1000
洞口高度(mm)	1000
壁龛深度(mm)	100
离地高度(mm)	0
备注	

图 4.2-66

3）洞口高度：这一栏中直接根据设计图输入壁龛的高度数值，单位是毫米（mm）。对于异形壁龛，这里的高度值是指异形壁龛的外接矩形高度，也就是壁龛构件的最大高度。

4）壁龛深度：指的是壁龛凹进腔体内的深度，单位为毫米（mm）。这里应该注意的是壁龛深度值必须小于所在墙图元的厚度。

5）离地高度：壁龛的底部距墙底的高度，单位为毫米（mm）。

第三步：定义完属性后，切换进入"构件做法"界面，套用壁龛的"清单项目"和"定额项目"，如图 4.2-67 所示。

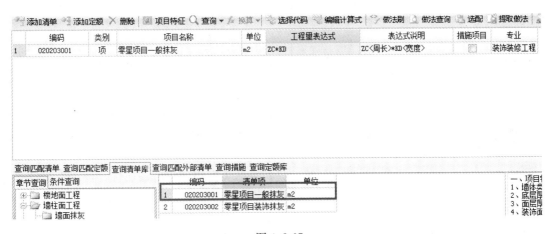

图 4.2-67

（2）壁龛的绘制

软件提供壁龛的绘制方法主要有：单击 按钮，绘制方法同门窗。

4.2.11 天窗

天窗是位于屋面上，且为凸出屋面的窗，在建筑中多用于工业厂房等较宽的建筑物的采光。天窗必须绘制在现浇板图元上。

天窗构件分为矩形天窗、圆形天窗、异形天窗和自定义天窗四种类型。

（1）天窗的定义

第一步：在绘图输入"导航栏"选择天窗构件，双击"天窗"按钮，进入"构件列表"对话框，单击"新建"下的"新建矩形天窗"按钮，如图 4.2-68 所示。

图 4.2-68

属性名称	属性值
名称	TC-1
长度(mm)	500
宽度(mm)	500
框厚(mm)	60
洞口面积 (m2)	0.25
备注	

图 4.2-69

第二步：在属性编辑框输入天窗的相关属性，如名称、类别、材质等，如图 4.2-69 所示。

属性解释：

1）名称：可以根据设计图纸或者自己的习惯输入天窗的名称，如：TC-1、TC-2 等。软件默认的天窗构件名称是 TC-1，以此类推。

2）截面形状：只在异形天窗构建中有该属性，可以点击该列的三点按钮再次进入"多边形编辑器"窗口，重新绘制异形天窗的形状。

3）长度：这一栏中直接根据设计图填写天窗的长度数值，单位是毫米（mm）。对于异形壁龛，这里的长度值是指异形天窗的外接矩形长度，也就是天窗构件的最大长度值。

4）宽度：这一栏中直接根据设计图输入天窗窗口的宽度数值，单位是毫米（mm）。通常这里输入的是洞口的尺寸。对于异形天窗，这里的宽度值取洞口外接矩形的宽度，也就是天窗构件的最大宽度值。

5）半径：对于圆形天窗输入设计要求的圆形天窗半径，单位为毫米（mm）。

6）框厚：依据设计图，输入窗实际的框厚对于其他工程量的计算没有影响，但是对于屋面的防水卷边面积的计算有影响。

7）自定义天窗直接在绘图界面上绘制而成，绘制的方法与绘制板、板洞等面状构件相同。

第三步：定义完属性后，切换进入"构件做法"界面，套用天窗的"清单项目"和"定额项目"，如图 4.2-70 所示。

图 4.2-70

（2）天窗的绘制

软件提供天窗的绘制方法主要有：点、旋转点，绘制方法同门窗，如图 4.2-71 所示。

图 4.2-71

4.3 柱构件

4.3.1 柱构件的定义

广联达软件按照柱的不同截面为我们提供了四种柱的建立，分别为：矩形柱、圆形柱、异形柱、参数化柱。

（1）属性定义

第一步：在绘图输入导航栏选择柱构件，双击"柱"按钮，进入"构件列表"对话框，单击"新建"下的"新建矩形柱"按钮，如图 4.3-1 所示。

或单击"柱"按钮，再单击工具栏中的"定义"按钮，也可进入"构件列表"对话框，如图 4.3-2 所示。

第二步：在属性编辑框输入柱的相关属性，如名称、类别、材质等，如图 4.3-3 所示。

属性解释：

1）名称：根据图纸输入柱名称，如：KZ-1，第一次新建默认为 KZ-1，以后依次类推。

图 4.3-1

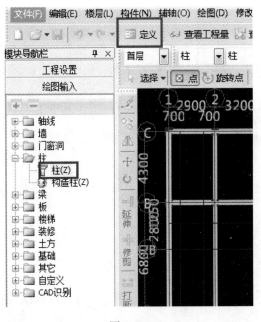

图 4.3-2

图 4.3-3

2）类别：柱的类别有六种，分别为：框架柱、框支柱、暗柱、端柱、普通柱、构造柱。构造柱又分为带马牙槎和不带马牙槎构造柱。具体类别按图纸标注具体选择。

注：具体的类别选择在柱构件里没有大的影响，对于暗柱，一般会把暗柱认为是框架—剪力墙的一部分，会将暗柱工程量计入剪力墙内，套取剪力墙定额。但是类别在构造柱构件中却能够起到是否计算马牙槎的作用，所以在构造柱中要认真选择类别。

3）材质：柱的材质分为现浇混凝土、预制混凝土、砖、石、木等。构造柱中有现浇混凝土。

注：柱材质的选择会对应不同的计算规则，但最为有用的就是当选择了柱的材质后在

名称附加处勾选显示，这样便于各种不同柱子进行直接名称套取定额项目或清单项目，提高算量速度。

4）混凝土类别、混凝土强度等级：柱的混凝土类别及强度等级的正确选择，可以在处理同定额默认的柱的混凝土类型强度等级不同时进行混凝土、砂浆的快速换算。在构件下，软件为我们提供了一个快速进行标准换算的功能键，就是"批量混凝土│砂浆换算"。这个功能的运用完全是基于构件属性定义中的混凝土类型、混凝土强度等级，软件去自动换算的，所以运用这个功能的前提就是构件属性定义中的混凝土类别、混凝土强度等级要设置正确。

注："批量混凝土│砂浆换算"功能键使用时会提示构件类别列表、区域及楼层列表及换算是清除原有换算基础上再进行换算。请将上述项目认真选择，以免快速换算之后出现不必要结果，以至于需要在构件重新检查再取消换算。

5）顶标高、底标高：顶标高及底标高在缺省情况下为楼层顶标高和楼层底标高，柱高度值默认的是当前层的层高。若修改楼层高度，则构件及构件图元的标高会随之改变；若只修改构件的标高，那么这个标高修改后只对修改后绘制的图元有效，但对于修改标高之前的图元则不起作用，具体图元的标高修改则要在选中绘制区域中需要修改的图元后再去修改标高。

6）其他属性解释略。

（2）做法定义

定义完属性后，切换进入"构件做法"界面，套用柱的"清单项目"和"定额项目"，操作步骤同墙构件，如图4.3-4所示。

图 4.3-4

4.3.2 柱构件的绘制

GCL2008 图形软件提供的柱的绘制方法有点画、旋转点画、智能布置三种。智能布置中又提供了按轴线、墙、梁、独基、桩承台、桩、门窗洞口布置，如图4.3-5所示。

图 4.3-5

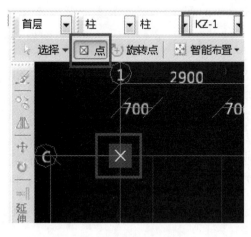

图 4.3-6

（1）采用"点"绘制柱的具体步骤，如图4.3-6所示。

第一步：在"构件列表"中选择一种定义好的柱。

第二步：单击"点"绘制功能。

第三步：将光标移到轴线交点上，单击鼠标左键完成画点。

（2）采用"旋转点"绘制柱

柱旋转点绘制主要是柱方向不能快速定位时用的，在这里要提出一点，就是如果知道柱相对于轴线的具体角度，选择旋转点绘制柱时可以和动态输入一起运用，绘制速度会更加快捷。（注意：动态输入这个功能在"工具"——"选项"——"绘图设置"——"开始动态输入"。同时也可以在绘图界面直接用快捷键Ctrl＋Q打开和取消动态输入）

柱的旋转绘制在第3.4.5节已讲过。

（3）采用"智能布置"绘制柱

包括按轴线、墙、梁、独基、桩承台、桩、门窗洞口布置。这里着重介绍以下几个智能布置功能。

1）按墙智能布置。

第一步：单击智能布置下的"墙"按钮；如图4.3-7所示。

第二步：按住左键拉框选择墙体，右键确认即可，则在墙与墙相交的地方都布置了相同的柱，如图4.3-8所示。

2）按门窗洞口布置。

第一步：单击智能布置下的"门窗洞口"按钮，如图4.3-9所示。

图 4.3-7

第二步：点击所需要增加柱的门窗，再右键确认即可，软件就会智能布置门窗边的柱。

单击鼠标左键完成画点，如图4.3-10所示。

（4）按墙位置绘制柱及自适应布置柱

按墙位置绘制柱及自适应布置柱主要是处理框架—剪力墙结构时，处理暗柱及端柱等随墙位置而适应的柱。

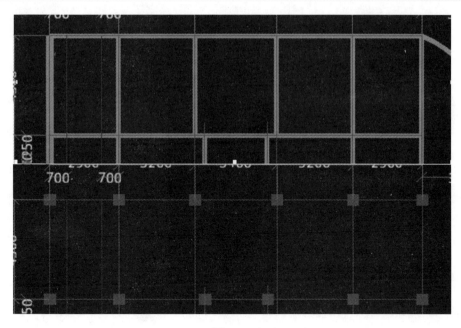

图 4.3-8

图 4.3-9

图 4.3-10

1) 按墙位置绘制柱。

第一步：单击"按墙位置绘制柱"按钮。

第二步：单击墙与墙相交处的位置，沿墙的方向移动鼠标。

第三步：单击鼠标左键，在弹出的界面中输入按墙体位置绘制柱的长度，单击"确定"按钮，如图 4.3-11 所示。

第四步：单击墙与墙相交处，沿另一道墙的方向移动鼠标。

第五步：单击鼠标左键，在弹出的界面中输入

图 4.3-11

长度，单击"确定"按钮。

第六步：单击鼠标左键，绘制完毕。如图 4.3-12 所示。

图 4.3-12

2）自适应布置柱

第一步：单击"按墙位置绘制柱"下拉菜单下的"自适应布置柱"。

第二步：再框选墙交点处的墙体即可。

第三步：在"构建属性编辑器"中，对于这个柱子的尺寸进行编辑，即可完成自适应布置柱绘图，如图 4.3-13 所示。

图 4.3-13

（5）查改柱标注

您可以使用该功能查看或修改已绘制矩形柱图元的偏心情况。

具体步骤如下：

第一步：选中需要修改的柱图元，在右键属性中单击"查改标注"按钮。

第二步：用鼠标左键单击需要查看或修改偏心距的柱图元。

第三步：根据图纸修改柱距轴线的偏心距离，完成单击"关闭"按钮即可，如图 4.3-14 所示。

（6）单对齐及多对齐

单对齐及多对齐是在遇到需要将柱子的一边对齐某条轴线，或者某道墙、梁的内外边线时采用的快捷对齐功能。现以柱子单对齐与某道墙的边线为例加以说明：

第一步：选中绘制完毕的柱子图元，右键功能中单击"单对齐"按钮，如图 4.3-15 所示。

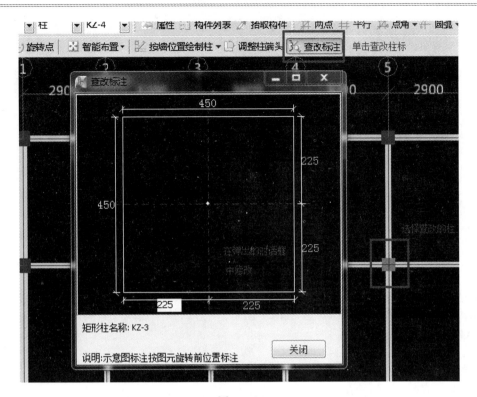

图 4.3-14

图 4.3-15

第二步：此时绘图区域的构件都以线框形式出现，选择柱子所要对齐的墙边线，如图 4.3-16 所示。

第三步：选择柱子与所选墙边线对齐的边，右键确认即可，如图 4.3-17 所示。

115

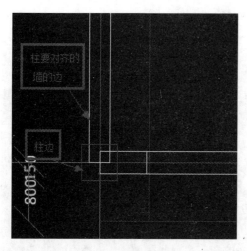

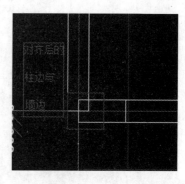

图 4.3-16   图 4.3-17

注意：如果是需要将多个柱子同所选墙体边线进行对齐功能，那么可以在上述第三步完成之后不单击右键确认，而是选择下一个需要对齐的柱子边线，直到选择完毕再单击右键确认即可。

4.3.3　构造柱

构造柱的定义与绘制基本与柱相同，只是在属性定义时注意"马牙槎"的处理，如图4.3-18 所示。

马牙槎宽度：单边马牙槎的宽度，默认为 60mm，如图 4.3-19 所示。

图 4.3-18

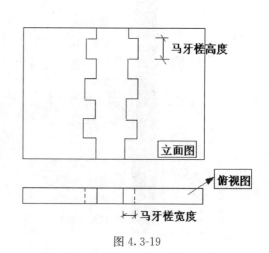

图 4.3-19

4.4　梁构件

梁构件，是建筑工程中的三大重要构件之一，也是 GCL2008 图形算量软件中一个重要的构件，是应用最灵活的一个构件，它不仅能够计算工程中的梁，而且能够用以替代许多软件不能绘制的构件的计算。

梁构件按照截面分为矩形梁、异形梁和参数化梁三种类型。

4.4.1 梁构件的定义

第一步：在绘图输入"导航栏"选择梁构件，双击"梁"按钮，进入"构件列表"对话框，单击"新建"下的"新建矩形梁"按钮，如图 4.4-1 所示。

图 4.4-1

或单击"梁"按钮，再单击工具栏中的"定义"按钮，也可进入"构件列表"对话框，如图 4.4-2 所示。

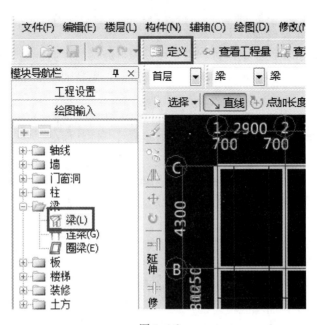

图 4.4-2

117

属性编辑框		中
属性名称	属性值	附加
名称	KL-1	
类别1	框架梁	☐
类别2	▼	☐
材质	现浇混凝	☐
砼类型	(预拌砼)	☐
砼标号	(C30)	☐
截面宽度(mm)	300	☐
截面高度(mm)	500	☐
截面面积(m2)	0.15	☐
截面周长(m)	1.6	☐
起点顶标高(m)	层顶标高	☐
终点顶标高(m)	层顶标高	☐
轴线距梁左边线距离(mm)	(150)	☐
是否计算单梁装修量	否	☐
图元形状	矩形	☐
模板类型	清水模板	☐
备注		☐

图 4.4-3

第二步：在属性编辑框输入梁的相关属性，如名称、类别、材质等，如图 4.4-3 所示。

属性解释：

1) 名称：根据设计图纸的名称输入梁名称，也可以按照自己的习惯命名梁的名称，第一次新建梁，软件默认 KL—1，以后以此类推，自动命名为 KL—2、KL—3、KL—4、KL—5 等。

2) 类别 1：区分为：框架梁、框支梁、非框架梁、井字梁，不同类别的梁对应着不同的计算规则。

3) 类别 2：区分为：单梁、板底梁、肋梁，不同类别的梁同样的对应着不同的计算规则。

4) 材质：不同材质的梁同样对着不同的计算规则。梁构件的材质定义界面如图 4.4-3 所示。

5) 混凝土类型、混凝土强度等级：当前构件的混凝土类型、强度等级，可以根据实际情况进行调整。这里的默认取值与楼层信息界面标号设置里的混凝土强度等级一致。

6) 截面宽度：梁的截面宽度，按设计尺寸取定。对于参数化梁和异形梁，宽度取截面外接矩形的宽度。

7) 截面高度：梁的截面高度，按设计尺寸取定。对于参数化梁和异形梁，高度取截面外接矩形的高度。

8) 截面面积：软件根据所输入的宽度和高度自动计算出的数值。对于参数化梁和异形梁，软件会按照梁本身的属性去计算截面面积。

9) 截面周长：软件根据所输入的宽度和高度自动计算出的数值。对于参数化梁和异形梁，软件会按照梁本身的属性去计算截面周长。

10) 起点顶标高：在绘制梁的过程中，鼠标起点处梁的顶面标高。软件还提供三个变量：层底标高、层顶标高、顶板顶标高，使用变量时，标高随楼层高度或板标高的变化而变化，不用手工调整。

11) 终点顶标高：在绘制梁的过程中，鼠标终点处梁的顶面标高。软件还提供三个变量：层底标高、层顶标高、顶板顶标高，使用变量时，标高随楼层高度或板标高的变化而变化，不用手工调整。

12) 轴线距梁左边线距离：在图纸中，当梁为偏心时，需要设置该属性，梁的左、右边线由绘制时的方向决定，如图 4.4-4 所示。

13) 是否计算单梁装修量：用于计算屋面架空梁、悬挑梁、阳台连梁等梁的装修量，选择"是"，汇总计算后，程序就会自动计算该图元的单梁抹灰面积和单梁块料面积的报表量。

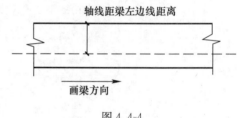

图 4.4-4

14) 图元形状：手动修改梁图元的形状，用来实现自动套做法功能的一个属性，不影响计算。

15）备注：该属性值仅仅是个标识，对计算不会起任何作用。

第三步：定义完属性后，切换进入"构件做法"界面，套用梁的"清单项目"和"定额项目"，如图 4.4-5 所示。

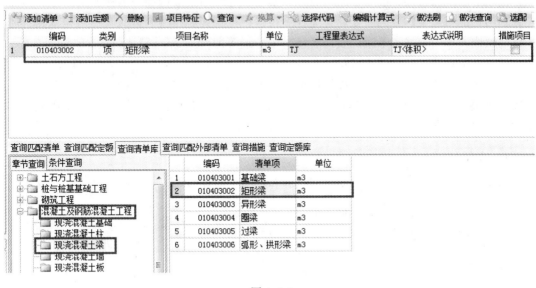

图 4.4-5

4.4.2　梁构件的绘制

软件提供的梁构件绘制方法可以采用直线、点加长度、弧形、矩形、智能布置等各种方法绘制。如图 4.4-6 所示。

图 4.4-6

（1）直线绘制

直线绘制是最简单的绘制方法，可以直接任意绘制两点之间的梁构件。可以是水平方向、垂直方向的，也可以是任意的斜线方向。与直线绘制墙体相同。

（2）点加长度

点加长度绘制梁构件，是初学者使用比较少的功能。其实这个功能利用起来是很方便的，特别是在绘制悬挑构件的时候，利用点加长度绘制，既不用添加辅轴，也不必使用偏移等功能，是非常方便的。

（3）弧形梁的绘制

在绘制弧形梁的时候，顺小弧和顺大弧分别表示绘制顺时针方向旋转小于半圆的弧线和大于半圆的弧线；逆小弧和逆大弧分别表示绘制逆时针方向旋转的小于半圆的弧线和大于半圆的弧线。

（4）矩形绘制

拉矩形框绘制梁。

（5）智能布置

梁构件除了以上的布置方法外，还可以采用智能布置的方法快速的布置梁构件。例如，可以沿轴线布置梁、沿墙轴线布置梁、沿墙中心线布置梁构件等多种方法。

利用智能布置梁构件的时候，首先在下拉框中选择智能布置的方式，然后拉框选择轴线、墙轴线、墙中心线、条基轴线或者条基中心线等即可。

（6）其他功能

对于布置好的梁构件，还可以利用单对齐的功能实现和柱、墙等构件进行对齐。首先选择需要移动对齐的构件，右键单击"单对齐"，选择一条欲对齐的线，然后点击需要移动过去的边线，右键确定即可。

4.4.3　连梁

在剪力墙结构和框架结构中，连接墙肢与墙肢、墙肢与框架柱的梁称为连梁；连梁一般情况是两端与剪力墙相连且跨高比小于 5 的梁。

连梁构件按照界面两端的形状，可以分为矩形连梁和异形连梁两种类型。

（1）连梁的定义

第一步：在绘图输入"导航栏"选择梁构件，双击"连梁"按钮，进入"构件列表"对话框，单击"新建"下的"新建矩形连梁"按钮，如图 4.4-7 所示。

第二步：在属性编辑框输入连梁的相关属性，如名称、类别、材质等，如图 4.4-8 所示。

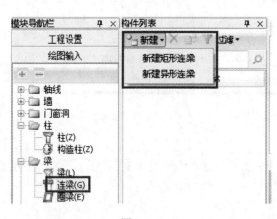

图 4.4-7

图 4.4-8

属性解释：

1）名称：可以按照设计图上面的编号，也可以按照自己的习惯，标注不同的连梁名称，例如 LL—1、LL—2 等。

2）材质：软件设置了现浇混凝土和商品混凝土两种材质，不同材质的连梁对应不同的计算规则。

3）混凝土强度等级：当前连梁构件的混凝土设计强度等级，这里的强度等级可以根据设计图进行调整，软件默认的混凝土强度等级是和楼层信息界面中设置的混凝土强度等级相同的。

4）混凝土类型：当前连梁构件的混凝土类型，可以根据设计图的实际情况不同作出相应的调整，软件默认的是与楼层信息界面强度等级设置中的混凝土类型结构相同的。

5）截面形状：连梁的截面形状分为矩形和异形形状两种。异形梁的定义方法和普通梁的定义方法和绘制方法相同。编制好异形梁截面以后，也可以点击截面形状这一栏的三点按钮，再次进入多边形编辑器窗口编辑梁的截面形状。

6）截面宽度：连梁的截面宽度，是连梁的水平方向的宽度值。对于异形连梁，宽度取值是外接矩形的宽度，也就是连梁的水平方向的最大值。

7）截面高度：连梁的截面高度，是连梁的垂直方向的高度值。对于异形连梁，高度取值是外接矩形的高度，也就是连梁在垂直方向的最大值。

8）截面面积：连梁的截面积，是指连梁的截面所占有的面积。这一栏的数值不需要输入，软件会根据上面输入的宽度和高度自动计算。对于异形连梁，软件会按照连梁本身的属性实际情况计算出截面面积。

9）起点顶标高：指的是绘制连梁过程中，鼠标起点处连梁的顶面标高。这里输入的可以是数值，例如 6.9m；也可以是相对标高；例如层顶标高，或者层顶标高＋1.2m 等，这样输入的标高可以随标高变量的变化而变化，不用再去手工调整。

10）终点顶标高：指的是绘制连梁的过程中，鼠标终点处连梁的顶面标高。软件默认的连梁起点顶标高和终点顶标高均布置在洞口的上方，也就是说，软件默认的连梁起点顶标高和终点顶标高，是洞口的顶标高加连梁的高度值。这里和梁的起点顶标高和终点顶标高的默认值是不同的。

第三步：定义完属性后，切换进入"构件做法"界面，套用连梁的"清单项目"和"定额项目"。

（2）连梁的绘制

软件提供连梁的绘制方法主要有：点、直线、点加长度、画弧、矩形、智能布置，如图 4.4-9 所示。

图 4.4-9

绘制方法同墙、梁等线性构件。

4.4.4 圈梁

圈梁构件按照界面两端的形状可以分为矩形圈梁、异形圈梁、参数化圈梁三种类型。

（1）圈梁的定义

第一步：在绘图输入导航栏选择梁构件，双击"圈梁"按钮，进入"构件列表"对话框，单击"新建"下的"新建矩形圈梁"按钮，如图 4.4-10 所示。

第二步：在属性编辑框输入圈梁的相关属性，如名称、类别、材质等，如图 4.4-11 所示。

图 4.4-10   图 4.4-11

属性解释：属性解释同连梁。

第三步：定义完属性后，切换进入"构件做法"界面，套用圈梁的"清单项目"和"定额项目"。

（2）圈梁的绘制

软件提供圈梁的绘制方法主要有：直线、点加长度、画弧、矩形、智能布置；如图 4.4-12 所示。

图 4.4-12

绘制方法同墙、梁等线性构件。

4.5 板构件

板是面式构件，与板构件相交的主要构件有梁、柱、剪力墙、砌体墙以及栏板等。板构件与其他构件的优先级别如下：柱（剪力墙）＞梁＞板＞砌体墙（栏板等）。

板构件目前在软件中分为 5 小类，分别是现浇板、预制板、螺旋板、柱帽以及板洞。

4.5.1 现浇板

（1）现浇板的定义

第一步：在"导航栏"常用构件类型"板"中选择"现浇板"，在工具栏中单击"定义"按钮，进入"构件管理"对话框，在"新建"菜单下选择"新建现浇板"，如图 4.5-1 所示。

第二步：输入现浇板属性值，如名称、类别等，如图 4.5-2 所示。

图 4.5-1   图 4.5-2

属性解释：

1）名称：根据图纸输入现浇板名称，如：XB-1（可以输入文字，如：现浇板-200mm）。

2）类别：选项为有梁板，无梁板，平板，拱板，用来实现软件自动套用做法功能的一个属性，不影响计算结果。

3）混凝土强度等级：当前构件的混凝土强度等级，可以根据实际情况进行调整，这里的默认取值与楼层信息界面强度等级设置里的混凝土强度等级一致。

4）混凝土类型：当前构件的混凝土类型，可以根据实际情况进行调整，这里的默认取值与楼层信息界面类型设置里的混凝土类型一致。

5）厚度：输入板的设计厚度，单位为毫米（mm）。

6）顶标高：板顶的标高，可以根据实际设计与本层构件相对标高情况进行调整。斜板时，这里的标高取初始设置的标高，然后根据实际标高利用"定义斜板"的一些功能来实现，后面会讲到斜板的定义。

7）是否是楼板：主要与计算超高模板、超高体积起点判断有关，若是，则表示构件可以向下找到该构件作为超高计算判断依据，否则超高计算判断与该板无关。

第三步：定义完属性后，切换进入"构件做法"界面，套用现浇板的"清单项目"和"定额项目"，如图 4.5-3 所示。

（2）现浇板的绘制

现浇板的基本绘制方法有：点，直线，弧线，矩形，智能布置，按墙及梁生成最小板，如图 4.5-4 所示。

板的画法常采用"矩形"和"智能布置"两种方法。

图 4.5-3

图 4.5-4

1）采用 画矩形 时，我们可在矩形板的对角线上的两点依次单击鼠标左键即可，如图 4.5-5 所示。

2）智能布置。

第一步：单击 智能布置 按钮，在下拉菜单中选择"外梁外边线、内梁轴线"，如图 4.5-6 所示。

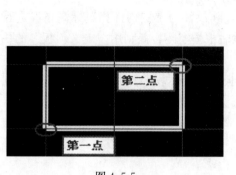

图 4.5-5

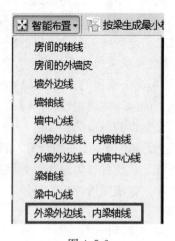

图 4.5-6

第二步：用鼠标左键在绘图区内利用对角线拉框，将需要画板的部位框在框内（选中的梁变成选择状态），点鼠标右键确认即可，如图 4.5-7 所示。

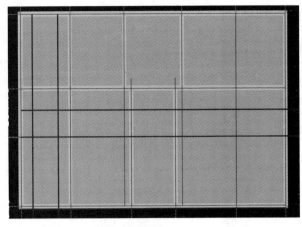

图 4.5-7

（3）现浇板的其他功能

1）定义斜板：

第一步：进入选择状态，在绘图区选择需要编辑的板。

第二步：单击"绘图工具条"→"定义斜板"按钮。

第三步：鼠标左键选择板的基准边→输入坡度系数或选择抬起点。

第四步：如选择抬起点→鼠标左键选择斜板抬起点，出现如图 4.5-8 所示提示：输入抬起点高度或输入标高，单击"确定"按钮即可。

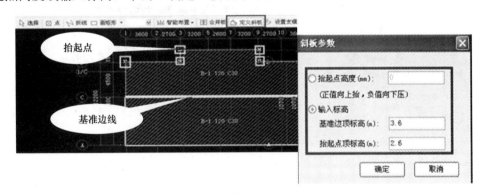

图 4.5-8

2）按梁分割：

第一步：工具栏中单击"按梁分割板"按钮，选中要分割的板（板构件变成选择状态）。

第二步：单击鼠标右键确认，左键选中Ⓑ轴上的梁（梁构件变成选择状态），右键确认，此时板分割为两块板，如图 4.5-9 所示。

4.5.2 预制板

预制板分为普通预制板与标准预制板两种。

（1）预制板的定义

第一步：在导航栏"板"中选择"预制板"，在工具栏中单击"定义"按钮，进入"构件管理"对话框，在"新建"菜单下选择"新建预制板"，如图 4.5-10 所示。

图 4.5-9   图 4.5-10

　　第二步：输入属性值，输入如下属性值预制板 YB-1，长度 3000mm，宽度 600mm，厚度 100mm，如图 4.5-11 所示。

标准预制板：

属性名称	属性值	附加
名称	YKB21-5-1	
类别	平板	☐
标准图集	预应力混	☐
标准代号	YKB21-5-1	☐
混凝土标号	(C30)	☐
混凝土类型	(泵送混凝	☐
长度(mm)	2100	☐
宽度(mm)	500	☐
厚度(mm)	120	☐
顶标高(m)	层顶标高	☐
是否是楼板	是	☐
体积(m3)	0.126	☐
钢筋含量(kg)	0	☐
备注		☐

预制板：

属性名称	属性值	附加
名称	YB-1	
类别	平板	☐
混凝土标号	(C30)	☐
混凝土类型	(泵送混凝	☐
长度(mm)	3000	☐
宽度(mm)	600	☐
厚度(mm)	100	☐
顶标高(m)	层顶标高	☐
是否是楼板	是	☐
备注		☐

图 4.5-11

　　属性解释：

　　1) 名称：根据图纸输入预制板名称，如：YB-1（可输入文字，如：预制板－200mm），如果是标准预制板，名称默认与标准代号相同，且标准构件名称随其标准代号同步更新。

　　2) 类别：选择预制板的类别，比如空心板、平板，用来实现自动套用做法功能的一个属性，不影响计算。

3）标准图集：新建标准预制板时会弹出选用的标准图集名称与预制板类型编号，选择相应图集标准与预制板的图集类型即可。

4）标准代号：新建标准预制板构件时选用的标准代号，如：YKB1.24-1。

5）混凝土强度等级：当前构件的混凝土强度等级，可以根据实际情况进行调整。这里的默认取值与楼层信息界面强度等级设置里的混凝土强度等级一致。

6）混凝土类型：当前构件的混凝土类型，可以根据实际情况进行调整。这里的默认取值与楼层信息界面类型设置里面的混凝土类型一致。

7）长度：输入预制板的长度，标准预制板长度数据取自标准图集，不可修改。

8）宽度：输入预制板的宽度，标准预制板长度数据取自标准图集，不可修改。

9）厚度：输入预制板的厚度，标准预制板长度数据取自标准图集，不可修改。

10）顶标高：板顶的标高，可以根据实际情况调整。

11）是否是楼板：主要与计算超高模板、超高体积起点判断有关，若是，则表示构件可以向下找到该构件作为超高计算判断依据，否则，超高计算与该板无关。

第三步：定义完属性后，切换进入"构件做法"界面，套用现浇板的"清单项目"和"定额项目"。

（2）预制板的绘制

预制板的基本绘制方法有：点、旋转点、智能布置，如图 4.5-12 所示。

图 4.5-12

第一步：选择智能布置，单击"墙"按钮，出现如图 4.5-13 所示提示；输入板缝 20mm，选择预制板 100mm 厚 C20，数量为 6，单击"确定"按钮即可。

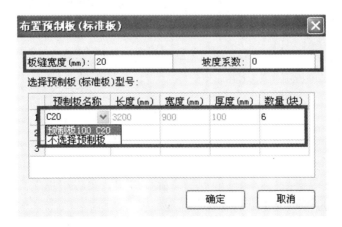

图 4.5-13

第二步：选择参考墙（墙构件图元变成虚线状态），选择参考墙起点，鼠标左键在布置方向内任意单击一下，即可布置上预制板，如图 4.5-14 所示。

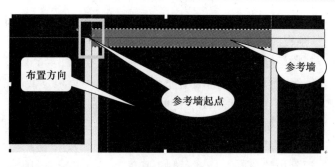

图 4.5-14

4.5.3 螺旋板

螺旋板是现浇板的一种形式，用来处理坡道，类似于螺旋形式的板，多用于地下车库入口。

（1）螺旋板的定义

第一步：在导航栏"板"中选择"螺旋板"，在工具栏中单击"定义"按钮，进入"构件管理"对话框，在"新建"菜单下选择"新建螺旋板"，如图 4.5-15 所示。

第二步：输入属性值，输入如名称、宽度、厚度等，如图 4.5-16 所示。

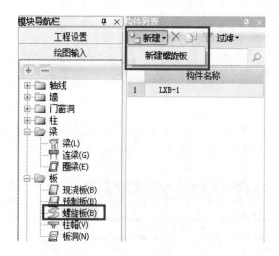

图 4.5-15   图 4.5-16

属性解释：

1）名称：根据图纸输入螺旋板名称，如：LXB-1（可以输入文字，如螺旋板 200mm）。

2）混凝土强度等级：当前构件的混凝土强度等级，可以根据实际情况进行调整。这里的默认取值与强度等级设置里的混凝土强度等级一致。

3）混凝土类型：当前构件的混凝土类型，可以根据实际情况进行调整。这里的默认取值与类型设置里面的混凝土类型一致。

4）宽度：螺旋板的内弧边至外弧边的距离。

5）厚度：根据设计参数输入螺旋板的厚度，默认为 100mm。

6）内半径：螺旋板弧形内边至圆心点的距离，如图 4.5-17 所示。

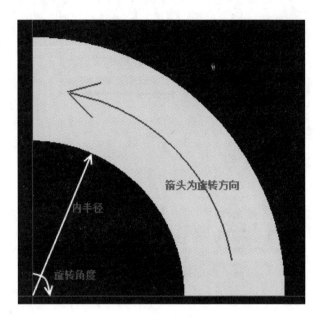

图 4.5-17

7）旋转角度：螺旋板的两个直形边所形成的角度，默认为 90°（此角度可以大于 360°）。

8）旋转方向：选择螺旋板旋转的方向，选项值为"逆时针"和"顺时针"，默认为逆时针。

9）顶标高：螺旋板最顶端的标高，可以根据实际情况进行调整，默认为"层顶标高"。

10）底标高：螺旋板最底端的标高，可以根据实际情况进行调整，默认为"层底标高"。

第三步：定义完属性后，切换进入"构件做法"界面，套用螺旋板的"清单项目"和"定额项目"。

（2）螺旋板的绘制

螺旋板构件的两种基本绘制方法：点、旋转点，如图 4.5-18 所示。

绘制方法同板。

图 4.5-18

4.5.4 板洞

软件中板洞有矩形板洞、圆形板洞、异形板洞和自定义板洞。目前板洞构件可以跨板绘制，跨板的厚度可以不一致；自定义板洞可以在板布置的范围内根据设计要求任意绘制形状。

（1）板洞的定义

第一步：在导航栏"板"中选择"板洞"，在工具栏中单击"定义"按钮，进入"构件管理"对话框，在"新建"菜单下选择"新建矩形板洞"，如图 4.5-19 所示。

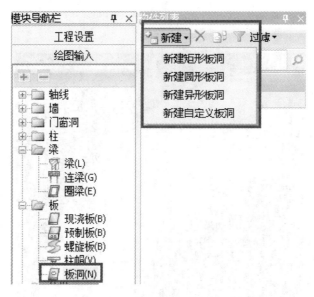

图 4.5-19

属性名称	属性值
名称	BD-1
长度(mm)	500
宽度(mm)	500
截面面积(m2)	0.25
备注	

图 4.5-20

第二步：输入属性值，输入如名称、宽度、厚度等，如图 4.5-20 所示。

属性解释：

1）根据图纸输入板洞名称，如 BD—1（可输入文字，如：板洞 300mm×500mm）。

2）截面面积：软件根据所输入的宽度和高度或半径自动计算出的数值。对于异形板洞，软件会按照本身的属性去计算截面面积。

3）长度：板洞的洞口长度，对于异形板洞，长度取洞口外接矩形的长度。

4）宽度：板洞的洞口宽度，对于异形连梁板洞，宽度取洞口外接矩形的宽度。

5）备注：该属性值仅仅是标识，对计算不起任何作用。

第三步：定义完属性后，切换进入“构件做法”界面，套用螺旋板的“清单项目”和“定额项目”，

（2）板洞的绘制

矩形、圆形、异形板洞两种绘制方法：点、旋转点。自定义板洞绘制方法：直线、弧线、矩形。

如图 4.5-21 所示，在绘图工具栏中选择“点”按钮，在设有板洞处单击鼠标左键即可布置上板洞。

图 4.5-21

4.5.5 柱帽

（1）柱帽定义

在导航栏选择“柱帽”构件类型，单击构件列表“新建”按钮，可以建立十种参数化柱帽，如图 4.5-22 所示。

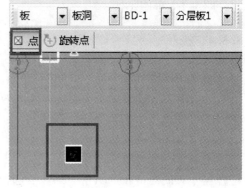

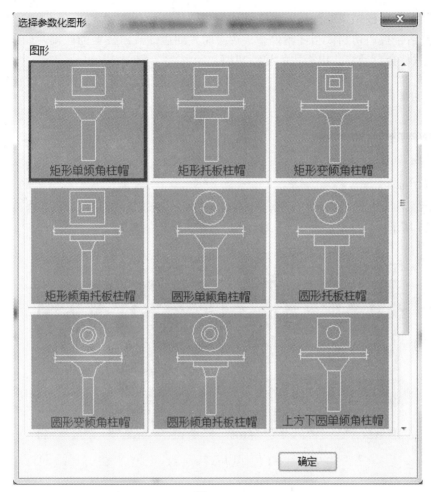

图 4.5-22

柱帽的属性定义界面，如图 4.5-23 所示。

属性说明：

1）名称：根据图纸输入柱帽名称，如 ZM-1。

2）材质：软件提供两种材质：现浇混凝土和预制混凝土。

3）混凝土类型：当前构件的混凝土类型，可以根据实际情况进行调整，这里的默认取值与楼层信息界面强度等级设置里）的混凝土强度等级一致；

4）柱帽类型：柱帽的形式，提供了施工中常用的十种柱帽类型。

5）柱帽截长：柱帽的顶边长，与板相连的边长。

6）柱帽截宽：柱帽的顶边宽，与板相连的边宽。

7）柱头截长：柱帽的底边长，与柱相连的边长。

8）柱头截宽：柱帽的底边宽，与柱相连的边宽。

9）柱帽高度：柱帽本身的高度。本层柱板底标高以下，柱顶标高以上部分的柱帽本身高。

属性编辑框		📌
属性名称	属性值	附加
名称	ZM-1	☐
材质	现浇混凝	☐
砼类型	(预拌砼)	☐
砼标号	(C25)	☐
柱帽类型	矩形单倾	☐
柱帽截长(mm)	1000	☐
柱帽截宽(mm)	1000	☐
柱头截长(mm)	500	☐
柱头截宽(mm)	500	☐
柱帽高度(mm)	300	☐
顶标高(m)	顶板底标	☐
是否按板边切	是	☐
模板类型	清水模板	☐
备注		☐

图 4.5-23

10）顶标高：柱帽顶的标高，软件默认为"顶板底标高"，可以根据实际图纸调整。

11）是否按板边切割：当柱帽处于板边缘时，如边柱或角柱上的柱帽，如果此选项选择"是"，软件会自动将凸出板边的柱帽切掉。

图 4.5-24

绘制方法同板。

12）备注：该属性值仅仅是个标识，对计算不会起任何作用。

（2）柱帽绘制

柱帽的绘制方法有：点、旋转点、智能布置；如图 4.5-24 所示。

柱帽示意图：在此界面可以根据图纸修改柱帽的参数（绿色字体为可修改的参数），如图 4.5-25 所示。

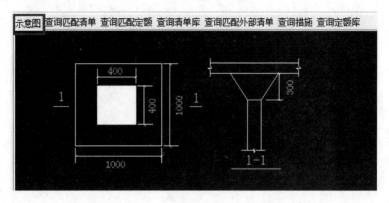

图 4.5-25

柱帽的三维效果图，如图 4.5-26 所示。

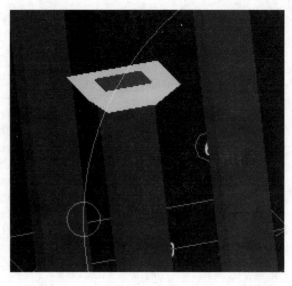

图 4.5-26

4.6 楼梯构件

4.6.1 楼梯构件的建立

楼梯构件计算工程量在软件中的设置处理思路，一般可以采用四种办法：一是直接建立，二是选择参数化楼梯建立，三是利用组合构件建立，四是直接在表格输入里编辑计算式计算楼梯构件工程量。

（1）直接建立楼梯

直接建立是指如果绘制的楼梯只为计算一个投影面积，那么就可以采取直接建立楼梯构件的方式建立楼梯，然后画在图形中，计算水平投影面积即可。

（2）选择参数化楼梯建立

为了详细计算楼梯构件相关的各个工程量，则直接选择参数化楼梯建立。软件中提供了5种参数化楼梯构件，可以通过建立选择参数化楼梯计算出楼梯相关的各个部位的工程量，大大方便了全面计算楼梯这个特殊构件的各个细部工程量，满足了实际工程的算量需求，选择参数化楼梯构件后，可以得到楼梯的各个工程量。

选择参数化楼梯建立的具体步骤是：

第一步：在导航栏里选择"楼梯"，在工具栏中单击"定义"按钮，在"新建"菜单下选择，"新建参数化楼梯"，选择匹配的图形。

第二步：根据实际图纸楼梯尺寸修改参数，设置好后保存退出；并在量表里套上做法，绘制在图形中即可。

（3）利用组合构件建立楼梯

如果参数化楼梯里没有匹配的楼梯构件，那么就利用组合构件来建立楼梯，组合构件是将绘图输入界面上不同构件类型的多个图元组成一个整体对象，进行整体绘制、删除等操作，提高绘图效率。具体步骤如下：

第一步：分别定义直形楼梯（楼梯踏步数）、现浇板（休息平台）、梁（楼梯）、柱（梯柱）、楼梯井（宽度在5.0m以内的楼梯井可不设置）等构件，绘制出组成楼梯所需的所有构件图元。

第二步：在左侧"导航栏"选择楼梯构件，单击绘图工具栏里的"新建"按钮。

第三步：按鼠标左键拉框选择需要组合的图元范围，并指定插入点，弹出"新建"组合构件窗口。

第四步：在对话框下面，"新建"构件名称内输入楼梯构件名称，如：组合楼梯，单击"确定"按钮，在构件列表里便建立好了楼梯构件。

（4）在表格输入中设置计算楼梯

实际工程中，如果只为了计算楼梯的水平投影面积，则直接在表格输入里编辑计算式来计算楼梯水平投影面积工程量。表格输入快速，方便计算。

4.6.2 楼梯构件的绘制

（1）直段楼梯

1）直段楼梯的定义。

在导航栏"楼梯"中选择"直形楼梯"，在工具栏中单击"定义"按钮，进入"构件管理"对话框，在"新建"菜单下选择"新建楼梯"，输入如下属性值，名称：楼梯1，踏步：300mm，梯板厚：200mm，建筑面积：不计算。

楼梯的"构件做法"可同墙的处理方式，选择楼梯相应的"清单项目"和"定额项目"，然后选择"选择构件"按钮退出。

2）直段楼梯的画法。

楼梯是采用"点"的形式进行处理的，我们若直接在轴线⑤～⑦轴和ⓒ～Ⓔ轴的封闭空间内点画，会发现楼梯面积多算了，因为楼梯在计算面积时，只能计算休息平台和梯段板的投影面积。为了精确计算出楼梯的投影面积，在计算楼梯时常用"虚墙"将休息平台和梯段板从楼梯间内分割出来，如图4.6-1所示。

注意：虚墙应画在楼梯梁外边线，用虚墙分割好楼体间后，可以直接采用"画点"功能点画楼梯到相应位置即可。

（2）螺旋楼梯

螺旋楼梯的定义及画法同直段楼梯的定义及画法。

（3）休息平台

1）休息平台的定义。

在导航栏"楼梯"中选择"休息平台"，在工具栏中单击"定义构件"按钮，进入"构件管理"对话框，在"新建"菜单下选择"新建休息平台"，输入如下属性值，名称：休息平台1，平台板厚：100mm，建筑面积：不计算，如图4.6-2所示。

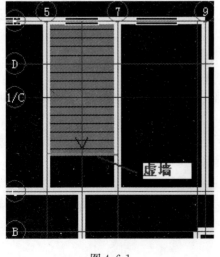

图 4.6-1

	属性名称	属性值
1	名称	休息平台1
2	平台板厚(mm)	100
3	建筑面积计算	不计算
4	备注	

图 4.6-2

2) 休息平台的画法。

休息平台画法同楼梯，同样采用"画点"，在休息平台处单击鼠标左键即可布置上休息平台。

（4）楼梯井

1) 楼梯井的定义。

在导航栏"楼梯"中选择"楼梯井"，在工具栏中单击"定义"按钮，进入"构件管理"对话框，在"新建"菜单下选择"新建楼梯井"，输入如下属性值，名称：楼梯井1，建筑面积：不计算。

2) 楼梯井的画法。

楼梯井台画法同楼梯，同样采用"画点"，在楼梯井处单击鼠标左键即可布置上楼梯井，如图4.6-3所示。

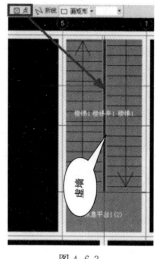

图 4.6-3

4.7 装饰装修

装修部分软件给提供了八大构件：①房间；②楼地面；③踢脚；④墙裙；⑤墙面；⑥天棚；⑦吊顶；⑧独立柱。

4.7.1 房间装饰

房间从自身软件特性，是针对某个房间的整体地面、墙面、柱面、天棚组合使用。房间主要使用依附构件处理。在做房间装饰时，对墙体是否封闭要求较为严格，不封闭不能布置，可以用"工具"—"检查封闭区域"工具或直接按"F4"检查房间是否封闭。

（1）房间装饰定义

第一步：在导航栏选择"房间"构件类型，单击构件工具栏"定义"按钮，进入房间属性定义界面。

第二步：单击构件列表中"新建"下的"新建房间"按钮，如新建房间FJ-1，整体界面如图4.7-1所示。

图 4.7-1

分区说明：

一区：显示主构件名称及属性信息。

二区：显示可以依附在主构件上的依附构件类型及依附构件名称。

三区：显示依附构件的名称及属性信息，也可以新建或者添加依附构件。

第三步：选择主构件 FJ-1（一区），在依附构件类型列表（二区）中选择相应的依附构件类型，单击"新建"或者"添加"按钮（三区），新建或添加要依附的构件名称（软件默认将建立一个对应的依附构件）；例如：FJ-1 由墙面 QM-1，楼地面 DM-1、天棚 TP-1、墙裙 QQ-3 组成，在依附构件类型列表（二区）中选择"天棚"，然后单击"新建"按钮，软件自动增加一构件行 TP-1，然后再在依附构件类型列表（二区）中选择"楼地面"，单击"新建"按钮（三区），软件自动增加一构件行 DM-1，按此方法依次完成墙面、墙裙的添加，如图 4.7-2 所示。

图 4.7-2

第四步：通过上述三步操作，我们建立了房间和楼地面、天棚、墙面、墙群间的依附关系。

注意：刷新装修图元，已经布置好的房间，由于设计变更，房间中的楼地面由原来的DM1 变了 DM2，这时房间中的楼地面图元不用删除重画，只要在房间构件依附关系中，将 DM1 调整为 DM2，然后执行"刷新装修图元"功能，即可刷新已经布置好的房间的地面装修图元，如图 4.7-3 所示。

（2）房间的绘制

房间是采用 ⊠点 的形式或者智能布置中的拉框布置进行处理的，可按施工图纸在相应的房间内点击布置房间，如图 4.7-4 所示。

4.7.2 楼地面装饰

楼地面装修是指敷设在板、阳台板、飘窗底板等构件上面的装修，可以作为组合构件的一个组成部分，也可以单独使用。

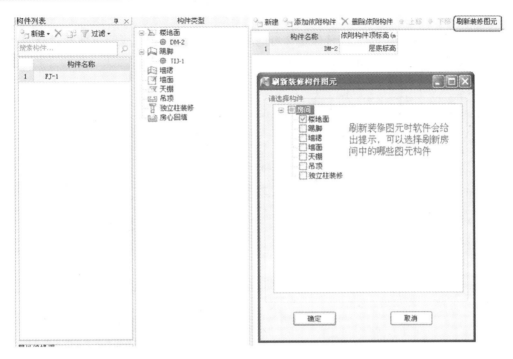

图 4.7-3

（1）楼地面装饰的定义

第一步：在导航栏"装修"中选择"楼地面"，在工具栏中点击"定义"按钮，进入"构件管理"对话框，在"新建"菜单下选择"新建楼地面"，输入相应属性值，如图 4.7-5 所示。

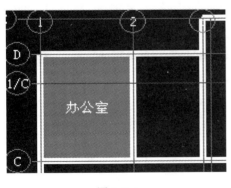

图 4.7-4

图 4.7-5

属性解释：

1）块料厚度：软件默认值为"0"，块料厚度调整值对地面面积无任何影响。

2）顶标高：输入楼地面的顶标高，默认为"层底标高"。

3）是否计算防水面积：选择"是"，则计算水平防水面积，选择"否"，则不计算防水面积。如果还需要设置楼地面的立面防水，可以"定义立面防水高度"，这样就处理了楼地面的水平与立面防水。

第二步：楼地面局装的"构件做法"可同墙的处理方式，选择房间里地面对应的"清单项目"和"定额项目"，如图 4.7-6 所示。

图 4.7-6

（2）楼地面装修的绘制

在"绘图工具条"中显示楼地面局装可采用点、直线、画弧、矩形、智能布置进行绘制，如图 4.7-7 所示。

图 4.7-7

画法同板。楼地面绘制的效果图如图 4.7-8 所示。

4.7.3　踢脚装饰

踢脚线作为墙体、独立柱的依附构件，只有建立墙体的时候才可以绘制图元。

（1）踢脚装饰的定义

第一步：在导航栏"装修"中选择"踢脚"，在工具栏中单击"定义"按钮，进入"构件管理"对话框，在"新建"菜单下选择"新建踢脚"，输入相应属性值，如图 4.7-9 所示。

属性解释：

1）名称：根据实际情况输入踢脚名称，如：TJ1。

图 4.7-8

图 4.7-9

2）块料厚度：根据实际情况输入块料厚度，默认为"0"，影响踢脚块料面积的计算。

3）高度：即图纸中给出的踢脚的高度。

4）起点底标高：在绘制踢脚的过程中，鼠标起点处墙裙的底标高。软件还提供标高变量，使用标高变量时，标高随标高变量的变化而变化，不用手工调整。

5）终点底标高：在绘制踢脚的过程中，鼠标终点处墙裙的底标高。软件还提供标高变量，使用标高变量时，标高随标高变量的变化而变化，不用手工调整。

第二步："构件做法"可同墙的处理方式，选择踢脚对应的"清单项目"和"定额项目"，如图 4.7-10 所示。

图 4.7-10

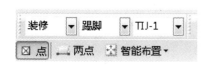

图 4.7-11

（2）踢脚装饰的绘制

踢脚线绘制有点布置、两点布置、智能布置三种方法，如图 4.7-11 所示。

点布置：直接点击所依附的构件即可生成踢脚线。

两点布置：只对所依附的墙体所捕捉的点可以布置上。

房间布置：只有布置房间后才可以布置上。

踢脚绘制的效果图如图 4.7-12 所示

4.7.4　墙面装饰

软件中墙面装修是指敷贴在墙、栏板等构件上的装修。单墙面装修分为内墙单墙面装修和外墙单墙面装修

（1）单墙面装修的定义

第一步：在导航栏“装修”中选择“单墙面装修”，在工具栏中单击“定义”按钮，进入“构件管理”对话框，在“新建”菜单下选择“新建内单墙面装修或新建外单墙面装修”，输入如下属性值，如图 4.7-13 所示。

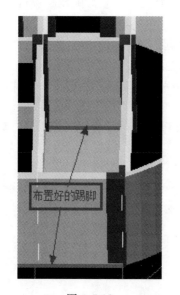

图 4.7-12

属性编辑框

属性名称	属性值	附加
名称	QM-1	
所附墙材质	空心砖	☐
块料厚度(mm)	0	☐
起点顶标高(m)	墙顶标高	☐
终点顶标高(m)	墙顶标高	☐
起点底标高(m)	墙底标高	☐
终点底标高(m)	墙底标高	☐
内/外墙面标志	内墙面	☑
备注		☐

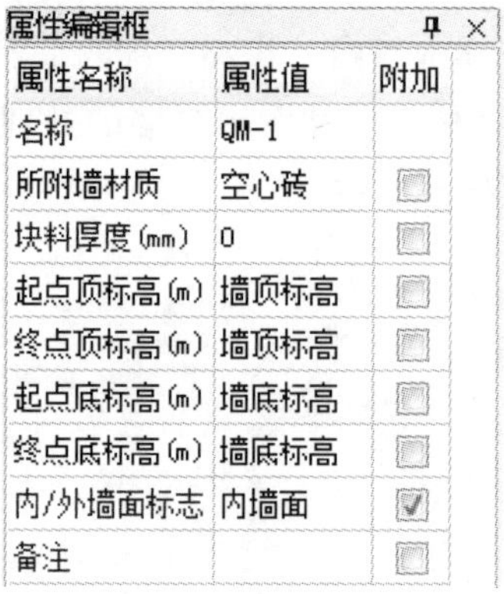

图 4.7-13

属性解释：

1）名称：根据实际情况输入墙面名称。

2）所依附材质：默认为空，绘制到墙上后会自动根据所依附的墙而自动变化，不用手工调整。

3）块料厚度：根据实际情况输入块料厚度，默认为“0”，影响块料面积的计算。

4）起点顶标高：在绘制墙面的过程中，鼠标起点处墙面的顶标高。软件还提供标高变量，使用标高变量时，标高随标高变量的变化而变化，不用手工调整。

5）起点底标高：在绘制墙面的过程中，鼠标起点处墙面的底标高。软件还提供标高变量，使用标高变量时，标高随标高变量的变化而变化，不用手工调整。

6）终点顶标高：在绘制墙面的过程中，鼠标终点处墙面的顶标高。软件还提供标高变量，使用标高变量时，标高随标高变量的变化而变化，不用手工调整。

7）终点底标高：在绘制墙面的过程中，鼠标终点处墙面的底标高。软件还提供标高变量，使用标高变量时，标高随标高变量的变化而变化，不用手工调整。

8）内、外墙面标志：用来识别内外墙面图元的标志，内外墙面的计算规则不同。

第二步：单墙面装修的"构件做法"可同墙的处理方式，选择墙面对应的"清单项目"和"定额项目"，如图 4.7-14 所示。

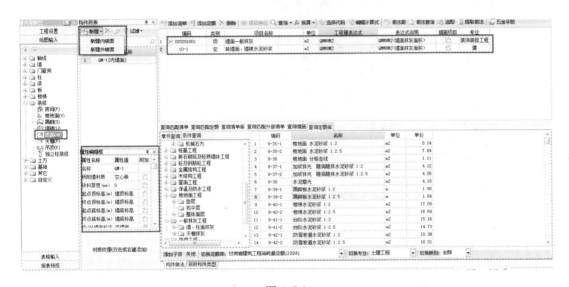

图 4.7-14

（2）单墙面装修的绘制

墙面布置有点布置、两点布置、智能布置三种方法，如图 4.7-15 所示。

图 4.7-15

点布置：直接点击所依附墙体绘制。

两点布置：只对所依附的墙体所捕捉的点可以布置上。

智能布置：智能布置给出两种布置方式：①通过建立房间布置；②通过墙材质布置。

建立房间布置：需先建立并绘制房间才有效。

通过墙材质布置：对墙体属性是否为内外墙与墙裙属性相同方可布置。

墙面绘制的效果图如图 4.7-16 所示。

4.7.5 墙裙装饰

墙裙用于处理室内室外墙面下部，墙裙作为墙体的依附构件，根据采用材质不同可区分为块料墙裙和抹灰墙裙。

（1）墙裙装修的定义

第一步：在导航栏"装修"中选择"墙裙"，在工具栏中单击"定义"按钮，进入"构件管理"对话框，在"新建"菜单下选择"新建墙裙"，输入如下属性值，如图 4.7-17 所示。

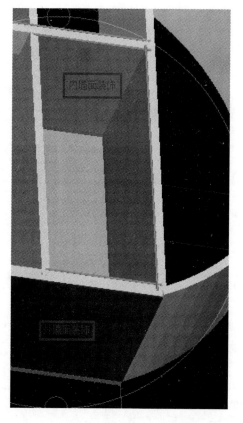

属性名称	属性值
名称	QQ-1
所附墙材质	砖
高度（mm）	900
块料厚度（mm）	0
起点底标高（m）	墙底标高
终点底标高（m）	墙底标高
内/外墙裙标志	内墙裙
备注	

图 4.7-16　　　　　　　　　　　　　　　图 4.7-17

属性解释：

1）名称：可以根据实际情况输入墙裙名称。

2）所附墙材质：默认为空，绘制到墙上后会自动根据所依附的墙面自动变化，不用手工调整。

3）高度：墙裙高度包括踢脚的高度。

4）块料厚度：根据实际情况输入块料厚度，默认为"0"，影响块料面积的计算。

5）内外墙裙标志：用来识别内外墙裙图元的标志，内外墙裙的计算规则不同。

6）起点底标高：在绘制墙裙的过程中，鼠标起点处墙裙的底标高。软件还提供标高变量，使用标高变量时，标高随标高变量的变化而变化，不用手工调整。

7）终点底标高：在绘制墙裙的过程中，鼠标终点处墙裙的底标高。软件还提供标高变量，使用标高变量时，标高随标高变量的变化而变化，不用手工调整。

第二步：墙裙装修的"构件做法"可同墙的处理方式，选择墙面对应的"清单项目"和"定额项目"，如图 4.7-18 所示。

（2）墙裙的绘制

墙裙的布置有点布置、两点布置、智能布置三种方法，如图 4.7-19 所示。

点布置：直接点击所依附墙体直接绘制。

两点布置：只对所依附的墙体所捕捉的点可以布置上。

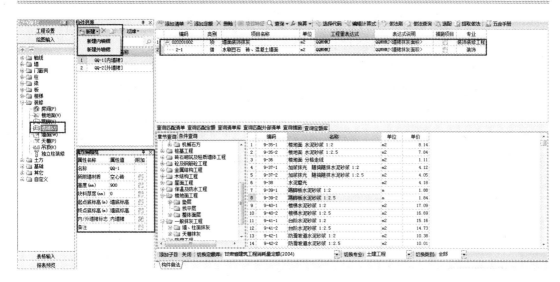

图 4.7-18

智能布置：智能布置给出两种布置方式：建立房间布置；需先建立并绘制房间才有效。

通过墙材质布置：对墙体属性是否为内外墙与墙裙属性相同方可布置上。

墙裙绘制的效果图如图 4.7-20 所示。

图 4.7-19

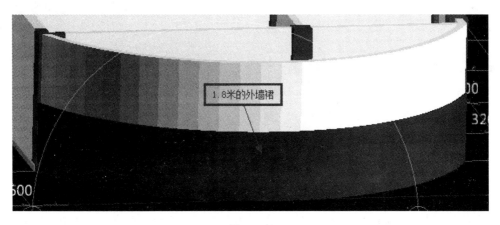

图 4.7-20

4.7.6 天棚装饰

天棚用于处理在楼板底面直接喷浆、抹灰，或铺放装饰材料的装修，可以作为组合构件的一个组成部分，也可以单独使用。天棚必须绘制在板上。

（1）天棚装饰的定义

第一步：在导航栏"装修"中选择"天棚"，在工具栏中单击"定义"按钮，进入"构件管理"对话框，在"新建"菜单下选择"新建天棚"，输入如下属性值，如图 4.7-21 所示。

图 4.7-21

第二步：天棚装修的"构件做法"可同墙的处理方式，选择墙面对应的"清单项目"和"定额项目"，如图 4.7-22 所示。

图 4.7-22

（2）天棚的绘制

天棚的布置有点布置、直线布置、画弧、画矩形、智能布置五种方法，如图 4.7-23 所示。

图 4.7-23

画法同板。

4.7.7　吊顶装饰

吊顶用于处理在楼板中埋好金属杆、龙骨或其他挂件，然后将各种板材吊挂在其上的一种装修；可以作为组合构件的组成部分，也可以单独使用。

功能及操作方法与天棚基本相似，此处不再作具体介绍。

4.7.8　独立柱装饰

独立柱装修用于处理不依附于墙体而铺贴的柱面装饰。

（1）独立柱装饰的定义

第一步：在导航栏"装修"中选择"独立柱装饰"，在工具栏中单击"定义"按钮，进入"构件管理"对话框，在"新建"菜单下选择"新建独立柱装饰"，输入如下属性值，如图 4.7-24 所示。

属性解释:

1) 名称:根据实际情况输入独立柱装修名称。

2) 块料厚度:根据实际情况输入块料厚度,默认为"0",影响独立柱装修块料面积的计算。

3) 顶标高:独立柱装修顶的标高,可以根据实际情况进行调整,可以不与柱标高相同。

4) 底标高:独立柱装修的底标高,可以根据实际情况进行调整,可以不与柱标高相同。

属性编辑框		
属性名称	属性值	附加
名称	DLZZX-1	
块料厚度(mm)	0	
顶标高(m)	柱顶标高	
底标高(m)	柱底标高	
备注		

图 4.7-24

第二步:独立柱装修的"构件做法"可同墙的处理方式,选择独立柱对应的清单项目和定额项目,如图 4.7-25 所示。

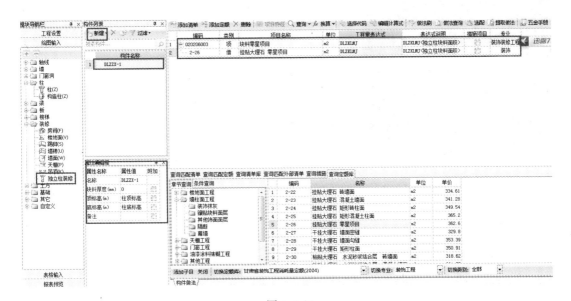

图 4.7-25

图 4.7-26

(2)独立柱的绘制

天棚的布置有点布置、智能布置两种方法,如图 4.7-26 所示。

画法同墙面。

独立柱绘制的效果图如图 4.7-27 所示。

4.8 土方构件

土方构件的基础类别和基础构件一致,也划分为三类:点式、线式和面式。

点式土方构件:基坑土方、基坑灰土回填。

线式土方构件:基槽土方、基槽灰土回填。

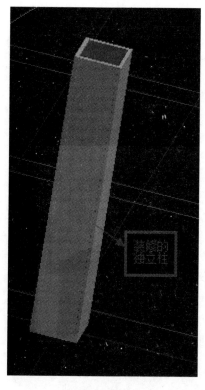

图 4.7-27

面式土方构件：大开挖土方、大开挖灰土回填以及房心土回填。

土方构件之间的优先级别：房心土回填＞灰土回填＞土方。

自动生成土方构件：除了地沟与桩构件外，其余基础构件都增加自动生成土方功能，例如基础梁，筏板基础，垫层等。用自动生成土方构件功能可以一次性将土方与回填一次性根据相应参数自动生成，既减少了建立构件的麻烦，又可以快速根据基础构件所在位置，快速生成土方与回填土的构件图元，可谓一举两得。由于在定义基础层层高时，未包含垫层厚度，而土方开挖又是从垫层底开始，所以建议土方构件生成的最佳方案是在"垫层构件"上执行"自动生成土方构件"功能。

4.8.1 大开挖土方

（1）定义大开挖土方的参数，如图 4.8-1 所示。
属性解释：

1）名称：根据实际情况输入大开挖土方名称。

2）底标高：选择或直接输入大开挖土方的底标高，默认为层底标高。

3）深度：输入大开挖土方的深度，默认为室外地坪距大开挖底的距离。

4）工作面宽：输入基础施工时单边增加的工作面宽度，单位为 mm。

5）放坡系数：为放坡宽度 B 和挖土深度 H 的比值，如 0.33，放坡系数设置为"0"时，表示不放坡，如图 4.8-2 所示。

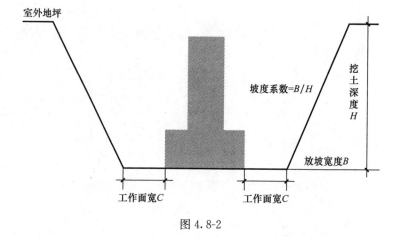

属性编辑框		中 ×
属性名称	属性值	附加
名称	DKW-1	☐
底标高(m)	层底标高	☐
深度(mm)	(2700)	☐
工作面宽(mm)	0	☐
放坡系数	0	☐
土壤类别		☐
挖土方式	人工开挖	☐
土质成分	淤泥、流	☐
备注		☐

图 4.8-1

图 4.8-2

6）土壤类别：手动修改土壤类别，属性值选项为"一类土"、"二类土"、"三类土"、

"四类土"，用来实现自动套用做法功能的一个属性，不影响计算。

7）挖土方式：手动修改挖土方式，属性值选项为"人工开挖"，"人工凿石"，"人工打眼爆破"，"机械打眼爆破"，"石方控制爆破"，"松动爆破"，用来实现自动套用做法功能的一个属性，不影响计算。

8）土质成分：手动修改土壤类别，属性值选项为"淤泥、流沙"，"松石"，"坚石"，"岩石"，"松次坚石"，"普坚石"，用来实现自动套用做法功能的一个属性，不影响计算；

9）备注：该属性值仅是个标识，对计算不会起任何作用。

（2）大开挖土方绘制

1）大开挖土方构件的基本绘制方法：点、直线、弧线、矩形以及智能布置，如图4.8-3所示。

图 4.8-3

2）设置放坡系数：

第一步：单击菜单选项"绘图"下的"设置放坡系数"下拉表"所有边"按钮。

第二步：按鼠标左键点选或拉框选择需要设置放坡的大开挖土方图元，右键确认。

第三步：在弹出的对话框中输入放坡系数，单击"确定"即可。

3）设置多边

第一步：单击菜单选项"绘图"下的"设置放坡系数"下拉表"所有边"按钮。

第二步：在绘图区域点选需要放坡的大开挖土方底边线（选择的大开挖土方底边线，亮显示），单击鼠标右键确认选择。

第三步：在弹出的界面中输入放坡系数，单击"确定"按钮，完成操作。

4.8.2　基槽土方

（1）基槽土方的参数，如图4.8-4所示。

属性解释：

1）名称：根据实际情况输入基槽土方名称，如：JC-1。

2）底标高：基槽的底标高，可以根据实际情况调整。

3）槽深：室外地坪标高至基槽底的距离，可根据实际情况调整。

4）槽底宽：输入基槽底的宽度，不含工作面宽度。

5）左、右工作面宽度：输入基础施工时单面增加的工

属性编辑框		⊹ ×
属性名称	属性值	附加
名称	JC-2	☐
槽深(mm)	(2700)	☐
槽底宽(mm)	3000	☐
左工作面宽(mm	0	☐
右工作面宽(mm	0	☐
左放坡系数	0	☐
右放坡系数	0	☐
起点底标高(m)	层底标高	☐
终点底标高(m)	层底标高	☐
轴线距基槽左	(1500)	☐
备注		☐

图 4.8-4

作面宽度，单位 mm。

6）左、右放坡系数：为放坡宽度 B 和挖土深度 H 的比值，如 0.33，放坡系数设置为"0"时，表示不放坡。

7）轴线距基槽左边线的距离：同梁"轴线距梁左边线距离"。

8）备注：该属性值仅是个标识，对计算不会起任何作用。

（2）基槽土方绘制

基槽土方构件的基本绘制方法：直线，点加长度，弧形，矩形以及智能布置，如图 4.8-5 所示。

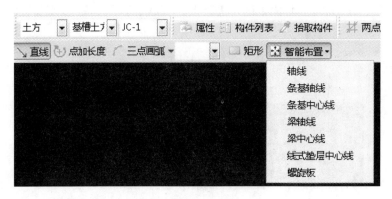

图 4.8-5

4.8.3 基坑土方

基坑土方分为矩形基坑土方与异形基坑土方两类。

（1）基坑土方参数，如图 4.8-6 所示。

图 4.8-6

属性解释：

1）名称：根据实际情况输入基坑土方名称，如：JK-1。

2）底标高：基坑的底标高，默认为标高变量"层底标高"，可以根据实际情况进行调整。

3）深度：室外地坪标高至基坑底的距离，可根据实际情况调整。

4）截面形状：可以点击该列三点按钮再次进入"多边形编辑器"窗口，进行重新绘制截面形状。

5）坑底长：坑底的底长，对异形基坑底长取截面外接矩形的长度。

6）坑底宽：坑底的底宽，对异形基坑底宽取截面矩形的宽度。

7）工作面宽：基础施工时单位增加的工作面宽度，单位为 mm。

8）放坡系数：为放坡宽度 B 和挖土深度 H 的比值，如 0.33，放坡系数设置为"0"时，表示不放坡。

9）备注：该属性值仅是个标识，对计算不会起任何作用。

（2）基坑土方绘制

基坑土方构件的基本绘制方法：点、旋转点以及智能布置，如图 4.8-7 所示。

图 4.8-7

4.8.4　大开挖灰土回填

回填土解释：

1）只有一种材质的回填土

无论外墙内外，回填土均为一种材质，不需要分开计算工程量。则只需要绘制相应土方构件，在土方构件中套用回填土做法，选择回填土代码即可。

2）室内外回填土材质不同

此时需要分别计算这两部分的工程量，可以将室内部分房心回填土绘制并计算，室外部分在土方构件中套用回填土做法，选择回填土代码即可。

3）室内外分材质回填

室外靠近墙体部分采用土质较好的灰土，其余部分采用一般的素土回填，此时可以按实际绘图构件，灰土回填构件，房心回填构件，分别计算各部分的回填工程量。

图 4.8-8

4）回填土采用水平分层方式，回填不同材质的土。

这时可以采用灰土回填构件（灰土回填为复杂构件，分层建立不同材质），房心回填构件，分别计算各部分的回填工程量。

（1）大开挖灰土回填参数，如图 4.8-8 所示。

大开挖的"深度"参数时灰显，说明该构件是由相应的单元构件组成的，还需要定义组成大开挖灰土回填单元来组成构件。

1）名称：根据实际情况输入大开挖灰土回填名称，如：DKWHT-1。

2）底标高：大开挖灰土回填的底标高，可以根据实际情况进行调整。

3）深度：大开挖灰土回填是复杂构件，深度为各单元深度之和。

4）工作面宽：含义同大开挖工作面宽属性。

5）放坡系数：输入大开挖灰土回填的放坡系数。

属性名称	属性值
名称	DKWHT-1-1
材质	3：7灰土
深度（mm）	1000
备注	

图 4.8-9

6）备注：该属性值仅是个标识，对计算不会起任何作用。

大开挖灰土回填由回填单元构成，根据不同的回填层定义相应的回填厚度与材质即可。

定义大开挖灰土回填单元的参数，如图 4.8-9 所示。

1）名称：根据实际情况输入大开挖灰土回填单元名称，如：DKWHT-1-1。

2）材质：当前单元的材质，属性值选项为"2：8灰土，3：7灰土"。

3）深度：当前单元的深度，单位为 mm。

4）备注：该属性值仅是个标识，对计算不会起任何作用。

（2）大开挖灰土回填绘制

大开挖灰土回填的基本绘制方法：点，直线，弧线，矩形以及智能布置，如图 4.8-10 所示。

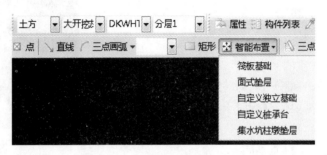

图 4.8-10

4.8.5　基槽灰土回填

（1）基槽灰土回填参数，如图 4.8-11 所示。

与大开挖灰土回填一样，基槽回填土回填的"深度"参数是灰显。说明该构件是由相应的单元构件组成的，还需要定义组成基槽灰土回填单元来组成构件。

1）名称：根据实际情况输入基槽灰土回填名称，如：JCHT-1。

2）底标高：基槽灰土回填的底标高，默认为层底标高，可以根据实际情况进行调整。

3）槽深：基槽灰土回填是复杂构件，深度为各回填单元深度之和。

4）槽底宽：输入基槽底的宽度，不含工作面宽度。

5）工作面宽：输入基槽灰土回填的单边工作面宽度。

6）左、右放坡系数：输入基槽灰土回填的放坡系数。

7）轴线距基槽左边线距离：同"轴线距梁左边线距离"。

8）备注：该属性值仅是标识，对计算不会起任何作用。

基槽灰土回填由回填单元构成，根据不同的回填层定义相应的回填厚度即可，如图

属性编辑框		中
属性名称	属性值	附加
名称	JCHT-1	
槽深（mm）		□
槽底宽（mm）	2000	□
左工作面宽（mm）	0	□
右工作面宽（mm）	0	□
左放坡系数	0	□
右放坡系数	0	□
起点底标高（m）	层底标高	□
终点底标高（m）	层底标高	□
轴线距基槽左	（1000）	□
备注		□

图 4.8-11

4.8-12 所示。

属性名称	属性值
名称	JCHT-1-1
材质	3:7灰土
槽深(mm)	3000
备注	

1）名称：根据实际情况输入基槽灰土回填单元名称，如：JCHT-1-1。

2）材质：当前单元的材质，属性值选项为"2∶8灰土，3∶7灰土"。

图 4.8-12

3）槽深：当前单元的底标高至顶标高的距离。

4）备注：该属性值仅是个标识，对计算不会起任何作用。

（2）基槽灰土回填绘制

基槽灰土回填的基本绘制方法：直线、点加长度、弧线、矩形以及智能布置，如图 4.8-13 所示。

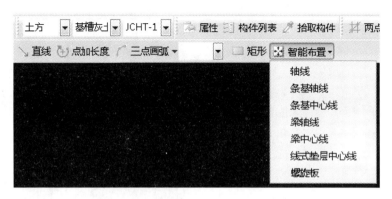

图 4.8-13

4.8.6　基坑灰土回填

基坑灰土回填分为矩形基坑灰土回填与异形基坑灰土回填两类。

矩形基坑灰土回填：

属性名称	属性值
名称	JKHT-1
底标高(m)	层底标高
深度(mm)	
放坡系数	0
坑底长(mm)	3000
坑底宽(mm)	3000
工作面宽(mm)	0
备注	

异形基坑灰土回填：

属性名称	属性值
名称	JKHT-2
底标高(m)	层底标高
深度(mm)	
放坡系数	0
截面形状	异形
坑底长(mm)	200
坑底宽(mm)	200
工作面宽(mm)	0
备注	

图 4.8-14

（1）基坑灰土回填参数，如图 4.8-14 所示。

1）名称：根据实际情况输入基坑灰土回填名称，如：JKHT-1。

2）底标高：基坑灰土回填的底标高，默认为层底标高，可以根据实际情况进行调整。

3）深度：基坑灰土回填是复杂结构，深度为各回填单元深度之和。

4）工作面宽：输入基坑灰土回填的单元工作面宽度。

5）放坡系数：输入基坑灰土回填的放坡系数，默认为"0"，即不放坡。

6）截面形状：单击该列三点按钮，进入多边形编辑器进行基坑截面形状的绘制。

7）坑底长：基坑回填的底长，对异形基坑底长取截面外接矩形的长度。

8）坑底宽：基坑回填的底宽，对异形基坑底宽取截面外接矩形的宽度。

9）备注：该属性仅是个标识，对计算不会起任何作用。

基坑灰土回填由回填单元构成，根据不同的回填层定义相应的回填厚度即可。

定义基坑灰土回填单元的参数，如图 4.8-15 所示。

1）名称：根据实际情况输入基坑灰土回填单元名称，如：JKHT-2。

2）材质：当前单元的材质，属性值选项为"2∶8灰土，3∶7灰土"。

3）深度：当前单元的底标至顶标高的距离。

4）备注：该属性值仅是个标识，对计算不会起任何作用.

（2）基坑灰土回填的绘制

基坑灰土回填的基本绘制方法：直线，点加长度，弧线，矩形以及智能布置，如图 4.8-16 所示。

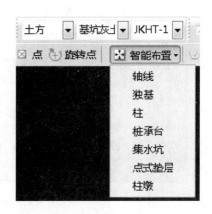

图 4.8-15　　　　　　　　　　　图 4.8-16

4.8.7　房心回填

（1）房心回填参数，如图 4.8-17 所示。

1）名称：根据实际情况输入房心回填名称，如：FXHT-1。

2）厚度：输入室内外高差减去面层及垫层的厚度。

3）顶标高：根据实际情况输入，也可以选择层底标高。

4）回填方式：分夯填和松填两种方式。

5）备注：该属性值仅仅是个标识，对计算不会起任何作用。

（2）房心回填的绘制

房心回填的基本绘制方法：点、直线、弧线、矩形以及智能布置，如图 4.8-18 所示。

图 4.8-17　　　　　　　　　　　图 4.8-18

4.9 基础构件

4.9.1 基础梁

基础梁是指条形基础梁及筏板基础梁，一般带翼缘计算，以承受地基反力为主。

基础梁构件按照截面可以分为矩形基础梁、异形基础梁和参数化基础梁三种类型。

（1）基础梁定义

第一步：在导航栏"基础"中选择"基础梁"，在工具栏中点击"定义"按钮，进入"构件管理"对话框，在"新建"菜单下选择"新建矩形基础梁"，如图 4.9-1 所示。

第二步：输入属性值，输入如名称、宽度、厚度等，如图 4.9-2 所示。

图 4.9-1   图 4.9-2

属性解释：

1）名称：根据图纸输入基础梁名称，如：JZL-1（也可以输入文字，如：基础梁 300mm×500mm）。

2）类别：选择基础梁类别，属性值选项为"基础主梁"和"基础次梁"。

3）材质：不同材质的基础梁对应不同的计算规则。

4）混凝土强度等级：当前构件的混凝土强度等级，可以根据实际情况进行调整。这里的默认取值与楼层信息界面强度等级设置里的混凝土强度等级一致。

5）混凝土类型：当前构件的混凝土类型，可以根据实际情况进行调整。这里的默认取值与楼层信息界面强度等级设置里的混凝土类型一致。

6）截面形状：参数化梁可以选择参数化图形，异形梁可以点击该列的三点按钮再次进入"多边形编辑器"窗口，进行重新绘制。

7）截面宽度：基础梁的截面宽度，对于参数化基础梁和异形基础梁，宽度取截面外接宽度。

8）截面高度：基础梁的截面高度，对于参数化基础梁和异形基础梁，高度取截面外接矩形的高度。

9）截面面积：软件根据所输入的宽度和高度自动计算出的数值。对于参数基础梁和异形基础梁，软件会按照基础梁本身的属性去计算截面面积。

10）截面周长：软件根据所输入的宽度和高度自动计算出的数值。对于参数化基础梁和异形基础梁，软件会按照基础梁本身的属性去计算截面周长。

11）起点顶标高：在绘制基础梁的过程中，鼠标起点处基础梁的顶面标高。软件还提供标高变量，使用标高变量时，标高随标高变量的变化而变化，不用手工调整。

12）终点顶标高：在绘制基础梁的过程中，鼠标终点处基础梁的顶面标高。软件还提供标高变量，使用标高变量时，标高随标高变量的变化而变化，不用手工调整。

13）轴线距梁左边线距离：同"轴线距梁左边线距离"。

14）备注：该属性值仅仅是个标识，对计算不会起任何作用。

第三步：在构件做法界面，查询输入基础梁相应的"清单项目"及"定额子目"，如图 4.9-3 所示。

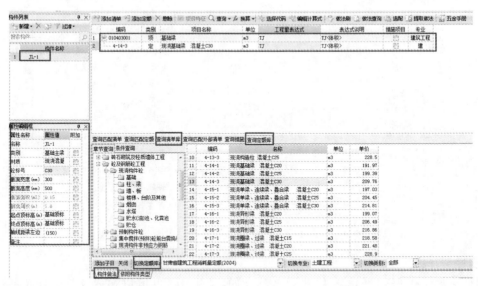

图 4.9-3

（2）基础梁的绘制

基础梁的基本绘制方法有：直线，点加长度，弧线，矩形及智能布置，如图 4.9-4 所示。

图 4.9-4

画法同梁。

绘制好的基础梁三维效果图，如图 4.9-5 所示。

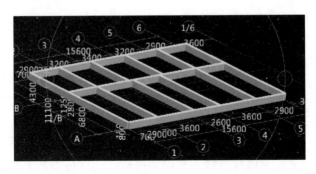

图 4.9-5

4.9.2　筏板基础

筏板基础又称为筏形基础，俗称"大底板"。整片基础是一块钢筋混凝土筏板，多用于高层建筑，有地下室的建筑物。

（1）筏板基础的定义

第一步：在导航栏"基础"中选择"筏板基础"，在工具栏中单击"定义"按钮，进入"构件管理"对话框，在"新建"菜单下选择"新建筏板基础"，如图 4.9-6 所示。

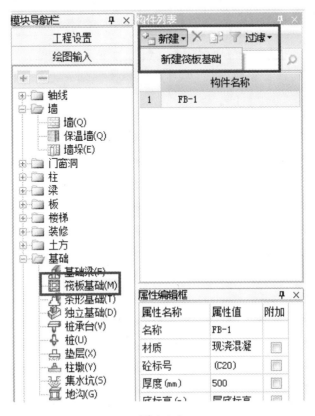

图 4.9-6

属性名称	属性值
名称	FB-1
类别	有梁式
材质	现浇
混凝土标号	(C20)
混凝土类型	(普通混凝土)现
厚度(mm)	500
底标高(m)	层底标高
备注	

图 4.9-7

第二步：输入属性值，输入如名称、宽度、厚度等，如图 4.9-7 所示。

属性解释：

1）名称：根据图纸输入筏板基础名称，如：FB—1（也可以输入文字，如：筏板基础 2500mm）

2）类别：手动修改筏板基础构件的类别，属性值选项为"有梁式""无梁式"，用来实现自动套用做法功能的一个属性，不影响计算。

3）材质：筏板基础的材质为"现浇混凝土"。

4）混凝土强度等级：当前构件的混凝土强度等级，可以根据实际情况进行调整。这里的默认取值与楼层信息界面强度等级设置里的混凝土强度等级一致。

5）混凝土类型：当前构件的混凝土类型，可以根据实际情况进行调整。这里的默认取值与楼层信息界面类型设置的混凝土类型一致。

6）厚度：根据图纸标注输入筏板基础的厚度，单位为 mm。

7）底标高：输入筏板基础的实际底标高，如，—3m，默认为标高变量"层底标高"。

8）备注：该属性值仅仅是个标识，对计算不会起任何作用。

第三步：在"构件做法"界面，查询输入基础梁相应的"清单项目"及"定额子目"，如图 4.9-8 所示。

图 4.9-8

（2）筏板基础的绘制

筏板基础的基本绘制方法：点、直线，弧线，矩形及智能布置。如图 4.9-9 所示。

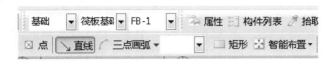

图 4.9-9

画法同板。

绘制好的筏板基础三维效果图，如图 4.9-10 所示。

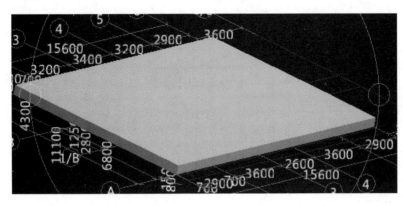

图 4.9-10

4.9.3 条形基础

软件中条形基础是复杂构件，由一个或多个条形基础单元组合而成。构成条形基础的单元有矩形条基单元、参数化条基单元、异形条基单元。新建条基之后必须建立条形基础单元。

（1）条形基础的定义

第一步：在导航栏"基础"中选择"条形基础"，在工具栏中单击"定义"按钮，进入"构件管理"对话框，在"新建"菜单下选择"新建条形基础"，如图 4.9-11 所示。

注意：在定义的基础上，可以看到新建菜单分为新建条形基础与新建条形基础单元两类，新建条形基础单元又分为新建矩形条基单元、新建异形条基单元以及新建参数化条基单元三个子类型。

可以看到在定义条形基础后，属性编辑器中的"宽度"与"高度"参数是灰显的，不能修改。是因为条形基础是由条形基础单元构成的，此属性只代表整体的参

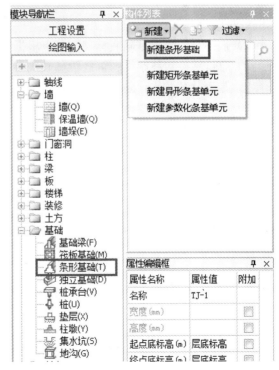

图 4.9-11

157

图 4.9-12

数信息，构成条形基础的每个单元是要根据设计分别建立，分别定义每个单元的属性参数的。在后面讲的独立基础与桩承台也是类似条形基础的定义方式。

第二步：新建条形基础单元，如图 4.9-12 所示。

第三步：输入属性值，输入如名称、宽度、厚度等，如图 4.9-13 所示。

属性解释：

1) 名称：根据图纸输入条形基础名称，如：TJ1（也可输入文字，如：条形基础-1）。

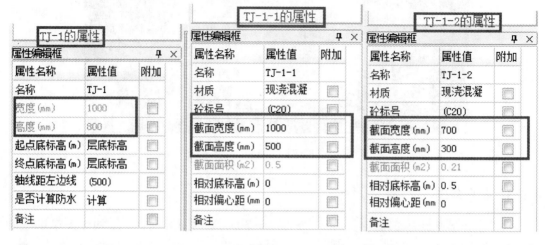

图 4.9-13

2) 底标高：条形基础底标高，可以根据实际情况进行调整。

3) 轴线距左边线距离：轴线距基础底层单元绘图方向左边的距离。

4) 是否计算防水：确定条基是否计算防水面积，可以根据实际工程情况进行调整。

5) 类别：手动修改条形基础构件的类别，属性值选项为"有梁式"，"无梁式"，用来实现自动套用做法功能的一个属性，不影响计算。

6) 材质：不同材质对应不同的计算规则。

7) 混凝土强度等级：当前构件的混凝土强度等级，可以根据实际情况进行调整。这里的默认取值与楼层信息界面强度等级设置里的混凝土强度等级一致。

8) 截面形状：对应条形基础单元的类型，分为矩形、异形和参数化三种形状。对于异形条形基础单元和参数化条形基础单元，可以选择参数化图库或编辑条形基础单元的截面。

9) 相对底标高：条形基础单元底相对于条形基础底标高的高度。

10) 相对偏心距：条形基础单元的中心线与基准线间的距离。基准线：相对偏心距为0 的条基单元的中心线，一般为条基底层单元的中心线。

11) 备注：该属性值仅仅是个标识，对计算不会起任何作用。

第四步：在构件做法界面，查询输入条形基础相应的"清单项目"及"定额子目"，如图 4.9-14 所示。

图 4.9-14

（2）条形基础的绘制

条形基础的基本绘制方法：直线、点加长度、弧线、矩形及智能布置，如图 4.9-15 所示。

图 4.9-15

画法同墙。

绘制好的条形基础三维效果图，如图 4.9-16 所示。

4.9.4 独立基础

独立基础是复杂构件，由一个或多个独立基础单元组合而成（自定义独立基础会自带一个单元，不可再增加单元）。

在定义构件时，可以看到新建菜单分为新建独立基础、新建自定义独立基础。新建独立基础单元又分为新建矩形独基单元、新建异形独基单元以及新建参数化独

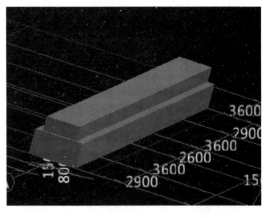

图 4.9-16

基单元三个子类型。软件中新建独基之后必须建立独立基础单元。

(1) 独立基础的定义

第一步：在导航栏"基础"中选择"独立基础"，在工具栏中单击"定义"按钮，进入"构件管理"对话框，在"新建"菜单下选择"新建独立基础"，如图 4.9-17 所示。

图 4.9-17

第二步：新建参数化独基单元，如图 4.9-18 所示。

第三步：输入属性值，输入如名称、宽度、厚度等，如图 4.9-19 所示。

属性解释：

1) 名称：根据图纸输入独立基础名称，如：DJ-1。

2) 底标高：独立基础的底标高，可以根据实际情况进行调整，如-3m，默认为标高变量"层底标高"。

3) 材质：不同材质对应不同的计算规则。

4) 混凝土强度等级：当前构件的混凝土强度等级，可以根据实际情况进行调整。这里的默认取值与楼层信息界面强度等级设置里的混凝土强度等级一致。

5) 混凝土类型：当前构件的混凝土类型，可以根据实际情况进行调整。这里的默认取值与楼层信息界面强度等级设置里的混凝土类型一致。

6) 截面形状：参数化独基单元可以选择参数化图形，异形独基单元可以点击该列的三点按钮再次进入"多边形编辑器"窗口，编辑单元截面。

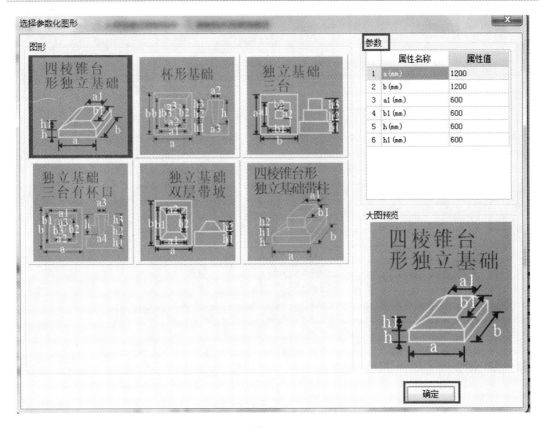

图 4.9-18

矩形独基单元:

属性名称	属性值
名称	DJ-1-1
材质	现浇混凝土
砼标号	(C20)
砼类型	(普通砼(坍落
截面长度(mm)	1000
截面宽度(mm)	1000
高度(mm)	500
截面面积(m2)	1
相对底标高(m)	0
备注	

异形独基单元:

属性名称	属性值
名称	DJ-1-2
材质	现浇混凝
砼标号	(C20)
砼类型	(普通砼(
截面形状	异形
截面长度(mm)	100
截面宽度(mm)	100
高度(mm)	500
截面面积(m2)	0.005
相对底标高(m)	0.5
备注	

参数化独基单元:

属性名称	属性值
名称	DJ-1-3
材质	现浇混凝土
砼标号	(C20)
砼类型	(普通砼(坍
截面形状	杯形基础
截面长度(mm)	1500
截面宽度(mm)	1500
高度(mm)	1800
截面面积(m2)	2.25
相对底标高(m)	1
备注	

名称	属性值
	DJ-1
(mm)	1000
(mm)	1000
(mm)	500
高(m)	层底标高

图 4.9-19

7）相对底标高：同条形基础单元"相对底标高"。

8）备注：该属性值仅仅是个标识，对计算不会起任何作用。

第四步：在构件做法界面，查询输入独立基础相应的清单项目及定额子目；如图 4.9-20
所示。

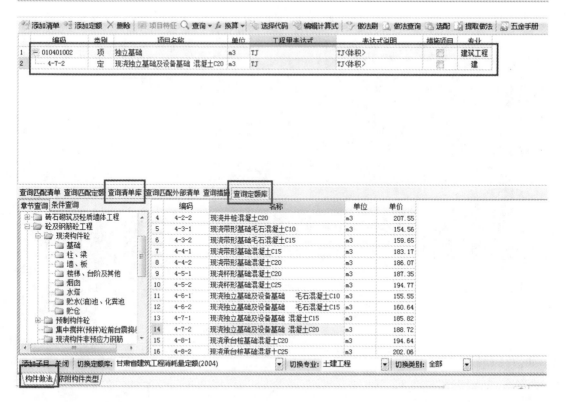

图 4.9-20

（2）独立基础的绘制

独立基础的基本绘制方法：点、旋转点及智能布置，如图 4.9-21 所示。

画法同柱。

绘制好的独立基础三维效果图，如图 4.9-22 所示。

图 4.9-21

图 4.9-22

4.9.5　桩承台

桩承台是复杂构件，由一个或多个桩承台单元组合而成（自定义桩承台会自带一个单元，且不可再增加单元）。

在定义构件时，可以看到新建菜单分为新建桩承台、新建自定义桩承台。新建桩承台单元又分为新建矩形桩承台单元、新建异形桩承台单元以及新建参数化桩承台单元三类。

（1）桩承台的定义

第一步：在导航栏"基础"中选择"桩承台"，在工具栏中单击"定义"按钮，进入"构件管理"对话框，在"新建"菜单下选择"新建桩承台"，如图 4.9-23 所示。

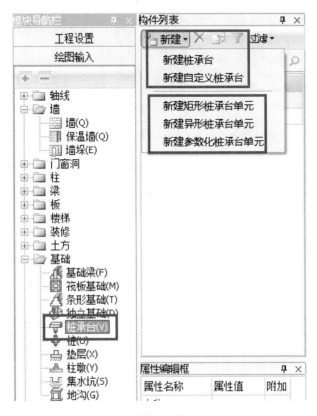

图 4.9-23

第二步：新建参数化桩承台单元，如图 4.9-24 所示。

第三步：输入属性值，输入如名称、宽度、厚度等，如图 4.9-25 所示。

属性解释：

1）名称：根据图纸输入桩承台名称，如：ZCT-1（也可输入文字，如：桩承台）。

2）底标高：桩承台的底标高，可以根据实际情况进行调整。

3）材质：不同材质对应不同的计算规则。

4）混凝土强度等级：当前构件的混凝土强度等级，可以根据实际情况进行调整。这里的默认取值与楼层信息界面强度等级设置里的混凝土强度等级一致。

5）混凝土类型：当前构件的混凝土类型，可以根据实际情况进行调整。这里的默认取值与楼层信息界面类型设置里的混凝土类型一致。

6）截面形状：参数化桩承台单元可以选择参数化图形，异形桩承台单元可以点击该列的三点按钮再次进入"多边形编辑器"窗口，编辑单元截面。

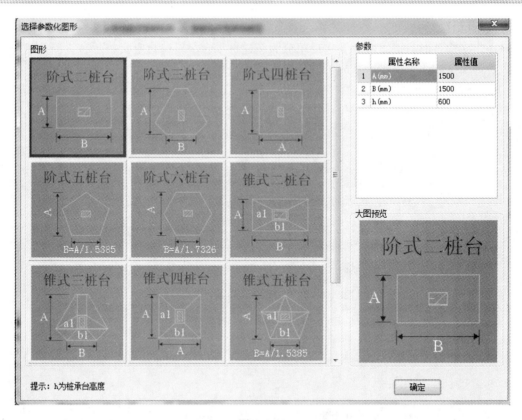

图 4.9-24

矩形桩承台单元：

属性名称	属性值
名称	ZCT-1
长度 (mm)	1000
宽度 (mm)	1000
高度 (mm)	500
底标高 (m)	层底标高
备注	

异形桩承台单元：

属性名称	属性值
名称	ZCT-1-2
类别	独立式
材质	现浇混凝土
砼标号	(C20)
砼类型	(普通砼 (坍
截面形状	异形
长度 (mm)	100
宽度 (mm)	100
高度 (mm)	500
截面面积 (m2)	0.005
相对底标高 (m)	0.5
备注	

参数化桩承台单元：

属性名称	属性值
名称	ZCT-1-3
类别	独立式
材质	现浇混凝土
砼标号	(C20)
砼类型	(普通砼 (坍
截面形状	阶式二桩台
长度 (mm)	1500
宽度 (mm)	1500
高度 (mm)	600
截面面积 (m2)	2.25
相对底标高 (m)	1
备注	

还有一个中间表格：

矩形桩承台单元的另一列表：

属性名称	属性值
名称	ZCT-1-1
类别	独立式
材质	现浇混凝土
砼标号	(C20)
砼类型	(普通砼 (坍落
长度 (mm)	1000
宽度 (mm)	1000
高度 (mm)	500
截面面积 (m2)	1
相对底标高 (m)	0
备注	

图 4.9-25

7）相对底标高：同条形基础单元"相对底标高"。

8）备注：该属性值仅是个标识，对计算不会起任何作用。

第四步：在构件做法界面，查询输入桩承台相应的"清单项目"及"定额子目"，如图 4.9-26 所示。

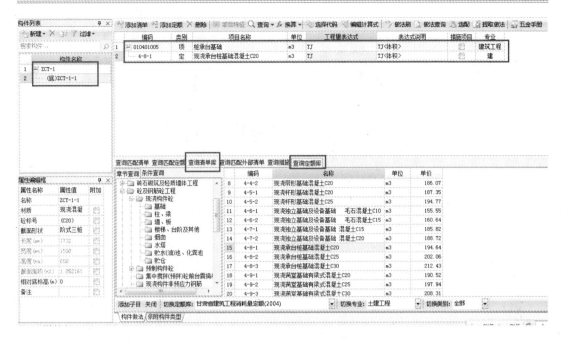

图 4.9-26

（2）桩承台的绘制

桩承台的基本绘制方法：点、旋转点及智能布置，如图 4.9-27 所示。

画法同柱。

绘制好的桩承台三维效果图，如图 4.9-28 所示。

图 4.9-27

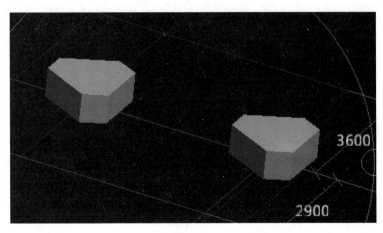

图 4.9-28

4.9.6 桩

在定义构件时，可以看到桩分为新建矩形桩、新建异形桩与新建参数化桩三类。

（1）桩的定义

第一步：在导航栏"基础"中选择"桩"，在工具栏中单击"定义"按钮，进入"构件管理"对话框，在"新建"菜单下选择"新建参数化桩"，如图 4.9-29、图 4.9-30 所示。

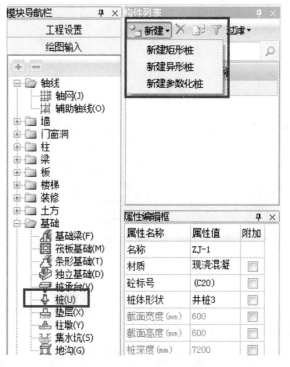

图 4.9-29

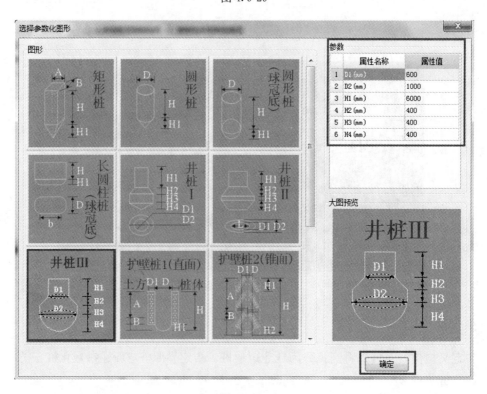

图 4.9-30

第二步：输入属性值，输入如名称、宽度、厚度等，如图 4.9-31 所示。

参数化桩：

属性名称	属性值
名称	ZJ-4
材质	现浇混凝土
砼标号	(C20)
砼类型	(普通砼 (坍
桩体形状	圆形桩
截面宽度 (mm)	800
截面高度 (mm)	800
桩深度 (mm)	6600
顶标高 (m)	基础底标高
体积 (m3)	3.32
护壁体积 (m3)	0
土方体积 (m3)	3.32
坚石体积 (m3)	0
松石体积 (m3)	0

异形桩：

属性名称	属性值
名称	ZJ-3
材质	现浇混凝
砼标号	(C20)
砼类型	(普通砼 (
桩体形状	异形
截面宽度 (mm)	100
截面高度 (mm)	100
桩深度 (mm)	3000
顶标高 (m)	基础底标
体积 (m3)	0.015
备注	

矩形桩：

属性名称	属性值
名称	ZJ-1
材质	现浇混凝土
砼标号	(C20)
砼类型	(普通砼 (坍落
截面宽度 (mm)	300
截面高度 (mm)	300
桩深度 (mm)	3000
顶标高 (m)	基础底标高
体积 (m3)	0.27

图 4.9-31

属性解释：

1）名称：根据图纸输入桩名称，如：ZJ-1（也可输入文字，如：人工挖孔桩、钻孔桩）。

2）材质：不同材质的桩对应不同的计算规则。

3）混凝土强度等级：当前构件的混凝土强度等级，可以根据实际情况进行调整。这里的默认取值与楼层信息界面强度等级设置里的混凝土强度等级一致。

4）混凝土类型：当前构件的混凝土类型，可以根据实际情况调整。这里的默认取值与楼层信息界面类型设置里的混凝土类型一致。

5）桩体形状：对应桩的类型，分为矩形、异形和参数化三种形式。对于参数化桩和异形桩，可以选择参数化图库或点击该列三点按钮进入"多边形编辑器"，编辑桩的截面。

6）体积、土方体积等：由桩体形状及相关参数计算得出。

7）备注：该属性值仅是个标识，对计算不会起任何作用。

第三步：在构件做法界面，查询输入桩相应的"清单项目"及"定额子目"，如图 4.9-32 所示。

（2）桩的绘制

桩的基本绘制方法：点、旋转点及智能布置，如图 4.9-33 所示。

画法同柱。

绘制好的桩的三维效果图，如图 4.9-34 所示。

4.9.7 垫层

垫层用于处理各类基础构件下，为保护基础而敷设的结构，一般材质为混凝土、灰土等；软件中根据垫层对应的不同基础构件分为主要点式、线性和面状三大类。

图 4.9-32

图 4.9-33

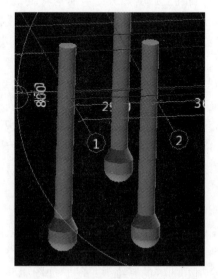

图 4.9-34

(1) 垫层的定义

第一步：在导航栏"基础"中选择"垫层"，在工具栏中单击"定义"按钮，进入

“构件管理”对话框，在“新建”菜单下选择“新建点式矩形垫层”，如图 4.9-35 所示。

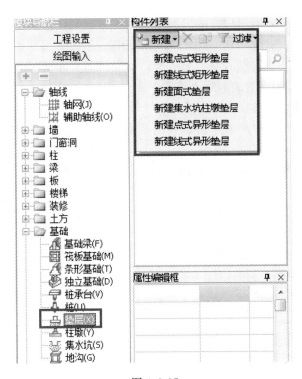

图 4.9-35

第二步：输入属性值，输入如名称、宽度、厚度等，如图 4.9-36 所示。

点型：

属性名称	属性值
名称	DC-1
材质	现浇混凝
砼标号	(C20)
砼类型	(普通砼(
形状	点型
长度(mm)	1000
宽度(mm)	1000
厚度(mm)	100
截面面积(m2)	1
顶标高(m)	基础底标
工艺	
备注	

线型：

属性名称	属性值
名称	DC-2
材质	现浇混凝
砼标号	(C20)
砼类型	(普通砼(
形状	线型
宽度(mm)	1000
厚度(mm)	100
截面面积(m2)	0.1
起点顶标高(m)	基础底标
终点顶标高(m)	基础底标
轴线距左边线	(500)
工艺	
备注	

面型：

属性名称	属性值	附加
名称	DC-3	
材质	现浇混凝	☐
砼标号	(C20)	☐
砼类型	(普通砼(	☐
形状	面型	☐
厚度(mm)	100	☐
顶标高(m)	基础底标	☐
工艺		☐
备注		☐

图 4.9-36

属性解释：

1）名称：根据工程实际情况输入垫层名称，如：DC-1。

2）材质：不同材质的垫层对应不同的计算规则，且用来实现自动套用做法功能的一个属性。

3）混凝土强度等级：当前构件的混凝土强度等级，可以根据实际情况进行调整。这里的默认取值与楼层信息界面强度等级设置里的混凝土强度等级一致。

4）混凝土类型：当前构件的混凝土类型，可以根据实际情况进行调整。这里的默认取值与楼层信息界面类型设置的混凝土类型一致。

5）形状：垫层的绘制形状，分为点形、线形和面形。

6）截面形状：异形垫层可以点击该列的三点按钮再次进入"多边形编辑器"窗口，编辑垫层截面。

7）顶标高：垫层顶的标高，可以根据实际情况进行调整，默认为标高变量"基础底标高"。

8）轴线距左边距离：当形状为线型时，有此属性，属性同梁"轴线距梁左边线距离"。

9）厚度：输入垫层的厚度，如100mm。

10）工艺：手动修改垫层的施工工艺，属性值选项为"干铺"，"灌浆"，"灌沥青"，用来实现自动套用做法功能的一个属性，不影响计算。

11）备注：该属性值仅是个标识，对计算不会起任何作用。

图 4.9-37

第三步：在构件做法界面，查询输入垫层相应的清单项目及定额子目。

（2）垫层的绘制

垫层的基本绘制方法：点、旋转点及智能布置，如图4.9-37所示。

画法同柱。

绘制好的点式矩形垫层的三维效果图，如图4.9-38所示。

图 4.9-38

4.9.8 柱墩

（1）柱墩的定义

第一步：在导航栏"基础"中选择"柱墩"，在工具栏中单击"定义"按钮，进入"构件管理"对话框，在"新建"菜单下选择"新建柱墩"，如图 4.9-39 所示。

图 4.9-39

第二步：输入属性值，输入如名称、宽度、厚度等，如图 4.9-40 所示。

属性解释：

1）名称：根据图纸输入柱墩名称，如 ZD-1。

2）材质：根据图纸要求，选择现浇混凝土、预制混凝土、砖、石材质。

3）混凝土强度等级：当前构件的混凝土强度等级，可以根据实际情况进行调整。这里的默认取值与楼层信息界面强度等级设置里的混凝土强度等级一致。

4）混凝土类型：当前构件的混凝土类型，可以根据实际情况进行调整。这里的默

属性编辑框		🔲 ×
属性名称	属性值	附加
名称	ZD-1	
材质	现浇混凝土	☐
砼标号	(C20)	☐
砼类型	(预拌砼)	☐
柱墩类型	棱台形上柱墩	☐
柱墩截长1(mm)	2000	☐
柱墩截宽1(mm)	2000	☐
柱墩截长2(mm)	800	☐
柱墩截宽2(mm)	800	☐
柱墩高度(mm)	600	☐
底标高(m)	筏板顶标高	☐
是否按板边切	是	☐
模板类型	清水模板	☐
备注		☐

图 4.9-40

认取值与楼层信息界面强度等级设置里的混凝土类型一致。

5）柱墩类型：软件提供九种工程中常见的柱墩参数图，可以根据图纸要求选择。

6）柱墩截长 1：当柱墩是上柱墩时，柱墩截长 1 为与基础顶面相接的柱墩底边长；当柱墩为下柱墩时，柱墩截长 1 为与筏板底相接的柱墩顶边长，参见示意图（图 4.9-41）。

7）柱墩截宽 1：当柱墩是上柱墩时，柱墩截宽 1 为与基础顶面相接的柱墩底边宽；当柱墩为下柱墩时，柱墩截宽 1 为与筏板底相接的柱墩顶边宽同，参见示意图（图 4.9-41）。

8）柱墩截长 2：当柱墩是上柱墩时，柱墩截长 2 为与柱相接的柱墩顶边长；当柱墩为下柱墩时，柱墩截长 2 为柱墩底边长，参见示意图（图 4.9-41）。

9）柱墩截宽 2：当柱墩是上柱墩时，柱墩截宽 2 为与柱相接的柱墩顶边宽；当柱墩为下柱墩时，柱墩截宽 2 为柱墩底边宽，参见示意图（图 4.9-41）。

10）底标高/顶标高：当建立的是上柱墩时，柱墩的标高为底标高，软件默认为"筏板顶标高"；当建立下柱墩时，柱墩标高为顶标高，软件默认为"筏板底标高"。

11）是否按板边切割：当柱墩处于筏板的边缘位置时，比如边柱、角柱下的柱墩，此属性选择为"是"时，凸出板边的柱墩软件会自动切割。

12）备注：该属性值仅仅是个标识，对计算不会起任何作用。

柱墩示意图：在此可以根据图纸输入柱墩的相应参数（绿色字体为可输入的参数）如图 4.9-41 所示。

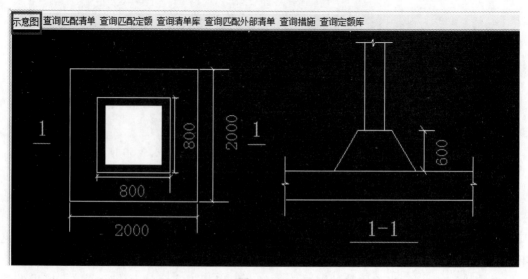

图 4.9-41

第三步：在"构件做法"界面，查询输入柱墩相应的清单项目及定额子目。

（2）柱墩的绘制

柱墩的基本绘制方法：点、旋转点及智能布置。如图 4.9-42 所示。

画法同柱。

图 4.9-42

图 4.9-43

绘制好的柱墩的三维效果图，如图 4.9-43 所示。

4.9.9　集水坑

集水坑洞口必须绘制在筏板基础上。集水坑构件可以分为矩形集水坑、异形集水坑和自定义集水坑三种类型。

（1）集水坑的定义

第一步：在导航栏"基础"中选择"集水坑"，在工具栏中单击"定义"按钮，进入"构件管理"对话框，在"新建"菜单下选择"新建矩形集水坑"，如图 4.9-44 所示。

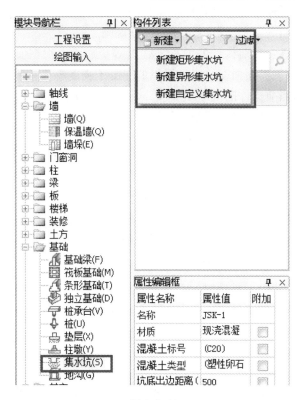

图 4.9-44

第二步：输入属性值，输入如名称、宽度、厚度等，如图 4.9-45 所示。

异形集水坑：

矩形集水坑：

自定义集水坑：

矩形集水坑

属性名称	属性值	附加
名称	JSK-3	
材质	现浇混凝	☐
截面宽度(mm)	2000	☐
截面长度(mm)	2000	☐
坑底出边距离(	500	☐
坑底板厚度(mm	500	☐
坑板顶标高(m)	基础底标	☐
放坡输入方式	放坡角度	☐
放坡角度	90	☐
砖胎膜厚度(mm	80	☐
汇总类别	流水段1	☐
备注		☐

异形集水坑

属性名称	属性值	附加
名称	JSK-1	
材质	现浇混凝	☐
体形状	异形	☐
截面宽度(mm)	600	☐
截面长度(mm)	500	☐
坑底出边距离(	500	☐
坑底板厚度(mm	500	☐
坑板顶标高(m)	基础底标	☐
放坡输入方式	放坡角度	☐
放坡角度	90	☐
砖胎膜厚度(mm	80	☐
汇总类别	流水段1	☐
备注		☐

自定义集水坑

属性名称	属性值	附加
名称	JSK-2	
材质	现浇混凝	☐
坑底出边距离(	500	☐
坑底板厚度(mm	500	☐
坑板顶标高(m)	基础底标	☐
放坡输入方式	放坡角度	☐
放坡角度	90	☐
砖胎膜厚度(mm	80	☐
汇总类别	流水段1	☐
备注		☐

图 4.9-45

属性解释：

1）名称：根据图纸输入集水坑名称，如：JSK-1。

2）材质：不同材质的集水坑对应不同的计算规则。

3）混凝土强度等级：当前构件的混凝土强度等级，可以根据实际情况进行调整。这里的默认取值与楼层信息界面强度等级设置里的混凝土强度等级一致。

4）混凝土类型：当前构件的混凝土类型，可以根据实际情况进行调整。这里的默认取值与楼层信息界面标号设置里的混凝土类型一致。

5）体形状：对应集水坑的类型，分为矩形集水坑、异形集水坑和自定义集水坑三种类型。对于异形集水坑，可以编辑集水坑的截面形状，自定义集水坑在图上绘制截面形状；

6）截面宽度：输入集水坑坑洞的截面宽度，如图 4.9-46 所示。

7）截面高度：输入集水坑坑洞的截面高度，如图 4.9-46 所示。

8）坑出边距离：如图 4.9-46 所示。

9）坑底板厚度：如图 4.9-46 所示。

10）坑板顶标高：如图 4.9-46 所示。

11）放坡输入方式：可以选择底宽输入或者放坡角度输入方式。

12）放坡角度：如图 4.9-46 所示。

13）放坡底宽：如图 4.9-46 所示。

14）砖胎模厚度：砖胎模的厚度。实际工程中，像电梯井等的井坑其外侧壁一般是直上直下的形状，而砖胎模构件由于其具有浇筑完混凝土后无需拆除的优点，在一些南方地区经常使用。

15）备注：该属性值仅仅是个标识，对计算不会起任何作用。

注意：目前这个构件存在针对特殊设计的技术参数问题，主要是坑底出边距离，有特例设计这个数值为负数时，软件就没法很好地处理了，还需要软件的开发部门作进一步的升级。

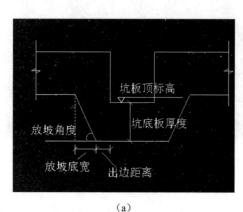

（a）

（b）

图 4.9-46

第三步：在"构件做法"界面，查询输入垫层相应的"清单项目"及"定额子目"。

（2）集水坑的绘制

集水坑的基本绘制方法：直线、画弧及矩形布置，如图 4.9-47 所示。

画法同柱。

绘制好的点式集水坑的三维效果图，如图 4.9-48 所示。

图 4.9-47

4.9.10 地沟

地沟是复杂构件，由一个或多个地沟单元组合而成。可以看到定义地沟后，属性编辑器中的"宽度"与"高度"参数是灰显的，不能修改。这与前面讲的条形基础、独立基础等构件是相似的，地沟也是由地沟单元构成的。

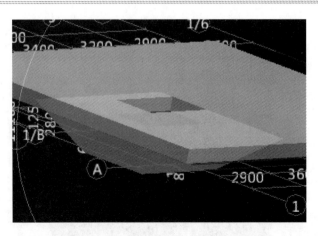

图 4.9-48

（1）地沟的定义

第一步：在导航栏"基础"中选择"地沟"，在工具栏中单击"定义"按钮，进入"构件管理"对话框，在"新建"菜单下选择"新建矩形地沟"，如图 4.9-49 所示。

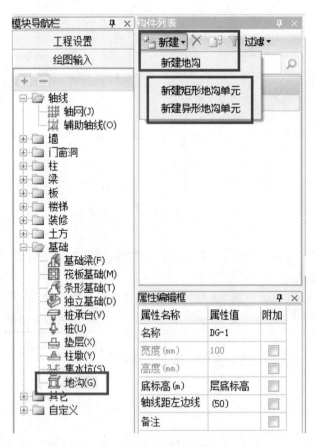

图 4.9-49

第二步：输入属性值，输入名称、宽度、厚度等，如图 4.9-50 所示。

属性编辑框		무 ×
属性名称	属性值	附加
名称	DG-1-1	
类别	底板	☐
材质	现浇混凝	☐
砼标号	(C20)	☐
截面宽度 (mm)	500	☐
截面高度 (mm)	500	☐
截面面积 (m2)	0.25	☐
相对底标高 (m)	0	☐
相对偏心距 (mm)	0	☐
备注		☐

属性名称	属性值
名称	DG-1
宽度 (mm)	500
高度 (mm)	500
底标高 (m)	层底标高
轴线距左边线	(250)
备注	

图 4.9-50

属性解释：

1）名称：根据图纸输入地沟名称，如：DG-1。

2）底标高：地沟的底标高，可以根据实际情况进行调整。

3）轴线距左边线距离：同梁"轴线距梁左边线距离"。

4）类别：选择地沟单元类别，选项值为"盖板"、"侧壁"和"底板"。

5）材质：不同材质对应不同的计算规则。

6）混凝土强度等级：当前构件的混凝土强度等级，可以根据实际情况进行调整。这里的默认取值与楼层信息界面强度等级设置里的混凝土强度等级一致。

7）混凝土类型：当前构件的混凝土类型，可以根据实际情况进行调整。这里的默认取值与楼层信息界面类型设置的混凝土类型一致。

8）截面形状：对应地沟单元的类型，分为矩形和异形两种形状。对于异形地沟单元，可以编辑地沟单元的截面。

9）截面宽度：输入地沟单元的截面宽度。

10）截面高度：输入地沟单元的截面高度。

11）相对底标高：以整体底面为基准的单元相对底标高，如图 4.9-51 所示，同条形基础单元"相对底标高"。

12）相对偏心距：地沟单元的中心线与基准线间的距离，如图 4.9-51 所示。基准线：相对偏心距为 0 的地沟单元的中心线，一般为地沟最底层单元的中心线，左侧偏心距为负值，右侧偏心距为正值。

13）备注：该属性值仅是个标识，对计算不会起任何作用。

第三步：在构件做法界面，查询输入地沟相应的清单项目及定额子目。

（2）地沟的绘制

地沟的基本绘制方法：直线、点加长度、弧线以及矩形，如图 4.9-52 所示。

画法同柱。

绘制好的地沟的三维效果图，如图 4.9-53 所示。

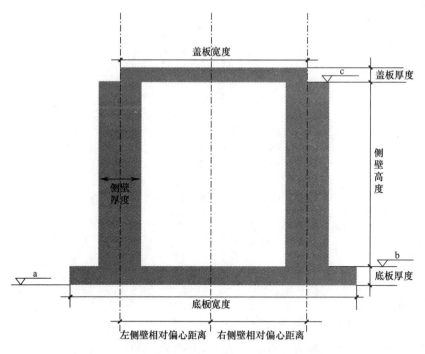

图 4.9-51

图 4.9-52

图 4.9-53

4.10 其他构件

4.10.1 建筑面积

其他构件中的建筑面积构件可以用来计算工程的建筑面积、综合脚手架、垂直运输等工程量。

（1）建筑面积的定义

第一步：在导航栏"其它"中选择"建筑面积"，在工具栏中单击"定义"按钮，进入"构件管理"对话框，在"新建"菜单下选择"新建建筑面积"，在属性编辑框输入属性值，如图 4.10-1 所示。

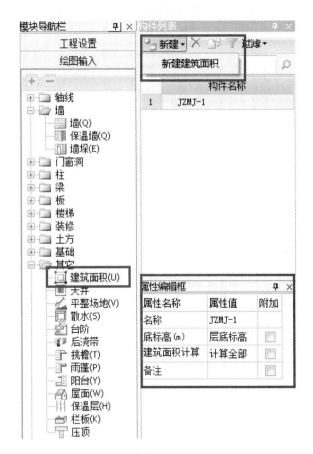

图 4.10-1

属性解释：

1）底标高：当工程中出现跃层，错层，夹层不同平面需要计算各自的建筑面积时，可以根据需要去调整。

2）建筑面积计算方法：软件提供了"计算全部"、"计算一半"、"不计算"三种选项，在实际工程中按计算规则计算的工程量。

第二步：在"构件做法"界面，查询输入以建筑面积为工程量的相应的"清单项目"及"定额子目"，如图 4.10-2 所示。

	编码	类别	项目名称	单位	工程量表达式	表达式说明	措施项目	专业
1	− cs	补项	补充项目	m2	MJ	MJ〈面积〉		
2	1-2	定	住宅 框架结构	m2	MJ	MJ〈面积〉		建
3	2-4	定	多层建筑 高20m以内 框架结构	m2	MJ	MJ〈面积〉		建
4	3-35	定	20m以内塔式起重机施工 住宅 框架结构	m2	MJ	MJ〈面积〉		建

查询匹配清单　查询匹配定额　查询清单库　查询匹配外部清单　查询措施　查询定额库

章节查询　条件查询

- 木结构工程
- 屋面工程
- 保温及防水工程
- 楼地面工程
- 一般抹灰工程
- 防腐工程
- 措施项目
  - 混凝土、钢筋混凝土模板及
  - 脚手架
    - 综合脚手架
      - 单项脚手架
  - 垂直运输
    - 20m以内卷扬机施工
    - 20m以上30m以内卷扬机
    - 20m以内塔式起重机施工
    - 20m以上塔式起重机施工
    - 构筑物垂直运输

	编码	名称	单位	单价
1	3-34	20m以内塔式起重机施工 住宅 混合结构	m2	18.18
2	3-35	20m以内塔式起重机施工 住宅 框架结构	m2	24.25
3	3-36	20m以内塔式起重机施工 住宅 其它结构	m2	21.45
4	3-37	20m以内塔式起重机施工 教学及办公用房	m2	18.65
5	3-38	20m以内塔式起重机施工 教学及办公用房	m2	27.51
6	3-39	20m以内塔式起重机施工 教学及办公用房	m2	25.65
7	3-40	20m以内塔式起重机施工 医院、宾馆、图	m2	29.38
8	3-41	20m以内塔式起重机施工 医院、宾馆、图	m2	35.9
9	3-42	20m以内塔式起重机施工 医院、宾馆、图	m2	30.77
10	3-43	20m以内塔式起重机施工 影剧院 混合	m2	61.78
11	3-44	20m以内塔式起重机施工 影剧院 框架结	m2	62.95
12	3-45	20m以内塔式起重机施工 商场 混合结构	m2	29.38
13	3-46	20m以内塔式起重机施工 商场 框架结构	m2	34.33
14	3-47	20m以内塔式起重机施工 商场 其它结构	m2	31.07
15	3-48	20m以内塔式起重机施工 多层厂房 混合	m2	19.76

添加子目　关闭　切换定额库：甘肃省建筑工程消耗量定额(2004)　切换专业：土建工程　切换类别：全部

构件做法

图 4.10-2

注意：综合脚手架面积一般情况下等于面积代码，也是按建筑面积计算规则计算的工程量。

综合脚手架超高面积是按工程设置——计算规则中的计算规则来计算，与选择定额的计算规则有关，是按综合脚手架面积乘以系数来计算的。

图 4.10-3

（2）建筑面积的绘制

建筑面积的基本绘制方法：点、直线、弧线以及矩形，如图 4.10-3 所示。

用"点"绘的方法如下，如图 4.10-4 所示。

4.10.2　平整场地

其他构件中的建筑面积构件可以用来计算工程的建筑面积，综合脚手架、垂直运输等工程量。

（1）平整场地的定义

第一步：在导航栏"其它"中选择"平整场地"，在工具栏中单击"定义"按钮，进入"构件管理"对话框，在"新建"菜单下选择"新建平整场地"，在属性编辑框输入属性值，如图 4.10-5 所示。

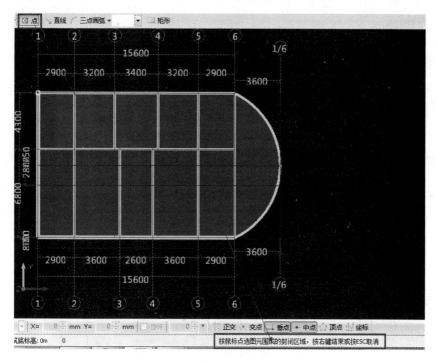

图 4.10-4

图 4.10-5

属性解释：

1）名称：根据图纸输入平整场地名称，如：PZCD1。

2）备注：该属性值仅仅是个标识，对计算不会起任何作用。

第二步：在"构件做法"界面，查询输入平整场地的相应的"清单项目"及"定额子目"，如图4.10-6所示。

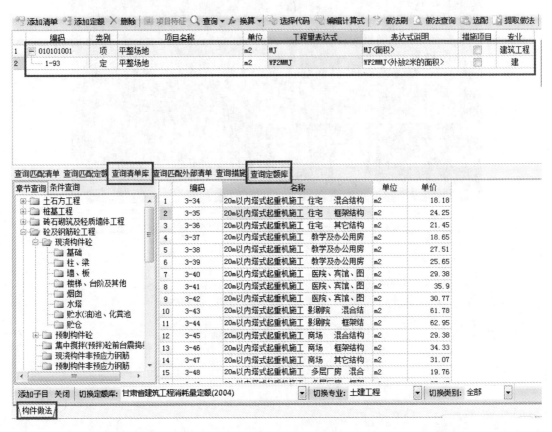

图4.10-6

注意：套做法时，工程量代码的选择只有面积 MJ 代码，面积这个代码的工程量与工程设置-计算规则中的规则选项有关，如果选择"0"，绘制的平整场地原始面积，则面积工程量为实际绘制的面积；如果选择"1"，绘制的平整场地多边形原始面积×1.4，则面积工程量为实际绘制的面积×1.4。

（2）平整场地的绘制

平整场地的基本绘制方法：点、直线、弧线、矩形及智能布置，如图4.10-7所示。

图4.10-7

用智能布置的方法如下，如图4.10-8所示。

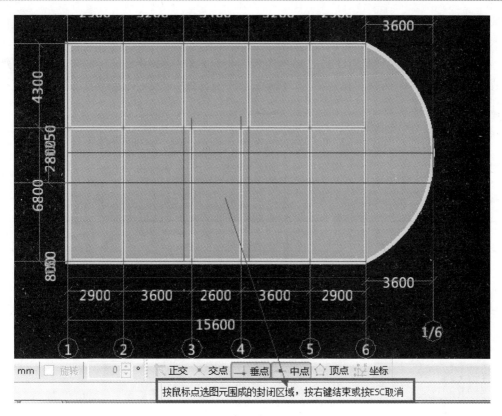

图 4.10-8

4.10.3 散水

软件计算散水面积时，会自动扣减与台阶的相交面积。

（1）散水的定义

第一步：在导航栏"其它"中选择"散水"，在工具栏中单击"定义"按钮，进入"构件管理"对话框，在"新建"菜单下选择"新建散水"，在属性编辑框输入属性值，如图4.10-9所示。

属性解释：

1）名称：根据实际情况输入散水名称，如：SS-1。

2）材质：选择散水的实际材质，属性选项值为"现浇混凝土、砖"，属性中材质的选择影响自动套做法功能定额的选择。

3）混凝土强度等级：当前构件的混凝土强度等级，可以根据实际情况进行调整。这里的

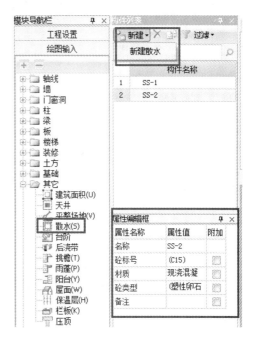

图 4.10-9

183

默认取值与楼层信息界面强度等级设置里的混凝土强度等级一致，当材质选择为混凝土时显示此属性。

4）混凝土类型：当前构件的混凝土类型，可以根据实际情况进行调整。这里的默认取值与楼层信息界面强度等级设置里的混凝土类型一致，当材质选择为混凝土时显示此属性。

5）备注：该属性值仅仅是个标识，对计算不会起任何作用。

第二步：在构件做法界面，查询输入以散水的相应的"清单项目"及"定额子目"，如图 4.10-10 所示。

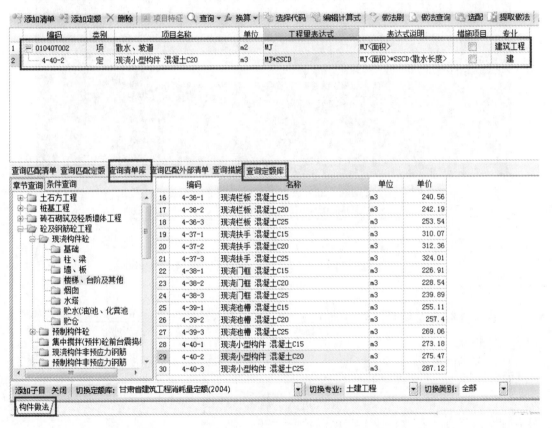

图 4.10-10

（2）散水的绘制

散水的基本绘制方法：点、直线、弧线、矩形及智能布置，如图 4.10-11 所示。

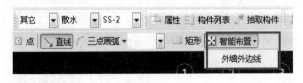

图 4.10-11

用智能布置的方法如下：

第一步：在"绘图工具条"中单击"智能布置"按钮，选择下拉框中的"按外墙外边线"命令，弹出请输入散水宽度窗口，如图 4.10-12 所示。

第二步：软件会自动在外墙外边布置一圈 900mm 宽的散水，如图 4.10-13 所示。

如果绘制的图形中墙体的定义没有按外墙标志来定义，没有封闭的外墙墙体，则在智能布置散水时会有找不到外墙围成的封闭区域。如果遇到有变形缝的地方，可以建立虚墙。内及外墙标志选择外墙，变形缝两侧的墙体用虚墙进行连接后才可以使用智能布置散水。

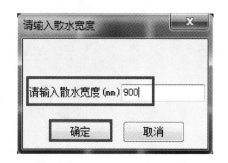

图 4.10-12

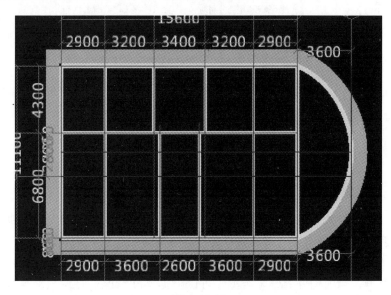

图 4.10-13

4.10.4 台阶

（1）台阶的定义

第一步：在导航栏"其它"中选择"台阶"，在工具栏中单击"定义"按钮，进入"构件管理"对话框，在"新建"菜单下选择"新建台阶"，在属性编辑框输入属性值，如图 4.10-14 所示。

属性解释：

1）名称：根据实际情况输入台阶名称，如：台阶。

2）材质：选择台阶的实际材质，属性选项值为"现浇混凝土，砖，石"。

3）混凝土强度等级：当前构件的混凝土强度等级，可以根据实际情况进行调整。这里的默认取值与楼层信息界面强度等级设置里的混凝土强度等级一致，当材质选择为混凝土时显示此属性。

4）混凝土类型：当前构件的混凝土类型，可以根据实际情况进行调整。这里的默认取值与楼层信息界面强度等级设置里的混凝土类型一致，当材质选择为混凝土时显示此属性。

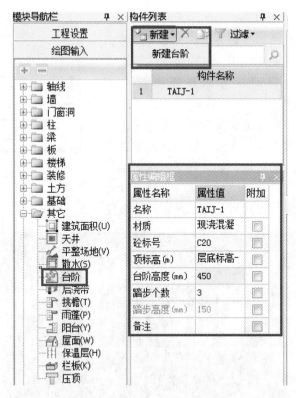

图 4.10-14

5）砂浆强度等级：当前构件的砂浆强度等级，可以根据实际情况进行调整。这里的默认取值与楼层信息界面强度等级设置里的砂浆强度等级一致，当材质选择为砖、石时显示此属性。

6）砂浆类型：当前构件的砂浆类型，可以根据实际情况进行调整。这里的默认取值与楼层信息界面强度等级设置里的砂浆类型一致，当材质选择为砖、石时显示此属性。

7）顶标高：输入台阶的顶标高，单位为 m。

8）台阶高度：输入台阶的总高度。

9）踏步个数：输入踏步个数。

10）踏步高度：踏步高度为踏步总高度/踏步个数，只读不可修改。

11）备注：该属性值仅仅是个标识，对计算不会起任何作用。

第二步：在构件做法界面，查询输入台阶的相应的"清单项目"及"定额子目"；如图 4.10-15 所示。

注意：台阶定额的计算规则一般为：台阶面层（包括踏步及最上一层踏步沿 300mm）按水平投影面积计算。在软件中绘制好台阶套取做法时，可以把台阶与平台都在台阶构件中去套做法，选择不同的工程量代码即可区分不同部位的工程量。

（2）台阶的绘制

台阶的基本绘制方法：点、直线、弧线以及矩形，如图 4.10-16 所示。

1）用矩形的方法如下，左键选择第一个角点和第二个角点，右键返回即可，如图4.10-17 所示。

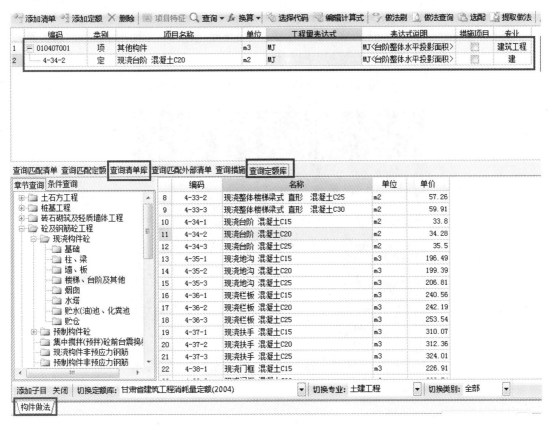

图 4.10-15

图 4.10-16

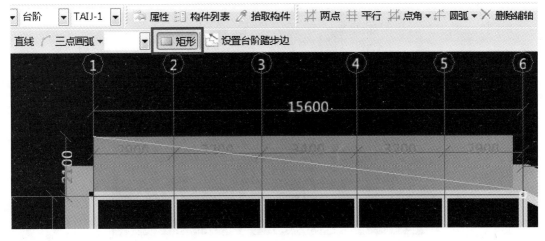

图 4.10-17

2）设置台阶的踏步边。

第一步：单击"设置台阶的踏步边"功能，左键拾取踏步边，弹出对话框，输入踏步宽度值，单击"确定"按钮，如图 4.10-18 所示。

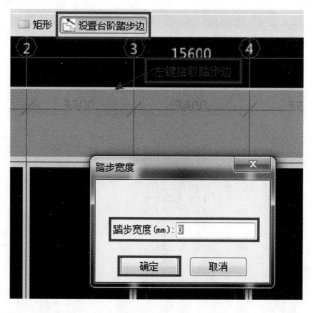

图 4.10-18

第二步：在平面图中出现与起始踏步边平行的线，如图 4.10-19 所示。

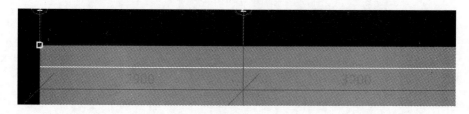

图 4.10-19

绘制的台阶三维效果图如图 4.10-20 所示。

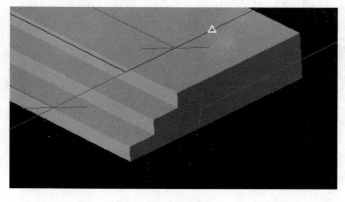

图 4.10-20

4.10.5 后浇带

软件中后浇带包括筏板基础后浇带、条基后浇带、板后浇带、墙后浇带、梁后浇带五种。

(1) 后浇带的定义

第一步:在导航栏"其它"中选择"后浇带",在工具栏中单击"定义"按钮,进入"构件管理"对话框,在"新建"菜单下选择"新建后浇带",在属性编辑框输入属性值,如图 4.10-21 所示。

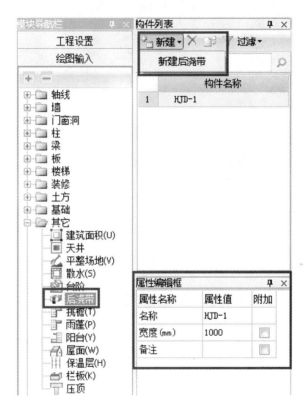

图 4.10-21

属性解释:

1) 名称:根据实际情况输入后浇带的名称,如 HJD-1。

2) 宽度:输入后浇带的宽度。

3) 备注:该属性值仅仅是个标识,对计算不会起任何作用。

第二步:在构件做法界面,查询输入后浇带的相应的"清单项目"及"定额子目",如图 4.10-22 所示。

注意:定义后浇带套取定额做法时,分别选取不同的筏板、墙、梁、板等后浇带定额,选择相应的工程量代码,在绘制区按图纸绘制好后浇带总计算,软件会自动计算筏板、墙、梁、板等后浇带的工程量。

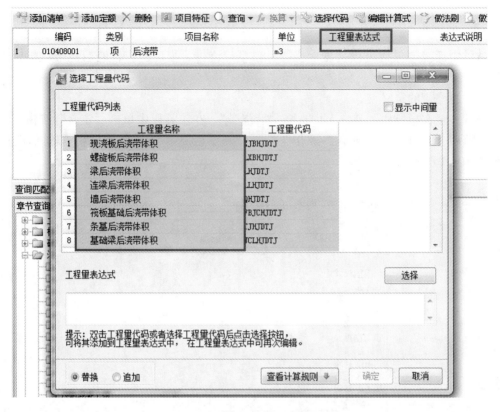

图 4.10-22

（2）后浇带的绘制

后浇带的基本绘制方法：直线、点加长度、弧线以及矩形，如图 4.10-23 所示。

图 4.10-23

绘制方法同板。

4.10.6 挑檐

用挑檐构件绘制挑檐后，挑檐的反檐用栏板来绘制，这样在计算挑檐的底、顶、侧面装饰时，灵活地应用挑檐构件中提供的相应的工程量代码即可。

软件中的挑檐有新建面式挑檐和新建线式异形挑檐两种。

（1）挑檐的定义

第一步：在导航栏"其它"中选择"挑檐"，在工具栏中单击"定义"按钮，进入"构件管理"对话框，在"新建"菜单下选择"新建挑檐"，在属性编辑框输入属性值，如图 4.10-24 所示。

属性解释：

1）名称：根据实际情况输入挑檐名称，如：TY-1。

2）材质：选择输入挑檐的材质。

3）混凝土强度等级：当前构件的混凝土强度等级，可以根据实际情况进行调整。这里的默认取值与楼层信息界面强度等级设置里的混凝土强度等级一致。

4）混凝土类型：当前构件的混凝土类型，可以根据实际情况进行调整。这里的默认取值与楼层信息界面强度等级设置里的混凝土类型一致。

5）板厚：挑檐平板的厚度。

6）顶标高：挑檐顶的标高，可以根据实际情况进行调整。

7）备注：该属性值仅仅是个标识，对计算不会起任何作用。

第二步：在构件做法界面，查询输入挑檐的相应的清单项目及定额子目；如图 4.10-25 所示。

图 4.10-24

	编码	类别	项目名称	单位	工程量表达式	表达式说明	措施项目	专业
1	─ 010405007	项	天沟、挑檐板	m3	TJ	TJ〈体积〉		建筑工程
2	4-30-1	定	现浇挑檐、天沟 混凝土C20	m3	TJ	TJ〈体积〉		建

查询匹配清单 查询匹配定额 查询清单库 查询匹配外部清单 查询措施 查询定额库

	编码	名称	单位	单价
16	4-26-1	现浇无梁板 混凝土C20	m3	198.02
17	4-26-2	现浇无梁板 混凝土C25	m3	209.36
18	4-26-3	现浇无梁板 混凝土C30	m3	220.64
19	4-27-1	现浇有梁板 混凝土C20	m3	193.14
20	4-27-2	现浇有梁板 混凝土C25	m3	200.56
21	4-27-3	现浇有梁板 混凝土C30	m3	210.93
22	4-28-1	现浇平板、悬挑板混凝土C20	m3	202.4
23	4-28-2	现浇平板、悬挑板混凝土C25	m3	213.75
24	4-28-3	现浇平板、悬挑板混凝土C30	m3	225.02
25	4-29-1	现浇拱形板 混凝土C20	m3	213.15

图 4.10-25

（2）挑檐的绘制

挑檐的基本绘制方法：点、直线、弧线、矩形及智能布置，如图 4.10-26 所示。

图 4.10-26

智能布置方法如下

第一步：左键单击"智能布置"按钮，选择"外墙外边线"，弹出对话框，输入挑檐宽度，如图 4.10-27 所示。

第二步：在所有外墙上布置了挑檐，如图 4.10-28 所示。

图 4.10-27

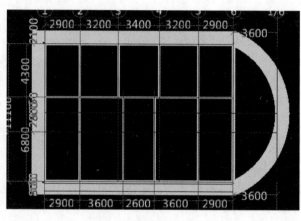

图 4.10-28

4.10.7 雨篷

雨篷上翻的处理：用栏板构件处理雨篷的上翻，如图 4.10-29 所示。

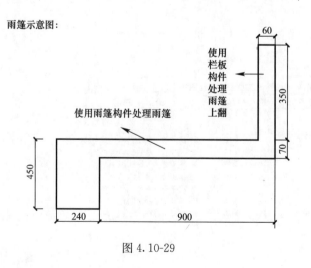

图 4.10-29

（1）雨篷的定义

第一步：在导航栏"其它"中选择"雨篷"，在工具栏中点击"定义"按钮，进入

"构件管理"对话框，在"新建"菜单下选择"新建雨篷"，在属性编辑框输入属性值，如图 4.10-30 所示。

图 4.10-30

属性解释：

1）名称：根据图纸输入雨篷名称，如：YP-1。

2）板厚：输入雨篷板的厚度。

3）顶标高：输入雨篷板的顶标高。

4）建筑面积计算方式：该属性用于处理雨篷计算建筑面积的方式，用户可以控制。包括计算全部、计算一半、不计算。

5）备注：该属性值仅仅是个标识，对计算不会起任何作用。

第二步：在构件做法界面，查询输入雨篷的相应的"清单项目"及"定额子目"。

（2）雨篷的绘制

雨篷的基本绘制方法：点、直线、弧线以及矩形，如图 4.10-31 所示。

绘制方法同板。

图 4.10-31

4.10.8 阳台

阳台在图形算量软件 GCL2008 中是组合构件，不可以直接用新建构件来建立。建立阳台组合构件的方法同建立飘窗组合构件。

（1）阳台的建立

建立阳台组合构件：首先绘制阳台的板、梁、栏板、窗等构件。其中窗采用带形窗绘制，并合并为一个整体。

在阳台构件中单击"新建组合构件"按钮，拉框选择刚才绘制的现浇板、梁、栏板以及带形窗之后选择一个插入点。插入点选择后，会弹出组合构件建立窗口。窗口中可以通过右侧看到被选进来组合构件，并可以三维显示最终效果。左侧显示各图元名字，当点中某图元名字时，右侧示意图中该图元会以选中状态显示。如果发现有多余的图元被选进来，可以选中后，单击"移出"按钮，将其移出。同时，操作错误，还可以单击"撤销"按钮，撤销上一步操作。阳台所需图元准确无误后，在窗口下方输入阳台的名称，单击"确定"按钮，这样阳台组合构件就建立好了。

建立好的阳台即为一个整体，软件中建立的组合构件可以整体进行复制、镜像、移动等操作。如果发现组合阳台中构件组合错误了，可以重新单击"新建组合构件"按钮，拉框选择要组合的构件对其进行重新组合即可。

图 4.10-32

（2）阳台的绘制

阳台的基本绘制方法：点、旋转点，如图 4.10-32 所示。

4.10.9 屋面

（1）屋面的定义

第一步：在导航栏"其它"中选择"屋面"，在工具栏中单击"定义"按钮，进入"构件管理"对话框，在"新建"菜单下选择"新建屋面"，在属性编辑框输入属性值，如图 4.10-33 所示。

属性解释：

1）名称：根据图纸输入屋面名称，如：WM1。

2）顶标高：屋面顶的标高，可以根据实际情况进行调整。

3）备注：该属性值仅仅是个标识，对计算不会起任何作用。

第二步：在构件做法界面，查询输入屋面的相应的"清单项目"及"定额子目"。

（2）屋面的绘制

屋面的基本绘制方法：点、直线、弧线以及矩形和智能布置，如图 4.10-34 所示。

屋面的布置方法：

点式布置屋面是按墙体或栏杆围成的封闭区域的内边线来布置；直线布置可以按图纸要求去画线来布置；智能布置中的按现浇板来布置不仅可以布置平面屋面，也可以用

图 4.10-33

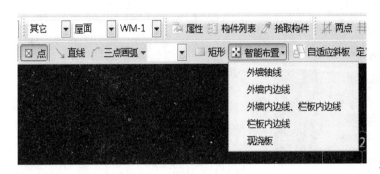

图 4.10-34

来布置斜屋面。

当屋面布置在板上时，如果板上布置了板洞，在布置屋面后发现板洞处没有布置上屋面，但汇总计算，板洞处的屋面会根据工程设置-计算规则中的规则设置的选择来计算。

在实际的工程屋面做法中一般有屋面卷边，绘制好屋面后可以用"定义屋面卷边"功能，来设置卷边高度，在屋面做法中的工程量代码中，防水面积＝面积＋卷边面积。

4.10.10 保温层

（1）保温层的定义

保温层属性，如图 4.10-35 所示。

图 4.10-35

1）材质：材质的选择影响自动套做法中定额的选择。

2）厚度：保温层的厚度包括空气层的厚度，保温层的厚度不影响房间装修的工程量计算。

3）空气层厚度：保温层与墙体之间的厚度，这个厚度的确定根据图纸或图集要求来定义，可以为"0"，空气层的厚度影响保温层的体积。

GCL2008 图形算量软件的首层保温层计算从室外地坪开始计算，如果没有从室外地坪开始计算，检查一下是否有这样的情况：①地下室或者基础没有画墙；②把外墙定义成了内墙。

有些地方在计算房间精装修时，墙体上做了保温层，而墙体上的墙面的精装修算量要把保温层的厚度考虑在内，这时可以在工程计算-计算设置中去修改计算设置来实现。

在现实的软件中，一面墙体上的保温层无法直接进行打断，只有在相应的墙体位置处进行打断后保温层才可以随着打断，并且保温层的属性中没有标高的调整属性，保温层的标高也是随着墙体的标高的。

保温层可以点式或智能布置，对于外保温如果有不同的保温层，可以先按其中的一个来智能布置后，用反建构件的方法来修改保温层构件。

保温层中的工程量代码中的面积，软件默认考虑了门窗洞口侧壁面积，并且考虑了保温层的厚度。如墙体厚 250mm，保温层厚度为 50mm，窗框厚 60mm，截面尺寸为 2000mm×1500mm，则保温层中侧壁面积为 $(1.5+2)m×2m×[(0.25-0.06)/2+0.05]m$，体积是用面积乘以保温层的厚度扣减掉空气层所占的体积工程量。

图 4.10-36

（2）保温层绘制

保温层绘制有点绘和智能布置，如图 4.10-36 所示。

4.10.11 栏板

栏板常用于阳台、雨篷、挑檐的立板。栏板构件可以分为矩形栏板、异形栏板两种类型。

矩形栏板的抹灰可以用单墙面来布置，异形栏杆的抹灰可以用栏板的工程量代码中的边线长度×抹灰高度来计算。

栏板在 GCL2008 软件中可以围成封闭的区域来布置房间，房间中依附的墙面可以布置在栏板上，墙面所附墙材质按混凝土材质定义。

（1）栏板的定义

栏板的属性，如图 4.10-37 所示。

1）材质：材质的选择影响自动套做法中定额的选择。

2）混凝土强度等级：当前构件的混凝土强度等级，可以根据实际情况进行调整。软件的默认取值与楼层信息界面强度等级设置里的混凝土强度等级一致。

3）混凝土类型：当前构件的混凝土类型，可以根据实际情况进行调整。软件的默认取值与楼层信息界面类型设置里的混凝土类型一致，方便套做法时材料的换算或使用批量混凝土/砂浆换算功能时正确混凝土强度等级的选取。

矩形栏板：

属性名称	属性值
名称	LB-1
材质	现浇混凝土
砼标号	(C20)
砼类型	(普通砼(坍落度
截面宽度 (mm)	100
截面高度 (mm)	500
截面面积 (m2)	0.05
起点底标高 (m)	层底标高
终点底标高 (m)	层底标高
轴线距左边线	(50)
备注	

异形栏板：

属性名称	属性值
名称	LB-2
材质	现浇混凝土
砼标号	(C20)
砼类型	(普通砼(坍
截面形状	异形
截面宽度 (mm)	200
截面高度 (mm)	100
截面面积 (m2)	0.01
起点底标高 (m)	层底标高
终点底标高 (m)	层底标高
轴线距左边线	(100)
备注	

图 4.10-37

4）矩形栏板的截面宽度与截面高度：当前构件的宽度与高度，可以根据实际情况进行设置。

5）异形栏板的截面形状：异形栏板可以单击该列的三点按钮进入"多边形编辑器"窗口，进行绘制。

6）起点底标高：在绘制栏板的过程中，鼠标起点处，栏板的底标高。标高属性值支持标高变量，使用标高变量时，标高随标高变量的变化而变化，不用手工调整。

7）终点底标高：在绘制栏板的过程中，鼠标终点处栏板的底标高。标高属性值支持标高变量，使用标高变量时，标高随标高变量的变化而变化，不用手工调整，标高属于私有属性。

8）轴线距左边线距离：当栏板为偏心时，需要设置该属性，栏板的左、右边线由绘制时的方向决定。

图 4.10-38

（2）栏板构件的绘制

栏板的基本绘制方法：直线、点加长度、弧线以及矩形，如图 4.10-38 所示。

4.10.12　压顶

在此压顶可以用来处理女儿墙和栏板的压顶，压顶构件可以分为矩形压顶和异形压顶两种类型。

压顶抹灰的处理，在 GCL2008 软件里面，女儿墙的两面抹灰已经包括了压顶的底面和侧面的抹灰，上表面的抹灰可以在工程量表达式里面用长度代码乘以压顶宽度即可。

压顶软件的计算规则默认的是与构造柱的扣减无影响，与柱的扣减是扣减柱的体积。如果压顶用圈梁来代替，则圈梁会扣减构造柱体积。软件提供了压顶构件，所以在用其他构件代替压顶计算工程量时需要谨慎。

（1）压顶的定义

压顶的属性，如图 4.10-39 所示。

矩形压顶：　　　　　　异形压顶：

属性编辑框		
属性名称	属性值	附加
名称	YD-1	
材质	现浇混凝	
砼标号	(C10)	
砼类型	(泵送混凝	
截面宽度(mm)	200	
截面高度(mm)	200	
截面面积(m2)	0.04	
起点顶标高(m)	墙顶标高	
终点顶标高(m)	墙顶标高	
轴线距左边线	(100)	
备注		

属性编辑框		
属性名称	属性值	附加
名称	YD-2	
材质	现浇混凝	
砼标号	(C10)	
砼类型	(泵送混凝	
截面形状	异形	
截面宽度(mm)	200	
截面高度(mm)	200	
截面面积(m2)	0.031418	
起点顶标高(m)	墙顶标高	
终点顶标高(m)	墙顶标高	
轴线距左边线	(100)	
备注		

图 4.10-39

1）材质：材质的选择影响自动套做法中的定额的选择。

2）混凝土强度等级：当前构件的混凝土强度等级，可以根据实际情况进行调整。软件的默认取值与楼层信息界面强度等级设置里的混凝土强度等级一致。

3）混凝土类型：当前构件的混凝土类型，可以根据实际情况进行调整。软件的默认取值与楼层信息界面强度等级设置里的混凝土强度等级一致，方便套取做法时材料的换算或使用批量混凝土/砂浆换算功能时正确混凝土强度等级的选取。

4）矩形压顶的截面宽度与截面高度：当前构件的宽度与高度，可以根据实际情况进行设置。

5）压顶栏板的截面形状：异形栏板可以单击该列的三点按钮进入"多边形编辑器"窗口，进行绘制。

6）起点顶标高、终点顶标高：软件提供了"层顶标高"、"层底标高"、"墙顶标高" 3 种选项，如果是女儿墙的压顶，可以选择墙顶标高，这样直接按墙智能布置压顶即可，不需要再单独调整女儿墙压顶的标高。

7) 轴线距左边线距离：当压顶为偏心时，需要设置该属性，压顶的左、右边线由绘制时的方向决定。

（2）压顶的绘制

建筑面积的基本绘制方法：直线、点加长度、弧线、矩形及智能布置，如图 4.10-40 所示。

图 4.10-40

4.11　自定义构件应用

4.11.1　自定义点

自定义点在土木工程中应用范围比较广，可以利用它计算建立通风道、装饰线条、雨水管线、栏杆立柱、幕墙铁件、预埋件、预制欧式构件；安装工程中的灯具、开关，通风道部件、阀门等。

自定义点可以分为矩形自定义点、圆形自定义点和异形自定义点三种类型。

（1）自定义点的建立

建立构件→更改构件名称→调整属性中的规格尺寸及标高→根据需求选择扣减方式→直接在绘图区绘制自定义点，如图 4.11-1 所示。

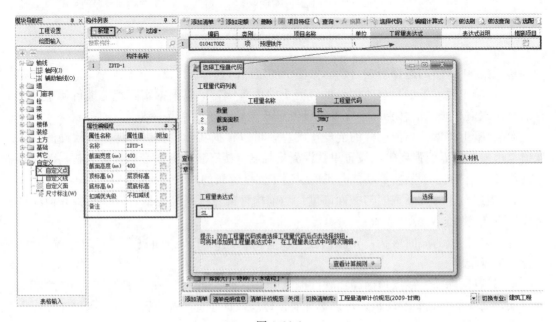

图 4.11-1

（2）自定义点的绘制

自定义点的绘制方法有：点、旋转点、智能布置三种，如图 4.11-2 所示。

图 4.11-2

4.11.2 自定义线

自定义线的功能更强大，它可以计算出构件的长度、体积，可以更快的绘制并计算长度构件，如装饰线条、栏杆扶手、屋面脊瓦、干挂龙骨、分割缝、管线、路边石、腰线及钢结构支架等。

自定义线构件可以分为矩形自定义线、圆形自定义线和异形自定义线三种类型。

（1）自定义线的建立

建立构件→更改构件名称→调整属性中的规格尺寸及标高→根据需求选择扣减方式→直接在绘图区绘制自定义线，如图 4.11-3 所示。

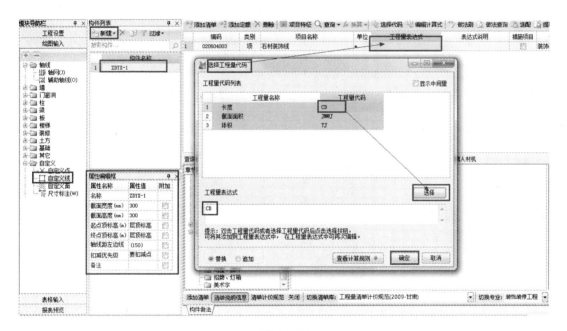

图 4.11-3

（2）自定义线的绘制

自定义线的绘制方法有：直线、点加长度、画弧、矩形、智能布置五种，如图 4.11-4 所示。

图 4.11-4

4.11.3 自定义面

自定义面可以处理室外地面面积、地下室防水、垫层、CAD 导入的截面法土方工程、幕墙玻璃、干挂石材等工程量。

自定义面构件在软件中不区分类型，可以绘制成任意形状。

（1）自定义面的建立

建立构件→更改构件名称→调整属性中的规格尺寸及标高→根据需求选择扣减方式→直接在绘图区绘制自定义面，如图 4.11-5 所示。

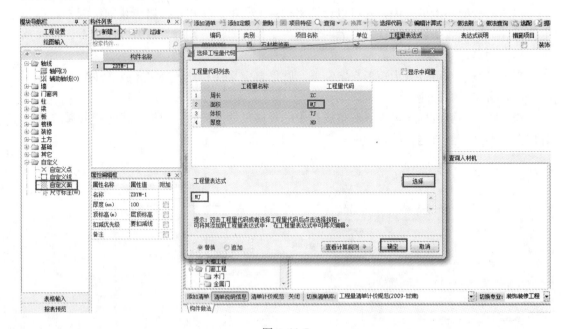

图 4.11-5

（2）自定义面的绘制

自定义面的绘制方法有：直线、画弧、矩形、智能布置四种，如图 4.11-6 所示。

图 4.11-6

4.12　CAD 识别

4.12.1　CAD 草图

若有 autoCAD 的图纸时，可以利用 CAD 草图功能把电子图纸导入软件中，省去绘图的过程。

导入 CAD 草图的操作步骤：

第一步：在导航栏单击"CAD 识别"→"CAD 草图"按钮。

第二步：单击菜单栏"CAD 识别"→"导入 CAD 图形"按钮，弹出"导入 CAD 图形"对话框,如图 4.12-1 所示。

图 4.12-1

第三步:在这里选择要导入的 CAD 图,这时,在右面的预览窗口中,可以看到 CAD 图的预览,单击"打开"按钮后打开"请输入原图比例"窗口,如图 4.12-2 所示。

第四步:在这里输入原图的画图比例后,单击"确定"按钮,则 CAD 图被导入当前工程中,如图 4.12-3 所示。

注意:

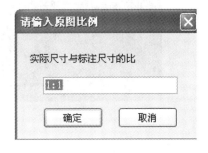

图 4.12-2

1)软件支持导入的 CAD 图形文件有:dwg、gvd、cadi 格式的。

2)如果不清楚图纸的比例,可以先试着导入,导入图纸后,测量一下某两点之间的距离和图中标注的这两点之间的距离的比例系数即为比例。

4.12.2 识别轴网

识别轴网由以下内容构成,提取轴线、提取轴线标识、选择轴网组合类别、识别辅助轴线、自动识别轴网、补画 CAD 线。

(1)提取轴线

第一步:单击菜单栏"CAD 识别"→"提取轴线"按钮,在 CAD 图中选择轴线,选择的方法可以用单击选择,也可以用拉框选择,也可以按住 Ctrl 键同时单击选择相同图层的 CAD 图元,也可以按住 Alt 键同时单击选择相同颜色的 CAD 图元,如图 4.12-4 所示。

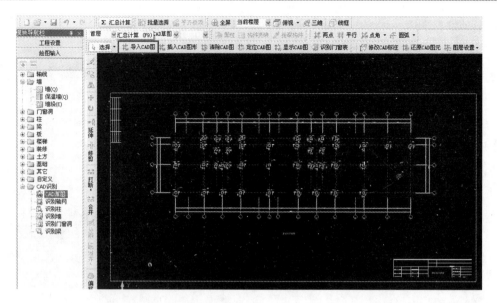

图 4.12-3

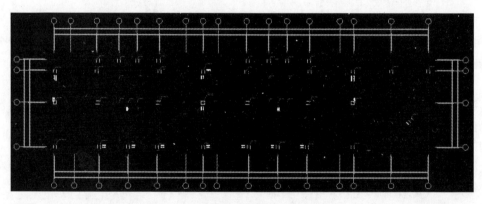

图 4.12-4

第二步：选择完成，单击鼠标右键确认，这些图元在图中消失，提取完成，如图 4.12-5 所示。

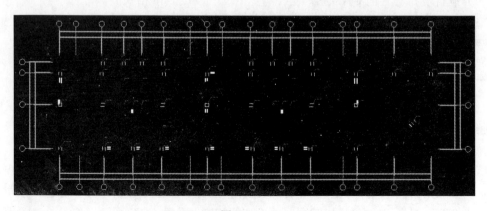

图 4.12-5

注意：

如果没有一次性选择完所有需要选择的图元时不慎点鼠标右键结束了，还可以再次执行此命令，继续提取没有提取完成的图元。

（2）提取轴线标识

第一步：单击菜单栏"CAD 识别"→"提取轴线标识"按钮，在 CAD 图中选择轴线标识，选择的方法可以用单击选择，也可以用拉框选择，也可以按住 Ctrl 键同时单击选择相同图层的 CAD 图元，也可以按住 Alt 键同时单击选择相同颜色的 CAD 图元，如图 4.12-6 所示。

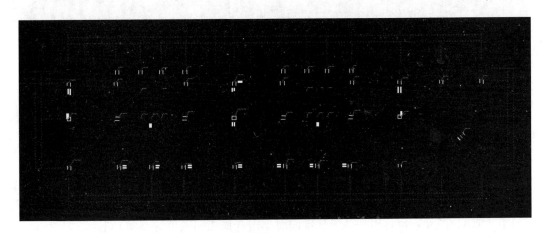

图 4.12-6

第二步：选择完成，单击鼠标右键确认，这些图元在图中消失，提取完成，如图 4.12-7 所示。

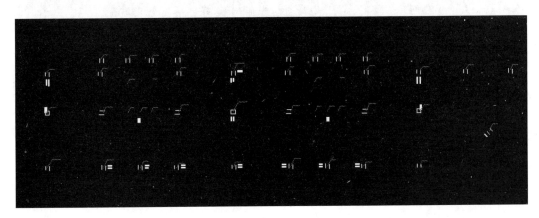

图 4.12-7

（3）自动识别轴网

提取轴线和轴线标识后，单击菜单栏"CAD 识别"→"自动识别轴网"按钮，软件自动完成轴网识别，如图 4.12-8 所示。

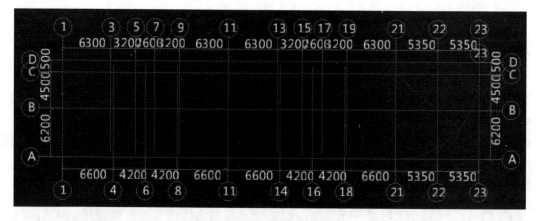

图 4.12-8

4.12.3　识别柱

识别柱由以下内容构成：提取柱边线、提取柱标识、自动识别柱、点选识别柱、框选识别柱、补画 CAD 线。

（1）提取柱边线

第一步：单击菜单栏"CAD 识别"→"提取柱边线"按钮，在 CAD 图中选择柱图元，选择的方法可以用单击选择，也可以用拉框选择，也可以按住 Ctrl 键同时单击选择相同图层的 CAD 图元，也可以按住 Alt 键同时单击选择相同颜色的 CAD 图元，如图 4.12-9 所示。

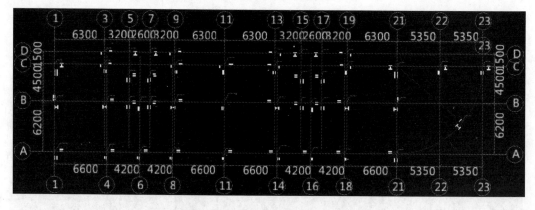

图 4.12-9

第二步：选择完成，单击鼠标右键确认，这些图元在图中消失，提取完成，如图 4.12-10 所示。

（2）提取柱标识

第一步：单击菜单栏"CAD 识别"→"提取柱标识"按钮，在 CAD 图中选择柱标识，选择的方法可以用单击选择，也可以用拉框选择，也可以按住 Ctrl 键同时单击选择相同图层的 CAD 图元，也可以按住 Alt 键同时单击选择相同颜色的 CAD 图元，如图 4.12-11 所示。

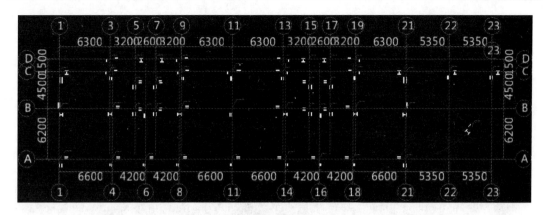

图 4.12-10

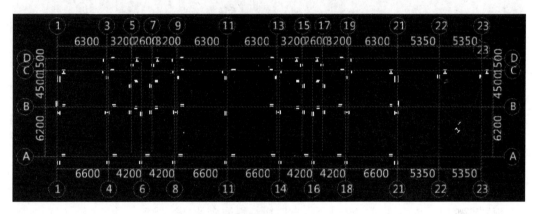

图 4.12-11

第二步：选择完成，单击鼠标右键确认，这些图元在图中消失，提取完成，如图
4.12-12 所示。

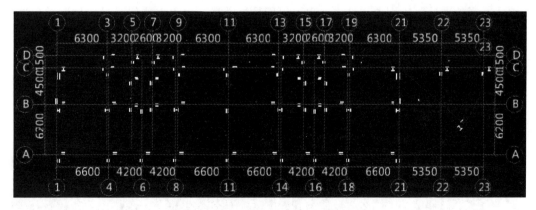

图 4.12-12

（3）自动识别柱

第一步：提取柱和柱标识后，单击菜单栏"CAD 识别"→"自动识别柱"按钮，软
件提示，如图 4.12-13 所示。

205

图 4.12-13

第二步：单击"确定"按钮，完成柱识别，如图 4.12-14 所示。

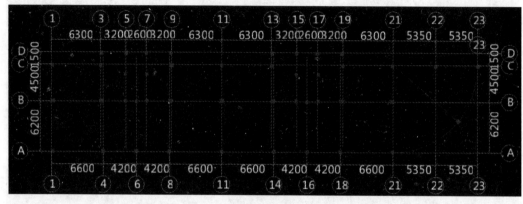

图 4.12-14

4.12.4　识别墙

识别墙由以下内容构成：提取混凝土墙线、提取砌块墙边线、读取墙厚、识别墙、自动分解墙、补画 CAD 线。

（1）提取砌块墙边线

第一步：单击菜单栏"CAD 识别"→"提取砌块墙边线"按钮，在 CAD 图中选择砌块墙，选择的方法可以用单击选择，也可以用拉框选择，也可以按住 Ctrl 键同时单击选择相同图层的 CAD 图元，也可以按住 Alt 键同时单击选择相同颜色的 CAD 图元，如图 4.12-15 所示。

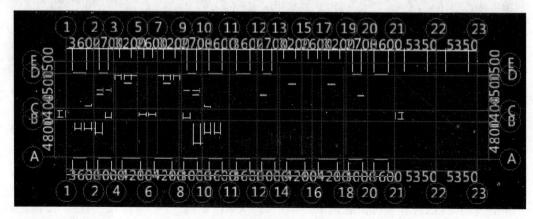

图 4.12-15

第二步：选择完成，单击鼠标右键确认，这些图元在图中消失，提取完成，如图 4.12-16 所示。

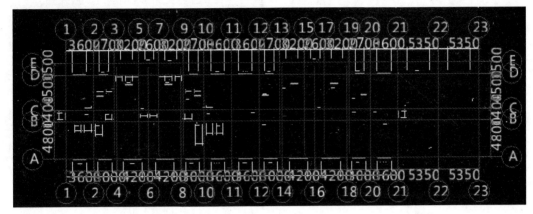

图 4.12-16

（2）读取墙厚

第一步：单击菜单栏"CAD 识别"→"读取墙厚"按钮，绘图区域显示已经提取的墙，先单击第一条墙的边线，然后单击墙的第二条边线，如图 4.12-17 所示。

第二步：右键单击"确定"按钮，弹出"提取墙厚"对话框，如图 4.12-18 所示。

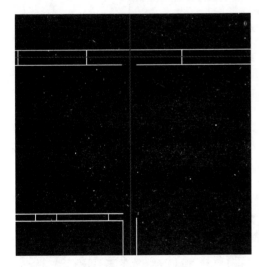

图 4.12-17

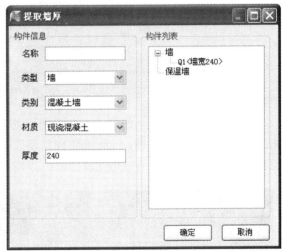

图 4.12-18

第三步：在"名称"中输入要定义的构件名称，并选择合适的"类型"、"类别"、"材质"，检查"厚度"值是否正确，如果不正确，则修改成正确的，然后单击"确定"按钮，则这个墙的厚度读取完成。

第四步：再在图中点击其他厚度的墙的边线，重复上述步骤，直到把所有墙厚全部读取完毕。读取完毕之后，在墙构件中可以看到，墙构件已经建立好了，如图 4.12-19 所示。

（3）识别墙

第一步：提取墙边线和墙厚度后，单击菜单栏"CAD 识别"→"识别墙"按钮，软件提示如图 4.12-20 所示。

图 4.12-19

图 4.12-20

第二步：

1) 自动识别：选择"自动识别"页签；单击"全选"按钮，单击"识别"按钮，软件弹出提示，如图 4.12-21 所示。

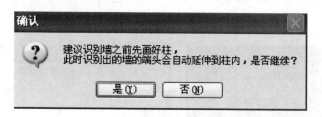

图 4.12-21

这个提示的意思是，如果我们在识别墙之前，先把柱识别完成，软件自动把墙伸入柱内的端头自动延伸到柱内，这样能够保证图元正确的相交扣减，否则，如果没有识别柱而直接识别墙，则墙会在有柱的位置断开。单击"是"按钮完成识别，如图 4.12-22 所示。

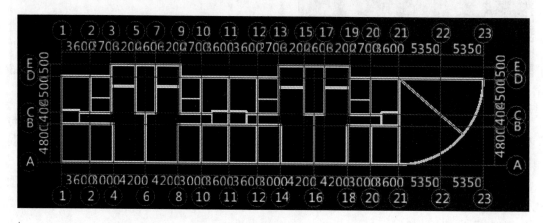

图 4.12-22

2) 点选识别：选择"点选识别"页签，如图 4.12-23 所示。

图 4.12-23

在"选择需要识别的墙构件"中选择需要识别的墙构件，单击"识别"按钮，然后在绘图区域中单击该构件的图元，该图元变成蓝色，如图 4.12-24 所示。

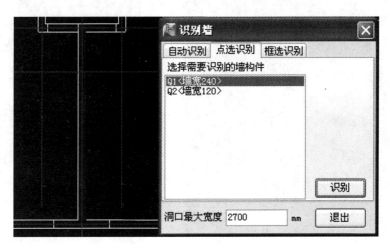

图 4.12-24

连续把该构件全部单击上之后，单击鼠标右键确定，完成识别。

注意：

1）此功能可用于当个别构件需要单独识别，或者自动识别构件没有识别全有遗漏的时候。

2）如果在单击图元的时候，单击的图元的厚度不等于构件属性中的厚度时，软件会给出提示，如图 4.12-25 所示。

这时可以单击"确定"按钮，重新选择别的墙。

3）框选识别：选择"框选识别"页签；如图 4.12-26 所示。

在"选择需要识别的墙构件"中选择需要识别的墙构件，单击"识别"按钮，在图中拉框选择墙图元，如图 4.12-27 所示。

单击鼠标右键确认，则被选中的墙被识别，如图 4.12-28 所示。

图 4.12-25

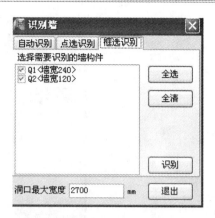

图 4.12-26

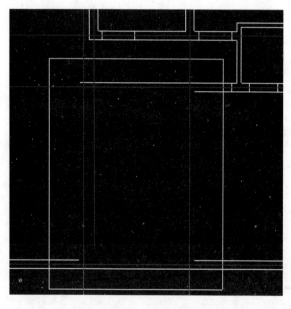

图 4.12-27

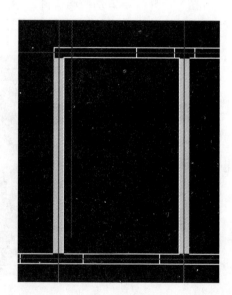

图 4.12-28

用同样的方法把其他图元识别完成。

4.12.5　识别门窗洞

识别门窗洞由以下内容构成：提取门窗标识、自动识别门窗、点选识别门窗、框选识别门窗、精确识别门窗。

（1）提取门窗标识

第一步：单击菜单栏"CAD 识别"→"提取门窗标识"按钮，在 CAD 图中选择门窗洞的标识，选择的方法可以用单击选择，也可以用拉框选择，也可以按住 Ctrl 键同时单击选择相同图层的 CAD 图元，也可以按住 Alt 键同时单击选择相同颜色的 CAD 图元，如图 4.12-29 所示。

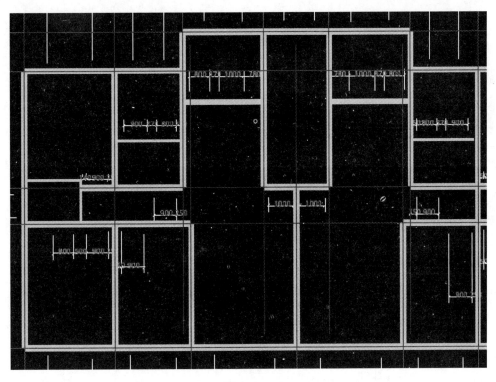

图 4.12-29

第二步：选择完成鼠标右键单击"确定"按钮，这些图元在图中消失，提取完成，如图 4.12-30 所示。

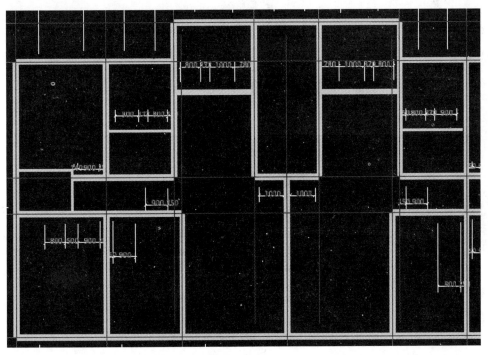

图 4.12-30

（2）自动识别门窗

第一步：在识别了门窗表、提取了门窗标识后，单击菜单栏"CAD 识别"→"自动识别门窗"按钮，软件给出提示，如图 4.12-31 所示。

第二步：单击"确定"按钮，完成识别。

4.12.6　识别梁

识别梁由以下内容构成：识别梁构件、提取梁线、提取梁标识、自动识别梁、点选识别梁。

图 4.12-31

（1）识别梁构件

第一步：单击菜单栏"CAD 识别"→"识别梁构件"按钮，软件弹出"识别梁构件"对话框，如图 4.12-32 所示。

图 4.12-32

第二步：在绘图区域中，CAD 图中梁的集中标注，则梁的信息出现在识别梁构件对话框中，如图 4.12-33 所示。

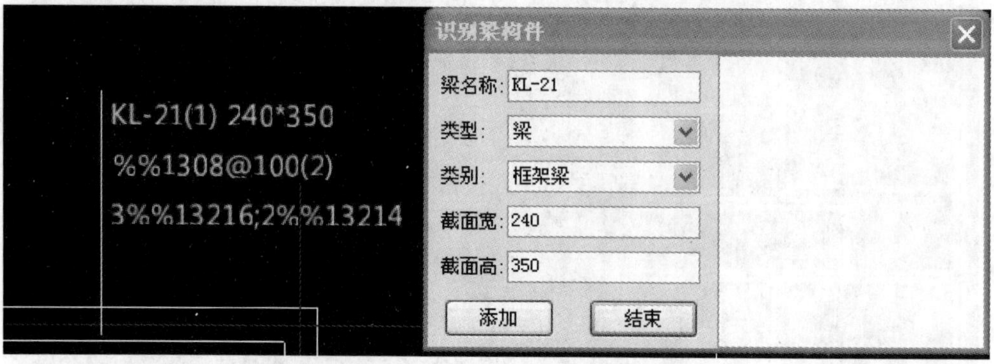

图 4.12-33

第三步：用鼠标右键单击"确定"按钮，则该构件被识别，出现在"识别梁构件"对话框的右面小窗口中，如图 4.12-34 所示。

第四步：重复上述步骤，可以连续识别其他梁构件，最后单击"结束"按钮完成。完成后，切换到梁构件，可以看到构件列表窗口中有刚才识别的梁构件，如图 4.12-35 所示。

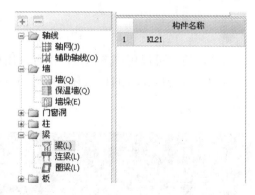

图 4.12-34　　　　　　　　　　　　　　　　图 4.12-35

（2）提取梁边线

第一步：单击菜单栏"CAD 识别"→"提取梁边线"按钮，在 CAD 图中选择梁图元，选择的方法可以用单击选择，也可以用拉框选择，也可以按住 Ctrl 键同时单击选择相同图层的 CAD 图元，也可以按住 Alt 键同时单击选择相同颜色的 CAD 图元，如图 4.12-36 所示。

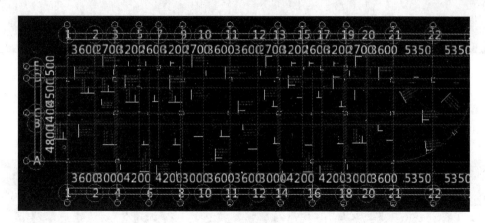

图 4.12-36

第二步：选择完成单击鼠标右键确认，这些图元在图中消失，提取完成。如图 4.12-37 所示。

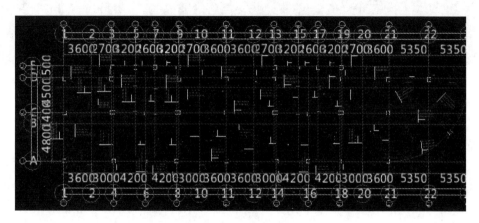

图 4.12-37

（3）提取梁标识

第一步：单击菜单栏"CAD 识别"→"提取梁标识"按钮，在 CAD 图中选择梁标识，选择的方法可以用单击选择，也可以用拉框选择，也可以按住 Ctrl 键同时单击选择相同图层的 CAD 图元，也可以按住 Alt 键同时单击选择相同颜色的 CAD 图元；如图 4.12-38 所示。

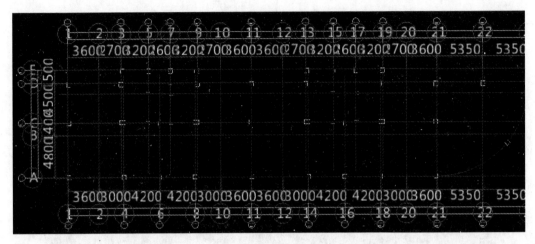

图 4.12-38

第二步：选择完成，单击鼠标右键确认，这些图元在图中消失，提取完成，如图 4.12-39 所示。

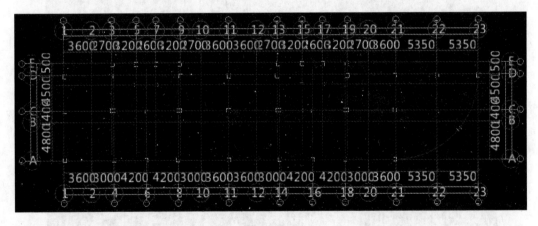

图 4.12-39

（4）自动识别梁

提取梁和梁标识后，单击菜单栏"CAD 识别"→"自动识别梁"按钮，软件提示如图 4.12-40 所示。

这个提示的意思是：识别梁之前，应先识别或者画完柱、墙、其他梁，这样识别出来的梁会自动延伸到现有的柱、墙、梁中，更准确，单击"是"按钮，完成梁识别，如图 4.12-41 所示。

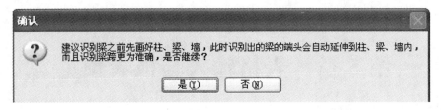

图 4.12-40

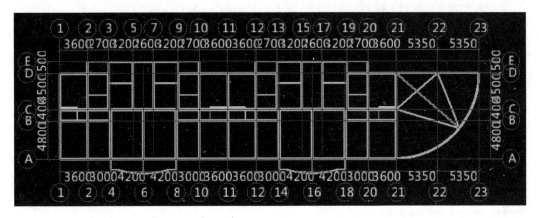

图 4.12-41

第5章 表格输入与报表预览

5.1 表格输入

在表格输入界面，可以不绘图就计算工程量，表格输入主要处理零星构件的工程量计算。

绘图输入中的构件在定义做法的时候需要套用量表，但表格输入中的构件不需要引用量表，可以直接套用做法。同时，表格输入的构件要区分楼层建立。

5.1.1 表格输入界面简介

表格输入界面如图 5.1-1 所示。

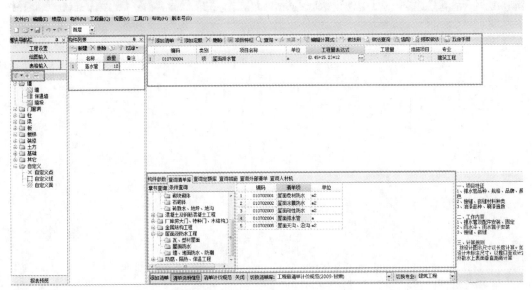

图 5.1-1

（1）构件导航栏说明：

1）全部展开：将导航栏中所有的构件类型全部展开。

2）全部折叠：如果导航栏中构件类型是展开的，单击此按钮就可以全部折叠。

3）过滤构件：按照是否已建构件来过滤，默认为不过滤，如图 5.1-2 所示。

图 5.1-2

（2）构件列表说明：

1）新建：当光标定位在构件树的某类构件名上时，新建的即为当前类的构件。

2）删除：删除所选构件，快捷键为 Del。

3）复制：复制所选构件，复制的构件与所选的构件完全相同，包括属性及做法数据。

4）过滤：过滤出没有套用做法的构件，默认为不过滤。

（3）做法页面说明：

1）添加清单：在当前构件中添加一条清单。

2）添加定额：在当前构件中添加一条定额。

3）删除：删除选中的清单项或定额子目。

4）项目特征：对当前选择的清单项目进行项目特征的描述。

5）标准换算：可对当前定额子目进行标准换算。

6）显示换算信息：单击此按钮可显示做过换算的子目的换算信息。

7）取消换算：单击此按钮取消定额子目的标准换算。

8）查询：可查询清单库、定额库、图集做法、查询人材机等内容。

9）做法刷：把当前构件套用的清单定额做法全部或部分复制到其他构件，如图 5.1-3 所示。

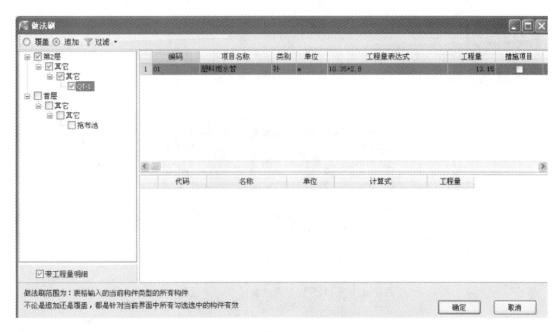

图 5.1-3

10）构件存档：将选中构件的清单定额做法及对应的构件参数行存档为存档文件。

11）提取做法：从存档做法文件中提取存档的构件做法，也可以提取历史工程文件中的构件做法。

12）编辑计算式：可在编辑计算式界面，对当前所选中的行进行计算式的编辑，一般用于处理复杂的计算式，如图 5.1-4 所示可直接编辑计算式或利用软件提供的参数图元公式等。

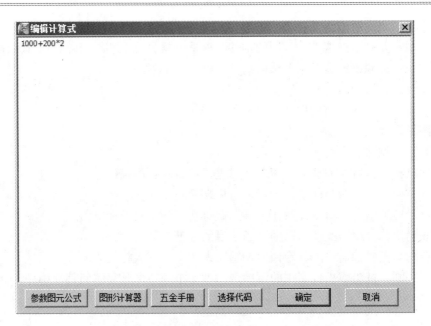

图 5.1-4

13）参数图元公式：软件已经内置了各种图形的面积、体积、周长的计算公式，选择好相应的图元后，输入相关的参数，软件会自动计算相关的工程量，如图 5.1-5 所示。

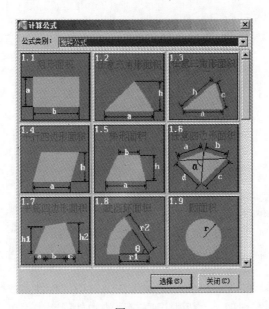

图 5.1-5

14）图形计算器：可使用图形计算器来计算不规则的图形的面积或周长，如图 5.1-6 所示。

15）五金手册：点击五金手册后，打开五金手册，可查询五金手册中的数据；如图 5.1-7 所示。

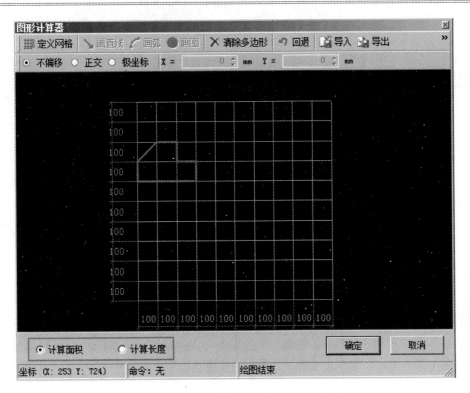

图 5.1-6

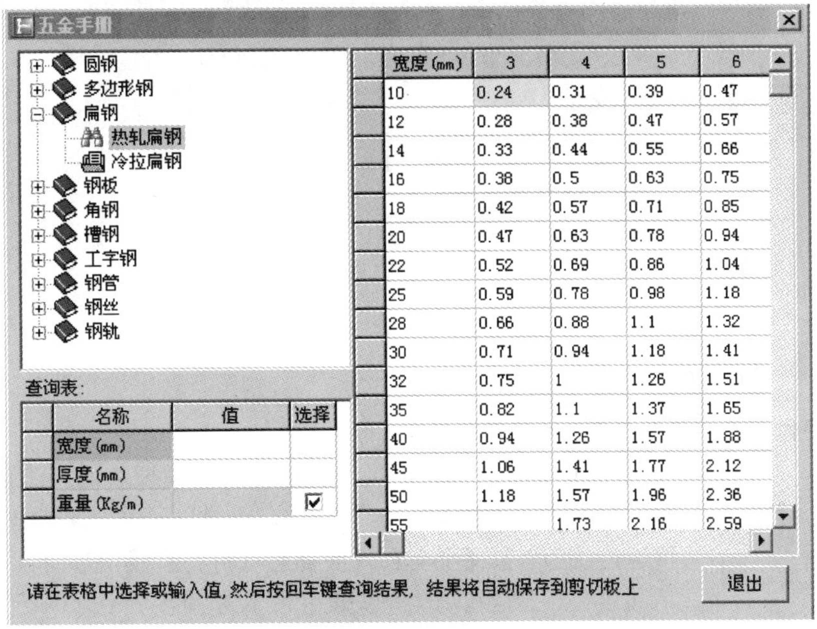

图 5.1-7

16）选择代码：选择构件参数页签参数行定义的工程量代码。

（4）构件参数页面说明：

1）添加行：添加一构件参数行，输入代码、名称、单位及计算式信息，在计算式中可以引用代码，代码为参数行定义的代码或为 Fn（n 表示行号），如图 5.1-8 所示。

	代码	名称	单位	计算式	工程量	备注
1	JMMJ	截面面积	m2	0.5*0.5	0.25	
2	GD	高度	m	3	3	
3	TJ	体积	m3	JMMJ*GD	0.75	
4	TJ2	体积2	m3	F1*F2	0.75	

图 5.1-8

2）删除行：删除选中的构件参数行。

3）引用代码：将选中构件参数行的代码添加到选中清单及定额做法行"工程量表达式"列，双击构件参数行也可引用代码。

5.1.2 表格输入法

如果需要外墙装饰、回填土、地下室防水等工程量。可以在新建构件后，直接选择"清单项目"或"定额项目"，直接输入工程量表达式，或选择需要的代码就可以轻松完成您的操作，计算出所需要的工程量，如图 5.1-9 所示。

图 5.1-9

5.2 报表预览

5.2.1 报表功能介绍

（1）操作菜单，如图 5.2-1 所示。

图 5.2-1

1）设置报表范围：可统一选择设置需要查看报表的楼层和构件，包括"绘图输入"和"表格输入"两部分的工程量，单击右键，可通过【全选】、【全消】、【展开】、【折叠】、【全选同名节点】、【全消同名节点】这些功能，快速方便的选择，单击"确定"按钮，则所有报表（指标汇总分析报表除外）数据根据所选构件范围同步刷新，如图 5.2-2 所示。

设置楼层、构件范围：就是选择您要预览打印哪些层的哪些构件，把要输出的打"√"即可。

2）选择工程量：可在该界面中对所有构件的所有工程量代码进行选择性输出，如

图 5.2-3 所示。

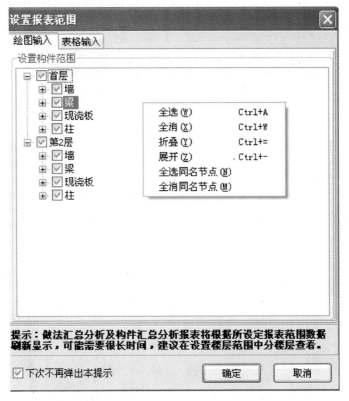

图 5.2-2

图 5.2-3

3）选择打印：单击工具栏"设置连续打印"按钮，打开设置连续打印窗口，选择需要一次性打印的构件类型，单击"确定"按钮，可以连续打印多种构件类型的报表，如图 5.2-4 所示。

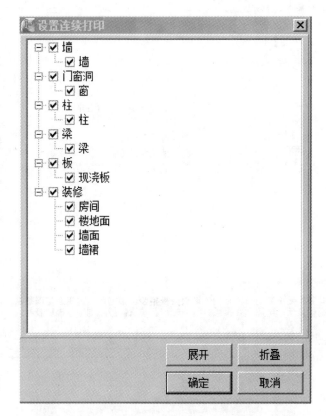

图 5.2-4

此功能仅在预览"绘图输入构件工程量汇总表（按构件）"、"绘图输入构件工程量汇总表（按楼层）"及"绘图输入构件工程量明细表一"报表时可用。

（2）导出。

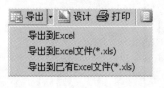

图 5.2-5

为熟悉 Excel 的用户提供了数据接口，可以将报表中的数据及报表格式导出，可利用 Excel 的强大功能，对数据再加工，以满足要求。单击菜单栏"导出"按钮，选择导出方式即可，如图 5.2-5 所示。

1）导出到 Excel：将当前报表导出到 excel 软件中，可以对报表进行二次编辑。

2）导出到 Excel 文件：将当前报表导出为 excel 文件，直接以文件的形式进行保存。

3）导出到已有 Excel 文件：导出到已有的 excel 文件中。

（3）报表操作，如图 5.2-6 所示。

图 5.2-6

1）单页：在报表预览区域只显示一页内容。

2）双页：在报表预览区域显示两页内容。

3）自适应：如果您在报表区域对所显示报表进行了缩放，那么单击此按钮可以按照所显示的报表页面，自动适应显示区域的大小，如图 5.2-7 所示。

4）放大：对屏幕所显示的报表页面进行放大显示。

5）缩小：对屏幕所显示的报表页面进行缩小显示。

6）自适应：如果您在报表区域对所显示报表进行了缩放，单击此按钮可以按照所显示的报表页面，自动适应显示区域的大小。

7）列宽自适应到 X 页：输入页码后，列宽自适应到输入的页数中。

8）打印：打印当前报表。

9）通过切换"清单工程量"和"定额工程量"按钮，对当前报表中的工程量显示进行切换，如图 5.2-8 所示。

图 5.2-7 　　　　　　　　　　　　　　　　图 5.2-8

5.2.2　报表分析

软件提供三类报表：做法汇总分析、构件汇总分析、指标汇总分析，根据标书的不同模式（清单模式、定额模式、清单和定额模式），报表的形式会有所不同，在这里，以标底模式进行介绍，其他模式与之类似。

（1）做法汇总分析。

该类报表显示当前工程中所套用的清单项目及定额子目的工程量，如图 5.2-9 所示。

1）清单汇总表：该报表汇总所选楼层及构件（通过设定报表范围，实现楼层及构件的选择）下的所有清单项及其对应的工程量汇总，如图 5.2-10 所示。

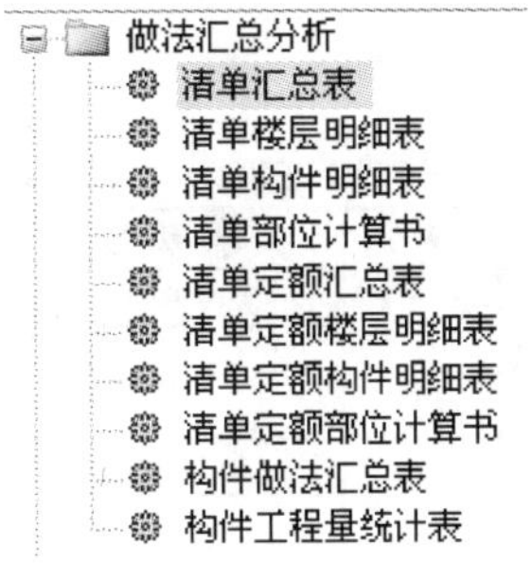

图 5.2-9

清单汇总表

工程名称：工程1　　　　　　　　　　　　　　　　　　　　　　　　编制日期：2009-05-21

序号	编码	项目名称	单位	工程量	工程量明细	
					绘图输入	表格输入
1	010402001001	矩形柱	m3	7.5	7.5	0
2	010403002001	矩形梁	m3	26.865	26.865	0
3	010404001001	直形墙	m3	75.595	73.795	1.8
4	010405003001	平板	m3	59.0043	59.0043	0

图 5.2-10

2）清单楼层明细表：显示每条清单项在所选输入形式/所选楼层的工程量明细，如图 5.2-11 所示。

223

清单楼层明细表

工程名称：工程1　　　　　　　　　　　　　　　　　　　　　　**编制日期:2009-05-21**

序号	编码	项目名称/楼层名称	单位	工程量
1	010402001001	矩形柱	m3	7.5
	绘图输入	第2层	m3	7.5
		小计	■3	**7.5**
2	010403002001	矩形梁	m3	26.865
	绘图输入	第2层	m3	26.865
		小计	■3	**26.865**
3	010404001001	直形墙	m3	75.595
	绘图输入	第2层	m3	73.795
		小计	■3	**73.795**
	表格输入	第2层	m3	1.8
		小计	■3	**1.8**
4	010405003001	平板	m3	59.0043
	绘图输入	第2层	m3	59.0043
		小计	■3	**59.0043**

图 5.2-11

3）清单构件明细表：显示每条清单项在所选输入形式/所选楼层及所选构件的工程量明细，如图 5.2-12 所示。

清单楼层明细表

工程名称：工程1　　　　　　　　　　　　　　　　　　　　　　**编制日期:2009-05-21**

序号	编码	项目名称/楼层名称	单位	工程量
1	010402001001	矩形柱	m3	7.5
	绘图输入	第2层	m3	7.5
		小计	■3	**7.5**
2	010403002001	矩形梁	m3	26.865
	绘图输入	第2层	m3	26.865
		小计	■3	**26.865**
3	010404001001	直形墙	m3	75.595
	绘图输入	第2层	m3	73.795
		小计	■3	**73.795**
	表格输入	第2层	m3	1.8
		小计	■3	**1.8**
4	010405003001	平板	m3	59.0043
	绘图输入	第2层	m3	59.0043
		小计	■3	**59.0043**

图 5.2-12

4）清单部位计算书：显示每条清单项在所选输入形式/所选楼层及所选构件的每个构件图元的工程量表达式，如图 5.2-13 所示。

5）清单定额汇总表：该报表汇总所选楼层及构件（通过设定报表范围，实现楼层及构件的选择）下的所有清单项及定额子目所对应的工程量汇总，如图 5.2-14 所示。

清单部位计算书

工程名称：工程1　　　　　　　　　　　　　　　　　　　　　　　　**编制日期：2009-05-21**

序号	编码/楼层	项目名称/构件名称/位置/工程量明细			单位	工程量
1	010402001001	矩形柱			m3	7.5
绘图输入	第2层	KZ-2	<7, B>	(0.25<截面面积>*3<原始高度>)	m3	0.75
			<7, A>	(0.25<截面面积>*3<原始高度>)	m3	0.75
			<8, B>	(0.25<截面面积>*3<原始高度>)	m3	0.75
			<8, A>	(0.25<截面面积>*3<原始高度>)	m3	0.75
			<9, B>	(0.25<截面面积>*3<原始高度>)	m3	0.75
			<9, A>	(0.25<截面面积>*3<原始高度>)	m3	0.75
			<10, B>	(0.25<截面面积>*3<原始高度>)	m3	0.75
			<10, A>	(0.25<截面面积>*3<原始高度>)	m3	0.75
			<11, B>	(0.25<截面面积>*3<原始高度>)	m3	0.75
			<11, A>	(0.25<截面面积>*3<原始高度>)	m3	0.75
		小计			■3	7.5
		合计			m3	7.5

图 5.2-13

清单定额汇总表

工程名称：工程1　　　　　　　　　　　　　　　　　　　　　　　　**编制日期：2009-05-21**

序号	编码	项目名称	单位	工程量	工程量明细	
					绘图输入	表格输入
1	010402001001	矩形柱	m3	7.5	7.5	0
	A4-14	现浇钢筋砼 柱 矩形柱	10m3	0.75	0.75	0
2	010403002001	矩形梁	m3	26.865	26.865	0
3	010404001001	直形墙	m3	75.595	73.795	1.8
	A4-28	现浇钢筋砼 墙 直形墙	10m3	7.5595	7.3795	0.18
4	010405003001	平板	m3	59.0043	59.0043	0
	A4-33	现浇钢筋砼 板 平板	10m3	5.9004	5.9004	0

图 5.2-14

6）清单定额楼层明细表：显示清单项下每条定额子目在所选输入形式/所选楼层的工程量明细，如图 5.2-15 所示。

7）清单定额构件明细表：显示清单项下每条定额子目在所选输入形式/所选楼层及所选构件的工程量明细，如图 5.2-16 所示。

8）清单定额部位计算书：显示清单项下每条定额子目在所选输入形式/所选楼层及所选构件的每个构件图元的工程量表达式，如图 5.2-17 所示。

清单定额楼层明细表

工程名称：工程1　　　　　　　　　　　　　　　　　　　　编制日期：2009-05-21

序号	编码		项目名称/楼层名称	单位	工程量
1	010402001001		矩形柱	m3	7.5
1.1	A4-14		现浇钢筋砼 柱 矩形柱	10m3	0.75
	绘图输入		第2层	10m3	0.75
			小计	10m3	0.75
2	010403002001		矩形梁	m3	26.865
3	010404001001		直形墙	m3	75.595
3.1	A4-28		现浇钢筋砼 墙 直形墙	10m3	7.5595
	表格输入		第2层	10m3	0.18
			小计	10m3	0.18
	绘图输入		第2层	10m3	7.3795
			小计	10m3	7.3795
4	010405003001		平板	m3	59.0043
4.1	A4-33		现浇钢筋砼 板 平板	10m3	5.9004
	绘图输入		第2层	10m3	5.9004
			小计	10m3	5.9004

图 5.2-15

清单定额构件明细表

工程名称：工程1　　　　　　　　　　　　　　　　　　　　编制日期：2009-05-21

序号	编码/楼层		项目名称/构件名称	单位	工程量
1	010402001001		矩形柱	m3	7.5
1.1	A4-14		现浇钢筋砼 柱 矩形柱	10m3	0.75
	绘图输入	第2层	KZ-2	10m3	0.75
			小计	10m3	0.75
			合计	10m3	0.75
2	010403002001		矩形梁	m3	26.865
3	010404001001		直形墙	m3	75.595
3.1	A4-28		现浇钢筋砼 墙 直形墙	10m3	7.5595
	表格输入	第2层	Q-1	10m3	0.18
			小计	10m3	0.18
			合计	10m3	0.18
	绘图输入	第2层	Q-1	10m3	4.36
			Q-2	10m3	3.0195
			小计	10m3	7.3795
			合计	10m3	7.3795
4	010405003001		平板	m3	59.0043
4.1	A4-33		现浇钢筋砼 板 平板	10m3	5.9004
	绘图输入	第2层	XB-1	10m3	5.9004
			小计	10m3	5.9004
			合计	10m3	5.9004

图 5.2-16

9）构件做法汇总表：查看所选楼层及所选构件的清单定额做法及对应的工程量和表达式说明，如图 5.2-18 所示。

清单定额部位计算书

工程名称：工程1　　　　　　　　　　　　　　　　　　　　**编制日期：2009-05-21**

序号	编码/楼层		项目名称/构件名称/位置/工程量明细				单位	工程量
1	010402001001		矩形柱				m3	7.5
	A4-14		现浇钢筋砼 柱 矩形柱				10m3	0.75
1.1	绘图输入	第2层	KZ-2	〈7,B〉	(0.25〈截面面积〉*3〈原始高度〉)		10m3	0.075
				〈7,A〉	(0.25〈截面面积〉*3〈原始高度〉)		10m3	0.075
				〈8,B〉	(0.25〈截面面积〉*3〈原始高度〉)		10m3	0.075
				〈8,A〉	(0.25〈截面面积〉*3〈原始高度〉)		10m3	0.075
				〈9,B〉	(0.25〈截面面积〉*3〈原始高度〉)		10m3	0.075
				〈9,A〉	(0.25〈截面面积〉*3〈原始高度〉)		10m3	0.075
				〈10,B〉	(0.25〈截面面积〉*3〈原始高度〉)		10m3	0.075
				〈10,A〉	(0.25〈截面面积〉*3〈原始高度〉)		10m3	0.075
				〈11,B〉	(0.25〈截面面积〉*3〈原始高度〉)		10m3	0.075
				〈11,A〉	(0.25〈截面面积〉*3〈原始高度〉)		10m3	0.075
			小计				**10m3**	**0.75**
			合计				10m3	0.75

图 5.2-17

构件做法汇总表

工程名称：工程1　　　　　　　　　　　　　　　　　　　　**编制日期：2009-05-21**

编码	项目名称	单位	工程量	表达式说明
绘图输入->第2层				
一、墙				
Q-1				
010404001001	直形墙	m3	43.6	〈体积〉
A4-28	现浇钢筋砼 墙 直形墙	10m3	4.36	〈体积〉
1.1	混凝土、钢筋混凝土模板及支架	项	1	1
A12-38	现浇混凝土模板 墙 直形墙	100m2	4.35	〈模板面积〉
A12-43	现浇混凝土模板 墙 墙支撑高度超过3.6m每超过1m	100m2	0	〈超高模板面积〉
Q-2				
010404001001	直形墙	m3	30.195	〈体积〉
A4-28	现浇钢筋砼 墙 直形墙	10m3	3.0195	〈体积〉
1.1	混凝土、钢筋混凝土模板及支架	项	1	1
A12-38	现浇混凝土模板 墙 直形墙	100m2	3.0075	〈模板面积〉
A12-43	现浇混凝土模板 墙 墙支撑高度超过3.6m每超过1m	100m2	0	〈超高模板面积〉

图 5.2-18

　　10）构件工程量统计表：显示所选楼层及所选构件的工程量表计算项的工程量汇总，如图 5.2-19 所示。

　　（2）构件汇总分析，如图 5.2-20 所示。

构件工程量统计表

工程名称：工程1　　　　　　　　　　　　　　　　　　　**编制日期：2009-05-21**

序号	工程量名称	单位	工程量
1	墙		
1.1	砼墙		
1.1.1	砼墙体积	m3	73.795
1.1.1.1	砼墙体积	m3	73.795
1.1.2	混凝土、钢筋混凝土模板及支架	项	1
1.1.2.1	砼墙混凝土模板	m2	735.75
1.1.2.2	砼墙混凝土超高模板	m2	0
2	梁		
2.1	梁		
2.1.1	梁体积	m3	26.865
2.1.1.1	梁体积	m3	26.865
2.1.2	混凝土、钢筋混凝土模板及支架	项	1
2.1.2.1	梁混凝土模板	m2	236.338
2.1.2.2	梁混凝土超高模板	m2	0
3	现浇板		
3.1	现浇板		
3.1.1	现浇板体积	m3	59.0043
3.1.1.1	现浇板体积	m3	59.0043
3.1.2	混凝土、钢筋混凝土模板及支架	项	1
3.1.2.1	现浇板混凝土模板	m2	491.7025
3.1.2.2	现浇板混凝土超高模板	m2	0

图 5.2-19

构件汇总分析：

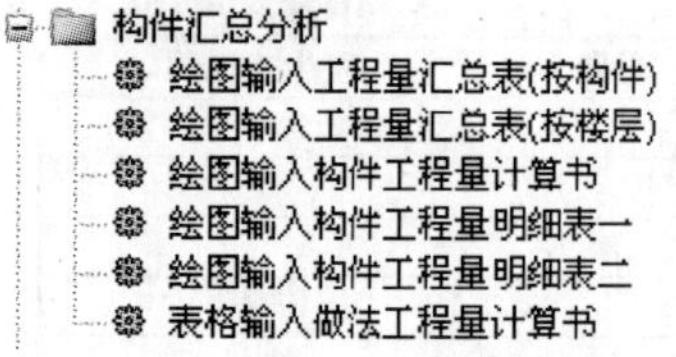

- 构件汇总分析
  - 绘图输入工程量汇总表(按构件)
  - 绘图输入工程量汇总表(按楼层)
  - 绘图输入构件工程量计算书
  - 绘图输入构件工程量明细表一
  - 绘图输入构件工程量明细表二
  - 表格输入做法工程量计算书

图 5.2-20

1）绘图输入工程量汇总表（按构件）：查看整个工程绘图输入下所选楼层所选构件的工程量，可以在"报表构件类型选择"导航条快速选择预览指定构件类型的工程量汇总，如图 5.2-21 所示。

2）绘图输入工程量汇总表（按楼层）：查看整个工程绘图输入下所选楼层所选构件的工程量，如图 5.2-22 所示。

绘图输入工程量汇总表-梁

工程名称：工程1　　　　　　　　　清单工程量　　　　　　　　**编制日期：2009-05-21**

楼层	构件名称	工程量名称				
		体积(m3)	模板面积(m2)	截面周长(m)	梁净长(m)	轴线长度(m)
第2层	KL-1	26.865	236.338	1.4	268.65	288
	小计	**26.865**	**236.338**	**1.4**	**268.65**	**288**
合计		26.865	236.338	1.4	268.65	288

图 5.2-21

3）绘图输入构件工程量计算书：查看整个工程绘图输入下所选楼层所选构件的工程量计算式，如图 5.2-23 所示。

绘图输入工程量汇总表–第2层

工程名称：工程1　　　　　　　　**清单工程量**　　　　　　　　**编制日期：2009-05-21**

序号	构件名称	工程量
一、墙		
1	Q-1	体积=43.6m3 模板面积=435m2
2	Q-2	体积=30.195m3 模板面积=300.75m2
二、梁		
1	KL-1	体积=26.865m3 模板面积=236.338m2 截面周长=1.4m 梁净长=268.65m 轴线长度=288m
三、现浇板		
1	XB-1	体积=59.0043m3 模板面积=491.7025m2 侧面模板面积=0m2 数量=25块
四、柱		
1	KZ-2	周长=2m 体积=7.5m3 模板面积=45.684m2 数量=10根
2	KZ-4	周长=6.4m 体积=1.8m3 模板面积=17.664m2 数量=1根

图 5.2-22

绘图输入构件工程量计算书

工程名称：工程1　　　　　　　　**清单工程量**　　　　　　　　**编制日期：2009-05-21**

第2层			
一、墙			
序号	构件名称	构件位置	工程量计算式
1	Q-1		体积 = 43.6m3
		〈1,G〉〈11,G〉	体积 = (30〈长度〉*3〈墙高〉)*0.2〈墙厚〉-0.6〈扣柱体积〉-2.9〈扣梁体积〉 = 14.5m3
		〈11,G〉〈11,A〉	体积 = (18〈长度〉*3〈墙高〉)*0.2〈墙厚〉-0.45〈扣柱体积〉-1.725〈扣梁体积〉 = 8.625m3
		〈11,A〉〈1,A〉	体积 = (30〈长度〉*3〈墙高〉)*0.2〈墙厚〉-2.67〈扣柱体积〉-2.555〈扣梁体积〉 = 12.775m3
		〈1,A〉〈1,G〉	体积 = (18〈长度〉*3〈墙高〉)*0.2〈墙厚〉-1.56〈扣柱体积〉-1.54〈扣梁体积〉 = 7.7m3
			模板面积 = 435m2
		〈1,G〉〈11,G〉	模板面积 = (30.2〈左边线长度〉+29.8〈右边线长度〉)*3〈墙高〉-6〈扣砼柱模板面积〉-29〈扣梁模板面积〉-1〈扣砼墙模板面积〉 = 144m2
		〈11,G〉〈11,A〉	模板面积 = (18.2〈左边线长度〉+17.8〈右边线长度〉)*3〈墙高〉-4.5〈扣砼柱模板面积〉-17.25〈扣梁模板面积〉 = 86.25m2
		〈11,A〉〈1,A〉	模板面积 = (30.2〈左边线长度〉+29.8〈右边线长度〉)*3〈墙高〉-26.7〈扣砼柱模板面积〉-25.55〈扣梁模板面积〉 = 127.75m2
		〈1,A〉〈1,G〉	模板面积 = (18.2〈左边线长度〉+17.8〈右边线长度〉)*3〈墙高〉-15.6〈扣砼柱模板面积〉-15.4〈扣梁模板面积〉 = 77m2
2	Q-2		体积 = 30.195m3
		〈1,B〉〈11,B〉	体积 = (29.8〈长度〉*3〈墙高〉)*0.2〈墙厚〉-2.55〈扣柱体积〉-2.555〈扣梁体积〉 = 12.775m3
		〈3,A〉〈3,G〉	体积 = (17.8〈长度〉*3〈墙高〉)*0.2〈墙厚〉-0.3〈扣柱体积〉-1.67〈扣梁体积〉 = 8.71m3
		〈5,A〉〈5,G〉	体积 = (17.8〈长度〉*3〈墙高〉)*0.2〈墙厚〉-0.3〈扣柱体积〉-1.67〈扣梁体积〉 = 8.71m3

图 5.2-23

4）绘图输入构件工程量明细表一：查看整个工程绘图输入下所选楼层所选构件的工程量明细，如图 5.2-24 所示。

绘图输入构件工程量明细表-梁

工程名称：工程1　　　　　　　　　　清单工程量　　　　　　　　　　编制日期：2009-05-21

序号	构件名称	楼层	工程量名称				
			体积(m3)	模板面积(m2)	截面周长(m)	梁净长(m)	轴线长度(m)
1	KL-1	第2层	26.865	236.338	1.4	268.65	288
		小计	26.865	236.338	1.4	268.65	288

图 5.2-24

5）绘图输入构件工程量明细表二：查看整个工程绘图输入下所选楼层所选构件的工程量明细，如图 5.2-25 所示。

绘图输入构件工程量明细表

工程名称：工程1　　　　　　　　　　清单工程量　　　　　　　　　　编制日期：2009-05-21

一、墙

序号	构件名称	工程量名称	单位	小计	第2层
1	Q-1	体积	m3	43.6	43.6
		模板面积	m2	435	435
2	Q-2	体积	m3	30.195	30.195
		模板面积	m2	300.75	300.75

二、梁

序号	构件名称	工程量名称	单位	小计	第2层
1	KL-1	体积	m3	26.865	26.865
		模板面积	m2	236.338	236.338
		截面周长	m	1.4	1.4
		梁净长	m	268.65	268.65
		轴线长度	m	288	288

三、现浇板

序号	构件名称	工程量名称	单位	小计	第2层
1	XB-1	体积	m3	59.0043	59.0043
		模板面积	m2	491.7025	491.7025
		侧面模板面积	m2	0	0
		数量	块	25	25

图 5.2-25

6）表格输入做法工程量计算书：汇总表格输入当前楼层的构件做法工程量及其计算书；用户需要查看表格输入中所有的量时点击这张报表查看，如图 5.2-26 所示。

（3）指标汇总分析，如图 5.2-27 所示。

1）单方混凝土指标表：汇总整个工程各构件类型所对应的单方混凝土指标，当用户需要单方混凝土的指标时，软件对所有的混凝土进行分析，直接点击查看即可，如图 5.2-28 所示。

表格输入做法工程量计算书

工程名称：工程1　　　　　　　　　　　　　　　　　　　　　　　　　　　　**编制日期：2009-05-18**

首层						
一、柱						
序号	编码/代码	项目名称/代码名称（部位）	计算式	单位	单量	总量
名称：KZ-1		数量：1				
1	A4-14	现浇钢筋砼 柱 矩形柱	TJ〈体积〉	10m3	0.072	0.072
	JMMJ	界面面积	0.16	m2	0.16	0.16
	GD	高度	4.5	m	4.5	4.5
	TJ	体积	JMMJ*GD	m3	0.72	0.72

图 5.2-26

指标汇总分析：

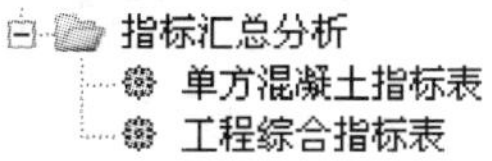

```
白 指标汇总分析
   ⊛ 单方混凝土指标表
   ⊛ 工程综合指标表
```

图 5.2-27

单方混凝土指标表(m3/100m2)

工程名称：工程1　　　　　　　　　　　清单工程量　　　　　　　　　　　　**编制日期：2009-05-21**

序号	指标项	楼层	工程量(m3)	建筑面积(m2)	合计(m3/100m2)	合计其中(m3/100m2)	
						C20	C35
1	柱	首层	46.41	0	-	-	-
		第2层	15.06	0	-	-	-
		小计	61.47	0	-	-	-
2	墙	首层	122.55	0	-	-	-
		第2层	73.795	0	-	-	-
		小计	196.345	0	-	-	-
3	梁	首层	24.51	0	-	-	-
		第2层	26.865	0	-	-	-
		小计	51.375	0	-	-	-
4	板	首层	58.4544	0	-	-	-
		第2层	59.0043	0	-	-	-
		小计	117.4587	0	-	-	-

图 5.2-28

2）工程综合指标表：汇总整个工程指标项所对应的工程量指标，当用户需要所有的工程量指标时，查看这张报表即可，如图 5.2-29 所示。

5.2.3　报表反查

如果在用报表进行对量时，发现某一工程量对不上，那么可以执行报表反查功能查出此工程量来源，这样可以方便对量、查量及修改。

第一步：在绘图界面先将工程进行汇总计算。

工程综合指标表

工程名称：工程1		清单工程量		编制日期：2009-05-21
序号	指标项	单位	工程量	百平米指标
总建筑面积(m2)：0				
一、土方指标				
1.1	挖土方	m3	0	—
1.2	灰土回填	m3	0	—
1.3	素土回填	m3	0	—
1.4	回填土	m3	0	—
1.5	运余土	m3	0	—
二、砼指标				
2.1	砼基础	m3	0	—
2.2	砼墙	m3	196.345	—
2.3	砼柱	m3	61.47	—
2.4	砼梁	m3	51.375	—
2.5	砼板	m3	117.4587	—
三、模板指标				
3.1	砼基础	m2	0	—
3.2	砼墙	m2	1961.25	—
3.3	砼柱	m2	388.764	—
3.4	砼梁	m2	432.418	—
3.5	砼板	m2	978.8225	—
四、砖石指标				
4.1	砖墙	m3	0	—
4.2	石墙	m3	0	—
4.3	砌块墙	m3	0	—
4.4	非砼基础	m3	0	—
4.5	砖柱	m3	0	—

图 5.2-29

第二步：单击"报表预览"界面，选择需要的报表查看工程量。

第三步：当发现某张报表的某个量有问题时，可以单击屏幕上方的"报表反查"按钮，如图 5.2-30 所示。

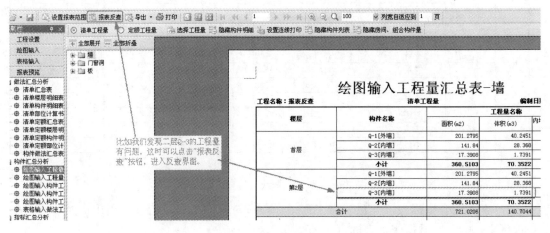

图 5.2-30

第四步：进入到报表反查界面后，可以根据搜索条件搜索出想要查找的构件或用鼠标左键选择需要查看的构件名称或工程量，然后单击"反查"按钮，如图 5.2-31 所示。

第五步：单击"反查"按钮后，软件会自动切换到工程量所在楼层，并自动选中要检查的构件，同时显示被选中构件的工程量表达式，如图 5.2-32 所示。

图 5.2-31

图 5.2-32

注意：

1）在进入到"报表反查"界面中，软件将清单汇总表、清单定额汇总表、定额汇总表进行了改造，报表更细化了，工程量的来源具体到楼层、构件及构件所在位置。以"清单定额汇总表"为例，如图 5.2-33 所示。

2）适用报表反查功能的报表：除"单方混凝土指标表、工程综合指标表"外的其余报表。

图 5.2-33

3）报表反查功能只能查看一层的量，不能查看多层的量。比如，我们觉得清单汇总表中首层和二层的 Q-2〔内墙〕都有问题，在反查报表时需要对每一层进行反查，不能对首层和二层统一反查。

第二篇　钢筋抽样软件

第6章 钢筋抽样软件基础知识

6.1 现行钢筋计算相关规范和图集

(1)《混凝土结构设计规范》GB 50010-2010（中国建筑科学研究院主编）

该"规范"于 2011 年 7 月 1 日起施行，后经历过修订，目前使用的是 2010 年 8 月由住房和城乡建设部批准发布，并于 2011 年 7 月 1 日起实施的《混凝土结构设计规范》GB50010-2010，原《混凝土结构设计规范》GB 50010-2002 同时废止。本规范主要内容有：混凝土结构基本设计规定、材料、结构分析、承载力极限状态计算及正常使用极限状态验算、构造及构件、结构构件抗震设计及有关附录等。

(2)《混凝土结构工程施工质量验收规范》GB 50204-2002（中国建筑科学研究院组织编制）

该"规范"于 2002 年 4 月 1 日起施行，后经历屡次局部修订，目前使用的是修订后的自 2011 年 8 月 1 日起执行的 2011 年版。本规范的主要内容有：混凝土结构工程及分项工程施工质量验收标准、内容和程序；施工现场质量管理和质量控制要求；涉及结构安全的见证及抽样检测等。

(3)《建筑物抗震构造详图》G329 系列图集（中国建筑标准设计研究院组织编制）

G329-X 系列图集的发展 94G329-1、97G329-1～9、03G329-3～6、04G329-2～8、11G329-1～3。该图集的主要内容包括框架结构、剪力墙结构、框架-剪力墙结构、板柱-剪力墙结构、部分框支剪力墙结构、筒体结构的抗震构造详图，部分错层、转换层等的结构构造做法。

(4)《混凝土结构施工图平面整体表示方法制图规则及构造详图》G101 系列图集（中国建筑标准设计研究院组织编制）（简称"平法"）

平法 G101-X 系列图集的发展：96G101、00G101、03G101-1、03G101-2、04G101-3、04G101-4、06G101-6、08G101-5、11G101-1、11G101-2、11G101-3。该图集主要内容包括独立基础、条形基础、筏形基础、桩基承台，现浇混凝土框架、剪力墙、梁、板的平面整体表示方法制图规则及构造详图。

6.2 "平法"发展历程

6.2.1 "平法"图集的发展和主要内容

1996 年，由陈青来、刘其祥等主编的《混凝土结构施工图平面整体表示方法制图规则和构造详图》（以下简称"平法"）96G101 在全国正式推广，平法的表达形式是把结构构件的尺寸和配筋等，按照平面整体表示法制图规则，整体直接表达在各类构件的结构平面布置图上，再与标准构造详图相配合，即构成一套新型完整的结构施工图。它改变了传统的那种将构件从结构平面布置图中索引出来，再逐个绘制配筋详图的繁琐方法，大大提高了设计和施工的规范性、准确性。该图集适用于非抗震和抗震设防烈度为 6、7、8、9 度地区一至四级抗震等级的现浇混凝土框架、剪力墙、框剪和框支剪力墙主体结构施工图的绘制，包括常用的柱、墙、梁三种构件。

2000 年 7 月 17 日，经对 96G101 进行修订的 00G101 正式执行，它适用于非抗震和抗震设防烈度为 6、7、8、9 度地区一至四级抗震等级的现浇混凝土框架、剪力墙、框剪和框支剪力墙主体结构施工图的设计，包括常用的柱、墙、梁三种构件。

2003 年 2 月 25 日，03G101-1 图集正式施行，该图集包括常用的现浇混凝土柱、墙、梁三种构件的平法制图规则和标准构造详图两大部分的内容，该图集适用于非抗震和抗震设防烈度为 6、7、8、9 度地区一至四级抗震等级的现浇混凝土框架、剪力墙、框剪－剪力墙和框支剪力墙主体结构施工图的设计。

2003 年 9 月 1 日，03G101-2 图集正式施行，该图集包括现浇混凝土楼梯制图规则和标准构造详图两大部分内容；适用于现浇混凝土结构与砌体结构，所包含的具体内容为九种常用的现浇混凝土板式楼梯，均按照非抗震构件设计。

2004 年 3 月 1 日，04G101-3 图集正式施行，该图集包括现浇混凝土筏形基础构件的制图规则和标准构造详图两大部分；适用于现浇混凝土梁板式、平板式筏形基础结构施工图的设计。筏形基础以上的主体结构可为非抗震和抗震设防烈度为 6～9 度地区，抗震等级为特一级和一、二、三、四级的现浇混凝土框架、剪力墙、框架－剪力墙和框支剪力墙结构，钢结构，砌体结构及混合结构；筏形基础以下可为天然地基和人工地基。

2004 年 12 月 1 日，04G101-4 图集正式实行，该图集包括现浇混凝土楼面与屋面板的制图规则和标准构造详图两大部分；适用于现浇混凝土楼面与屋面板的设计与施工。支承楼面与屋面板的主体结构可为非抗震和抗震设防烈度为 6～9 度地区，抗震等级为特一级和一、二、三、四级的现浇混凝土框架、剪力墙、框架－剪力墙和框支剪力墙结构，钢结构，砌体结构，但对于楼面与屋面板本身的各种构造则未考虑抗震措施。

2006 年 9 月 1 日，06G101-6 图集正式实行，该图集包括现浇混凝土独立基础、条形基础、桩基承台以及与该三类基础关联的基础连梁、地下框架梁的制图规则和标准构造详图两大部分。

2008 年 9 月 1 日，08G101-5 图集正式实行，该图集包括现浇混凝土箱形基础和地下室结构的制图规则和标准构造详图两大部分。

2011 年 9 月 1 日，11G101-1、11G101-2、11G101-3 图集正式实行，该系列图集包括现浇混凝土柱、墙、梁、板，现浇混凝土楼梯，现浇混凝土独立基础、条形基础、桩基承台，以及与该三类基础关联的基础连梁、地下框架梁的制图规则和标准构造详图。

6.2.2　"平法"的原理

"平法"视全部设计过程与施工过程为一个完整的主系统，主系统由多个子系统构成：基础结构、柱墙结构、梁结构、板结构，各子系统有明确的层次性、关联性和相对完整性，如图 6.2-1 所示。

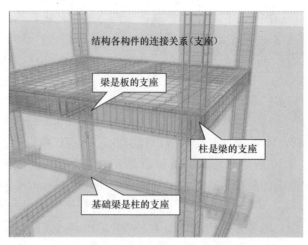

图 6.2-1

6.3　钢筋 GGJ2009 软件简介

6.3.1　钢筋 GGJ2009 软件操作流程

（1）钢筋 GGJ2009 软件的操作流程，如图 6.3-1 所示。

（2）钢筋 GGJ2009 软件工程量计算原理，如图 6.3-2 所示。

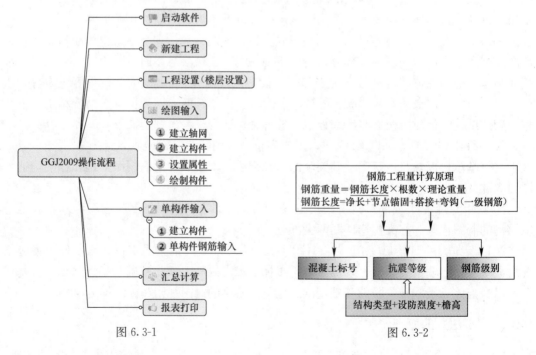

图 6.3-1

图 6.3-2

6.3.2　手工与软件计算对比

通过如图 6.3-3 所示手工计算思路与软件计算思路的对比，钢筋 GGJ2009 软件计算的思路完全接近手工计算，使用户能够快速学习、掌握钢筋软件。

图 6.3-3

6.3.3　软件的启动

钢筋抽样软件的启动方法有两种

方法 1：通过双击快捷图标启动软件，如图 6.3-4 所示。

方法 2：通过开始菜单启动软件，如图 6.3-5 所示。

图 6.3-4

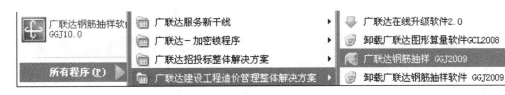

图 6.3-5

6.3.4　软件的退出

钢筋抽样软件的退出方法有两种

方法 1：单击软件界面右上角的 "⊠" 按钮；

方法 2：通过 "文件" 菜单下的 "退出" 功能退出软件，如图 6.3-6 所示。

图 6.3-6

第7章 界面介绍

7.1 主界面预览

GGJ2009 钢筋抽样软件的界面主要有工程设置页面、绘图输入页面、单构件输入页面和报表预览页面四种。

7.1.1 工程设置页面

工程设置页面如图 7.1-1 所示。

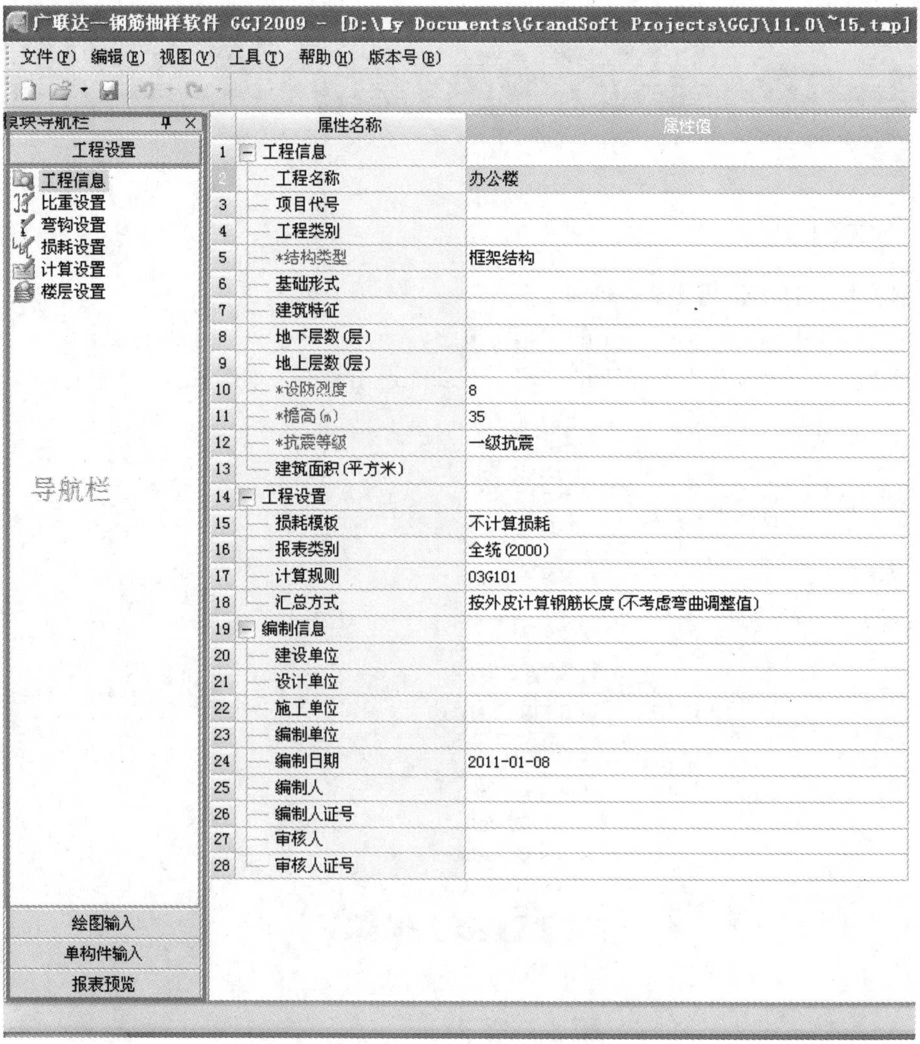

图 7.1-1

（1）导航栏：用户在软件的各个界面之间切换。

（2）工程设置内容：分"工程信息"、"比重设置"、"弯钩设置"、"损耗设置"、"计算设置"和"楼层设置"六个页面。

7.1.2　绘图输入页面

进入软件后，切换到绘图输入界面，软件共分为：标题栏、菜单栏、工具栏、导航栏、绘图区、状态栏六个部分，如图7.1-2所示。

（1）标题栏：标题栏从左向右分别显示GGJ2009的图标，当前所操作的工程文件的名称（软件缺省的文件名及存储路径），最小化、最大化、关闭按钮。

（2）菜单栏：标题栏下方为菜单栏，点击每一个菜单名称将弹出相应的下拉菜单。

（3）工具栏：依次为"工程工具栏"、"常用工具栏"、"视图工具栏"、"修改工具栏"、"轴网工具栏"、"构件工具栏"、"偏移工具栏"、"辅助功能设置工具栏"和"捕捉工具栏"。

（4）树状构件列表：在软件的各个构件类型，各个构件间切换。

（5）绘图区：绘图区是用户进行绘图的区域。

（6）状态栏：显示各种状态下的绘图信息。

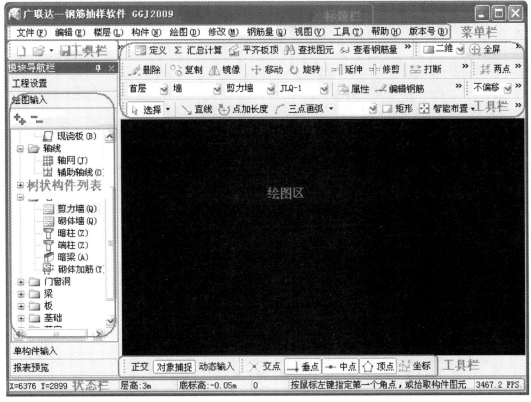

图7.1-2

7.1.3　单构件输入页面

单构件钢筋计算结果可以在其中直接输入钢筋数据，也可以通过梁平法输入、柱平法输入和参数法输入方式进行钢筋计算，单构件输入页面如图7.1-3所示。

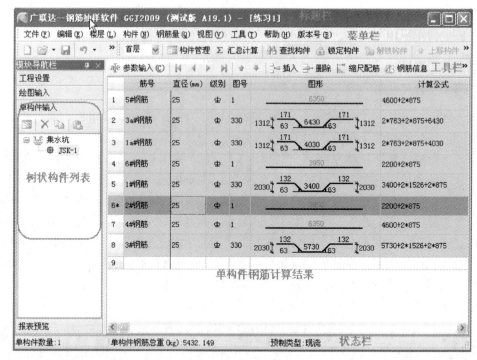

图 7.1-3

7.1.4　报表预览页面

报表预览页面如图 7.1-4 所示。

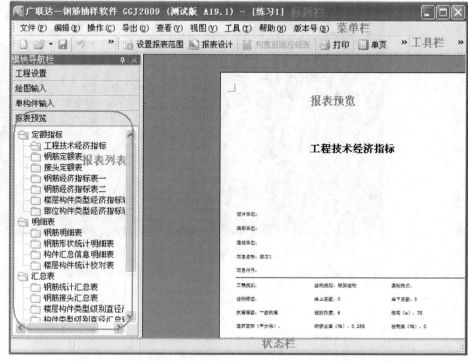

图 7.1-4

第8章 通用功能

8.1 新建工程

8.1.1 启动软件

(1) 通过双击快捷图标启动软件，如图 8.1-1 所示。

图 8.1-1

(2) 通过开始菜单启动软件，如图 8.1-2 所示。

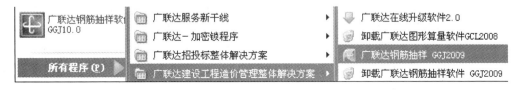

图 8.1-2

8.1.2 新建工程

(1) 单击"新建向导"按钮，新建工程，如图 8.1-3 所示。

(2) 输入工程名称，选择损耗模板、报表类别、计算规则、汇总方式，如图 8.1-4 所示。

说明：

1) 按照实际工程的图纸输入工程名称。

2) 根据各地区钢筋计算损耗率，选择报表"损耗模板"，同时也可以按照实际工程的需要，在"修改损耗数据"页面中对钢筋损耗数据进行设置和修改。

3) 根据各地区定额及报表的差异性选择"报表类别"。

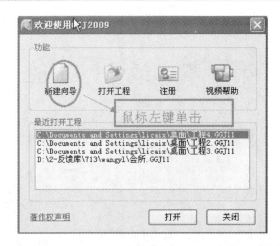

图 8.1-3

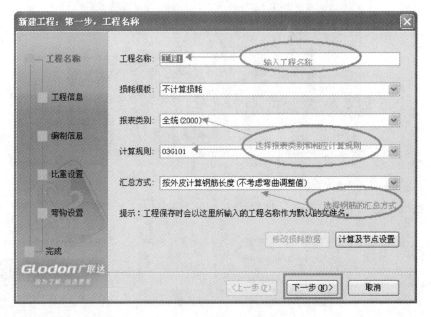

图 8.1-4

4）根据图纸和计算要求，选择相应的计算规则："平法"00G101 或者 03G101 系列（软件已按常规计算方式设置好了，如实际工程中有不同的计算方式，可以单击"计算及节点设置"按钮修改计算规则）。

5）选择钢筋长度计算方式：通常情况下预算、结算均可选择"按外皮计算钢筋长度"，施工放样时可以选择"按中轴线计算钢筋"作为钢筋下料长度参考值；然后单击"下一步"按钮。

（3）填写工程信息，如图 8.1-5 所示。

说明：

1）蓝颜色字体，如结构类型、设防烈度、檐高、抗震等级会影响钢筋计算结果，一定要按实际情况进行填写。

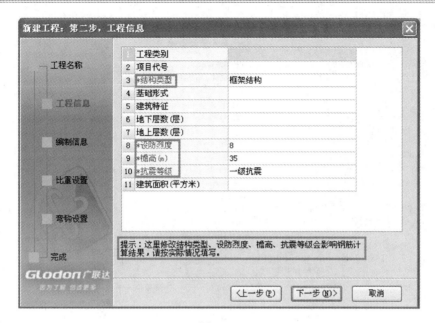

图 8.1-5

2）黑色字体仅对工程起到标识作用，对实际钢筋工程量没有影响，可以最后填写。

（4）填写编制信息，如图 8.1-6 所示。

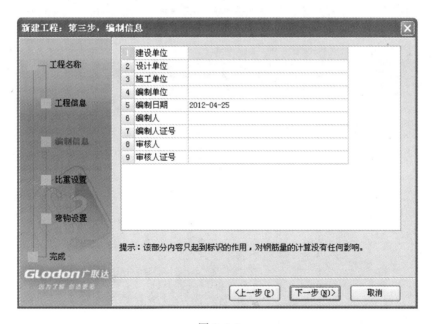

图 8.1-6

（5）在"比重设置"页面中可进行钢筋比重的调整，软件中钢筋级别的输入格式如图 8.1-7、图 8.1-8 所示。

（6）在"弯钩设置"页面中可调整弯钩长度，如图 8.1-9 所示。

（7）在"完成"页面中可以预览新建工程的基本信息，如果需要修改可以单击"上一

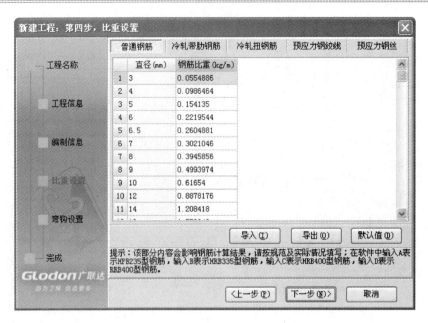

图 8.1-7

钢筋信息输入代号	A〈一级〉	B〈二级〉	C〈三级〉	D〈新三级〉	L〈冷轧带肋〉	N〈冷轧扭〉
直接输入法钢筋级别输入代号	1	2	3	4	5	6
专业表示符号	Φ	Φ	Φ	Φt	ΦR	Φt

图 8.1-8

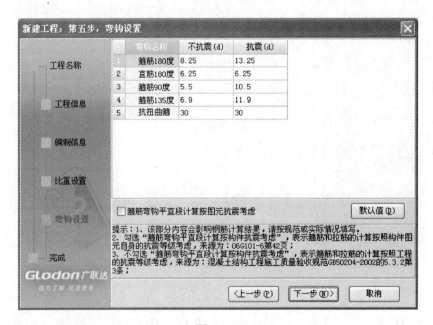

图 8.1-9

步"进行修改，确认信息无误则单击"完成"按钮，新工程就建立完成了，如图 8.1-10
所示。

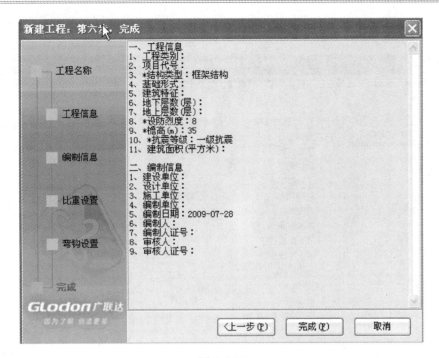

图 8.1-10

8.2　工程设置

　　用户在新建完工程后，需要重新填写或者修改工程信息、报表类别、钢筋损耗、抗震等级、汇总方式等信息时，可以在"工程设置"页面重新进行设定、修改，如图 8.2-1 所示。

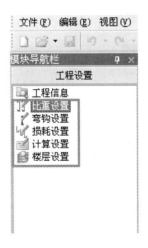

图 8.2-1

8.2.1　修改"工程信息"

　　在"工程信息"页面可以修改工程名称、结构类型、设防烈度、檐高、抗震等级、建筑面积等信息（带 * 的项目必须进行填写），如图 8.2-2 所示。

图 8.2-2

8.2.2 "比重设置"

在比重设置页面，可以对当前工程的钢筋比重进行设置。根据手工算量的习惯，一般钢筋的比重都保留三位小数，就可以在这里进行设置。该部分内容会影响钢筋计算结果，应按规范及实际情况填写；在软件中输入 A 表示 HPB235 钢筋，输入 B 表示 HRB335 型钢筋，输入 C 表示 HRB400 型钢筋，输入 D 表示 RRB400 型钢筋；调整后的比重，颜色显示黄色，便于区分，如图 8.2-3 所示。

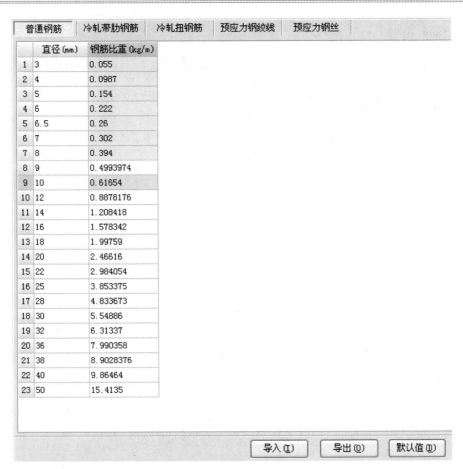

图 8.2-3

8.2.3 "弯钩设置"

在弯钩设置页面，可以对钢筋计算时的钢筋弯钩进行调整，如图 8.2-4 所示。

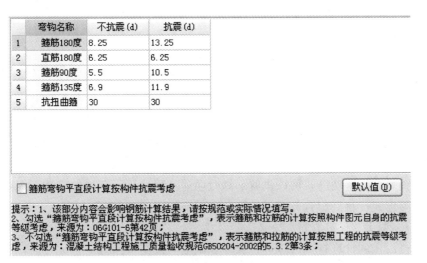

图 8.2-4

8.2.4 "损耗设置"

在损耗设置页面，可以对当前工程的损耗系数进行修改，如图 8.2-5 所示。

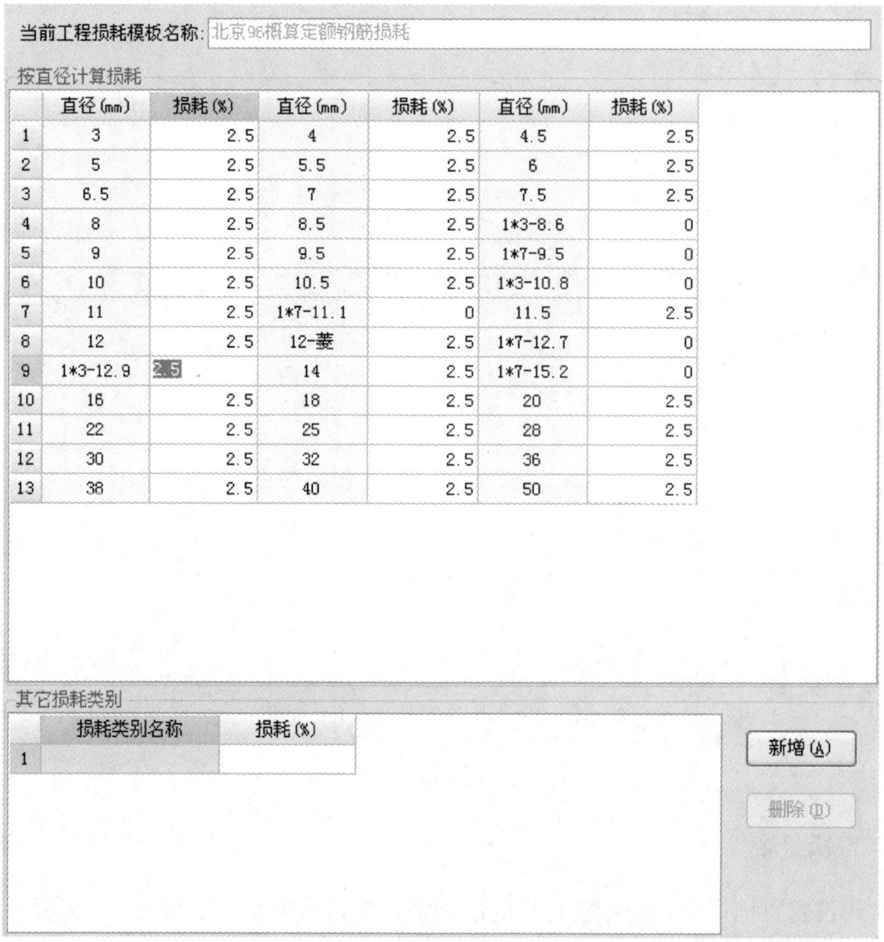

当前工程损耗模板名称: 北京96概算定额钢筋损耗

按直径计算损耗

	直径(mm)	损耗(%)	直径(mm)	损耗(%)	直径(mm)	损耗(%)
1	3	2.5	4	2.5	4.5	2.5
2	5	2.5	5.5	2.5	6	2.5
3	6.5	2.5	7	2.5	7.5	2.5
4	8	2.5	8.5	2.5	1*3-8.6	0
5	9	2.5	9.5	2.5	1*7-9.5	0
6	10	2.5	10.5	2.5	1*3-10.8	0
7	11	2.5	1*7-11.1	0	11.5	2.5
8	12	2.5	12-菱	2.5	1*7-12.7	0
9	1*3-12.9	2.5	14	2.5	1*7-15.2	0
10	16	2.5	18	2.5	20	2.5
11	22	2.5	25	2.5	28	2.5
12	30	2.5	32	2.5	36	2.5
13	38	2.5	40	2.5	50	2.5

其它损耗类别

	损耗类别名称	损耗(%)
1		

新增(A)

删除(D)

图 8.2-5

8.2.5 "计算设置"

（1）计算设置

在"计算设置"页面，软件均已按照现行"平法"G101-X 系列图集和规范进行了设置，如设计图纸有特殊规定，用户可以自行进行设置、修改，如图 8.2-6 所示。

1）修改"计算设置"。

使用"计算设置"功能，可以设置、修改当前工程项目所有构件的计算规则、节点形式、钢筋搭接形式、箍筋组合方式、计算公式等，如图 8.2-7 所示。

2）保存、调用"计算设置"。

用户自己设定的计算规则可以进行保存和调用，操作步骤为：

第一步：单击"导出规则"按钮，输入一个计算规则的名称，如：（20）06 年 3 月 1

图 8.2-6

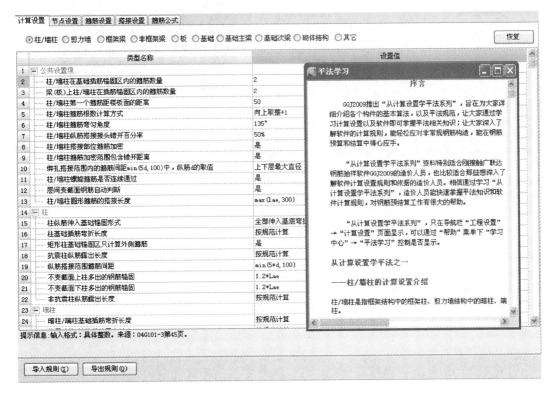

图 8.2-7

日或某某工程计算规则。

　　第二步：需要直接调用以前保存过的计算规则，建立完工程后，切换到"计算设置"页面，可以直接单击"导入规则"按钮，直接选择相应规则即可，无需再进行重新设置，大大提高了您的软件应用效率。

（2）节点设置

根据平法图集中的节点图，软件可以根据需要进行调整；单击每行右侧的"┉"按钮，可以打开当前选项的所有节点图，选择对应的节点图后，在节点图中，可以修改节点的具体数值（只有为绿色的数值才能修改），如图 8.2-8 所示。

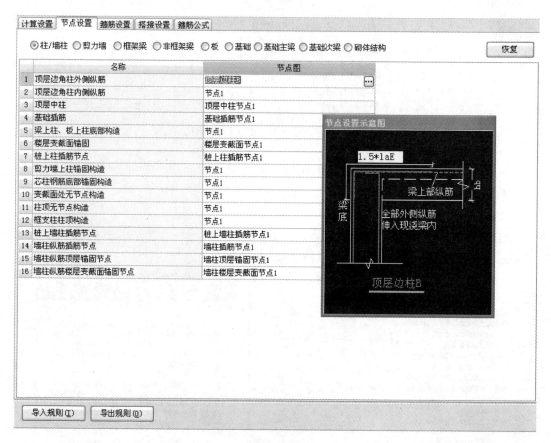

图 8.2-8

（3）箍筋设置

对于构件中的箍筋，有多种形式，在这里可以根据实际情况进行选择。单击"┉"按钮后，在弹出的界面中，选择需要的箍筋样式，单击"确定"按钮即可，如图 8.2-9所示。

（4）搭接设置

针对不同的钢筋级别和钢筋直径，可以调整搭接的形式和定尺的长度，如图 8.2-10所示。

（5）箍筋公式

针对不同的箍筋类型，可以设置箍筋的计算公式；在下拉列表中选择箍筋类型；可以对双肢箍和单肢箍的长度进行调整；当前工程汇总计算后，不需要输入箍筋时，可以通过勾选"是否输出"来实现，如图 8.2-11 所示。

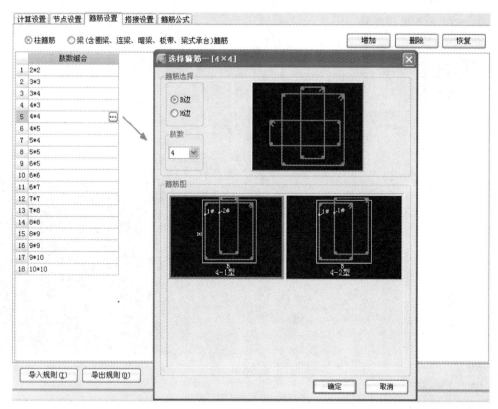

图 8.2-9

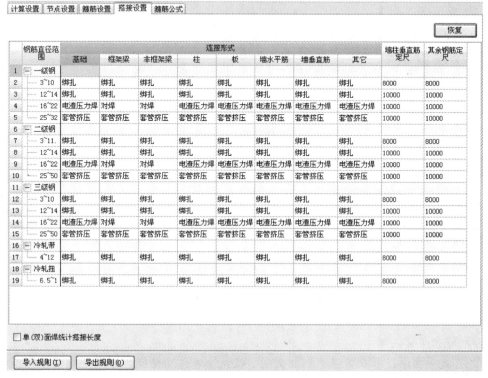

图 8.2-10

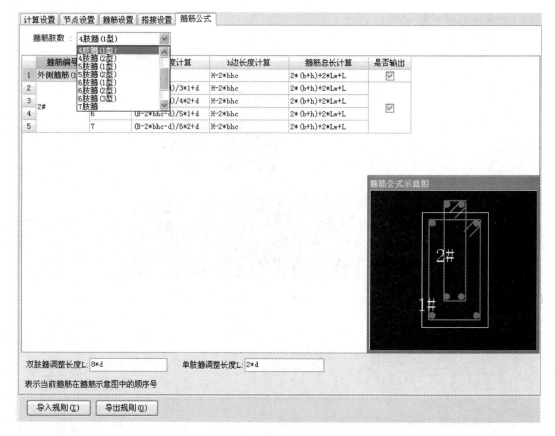

图 8.2-11

8.3　楼层设置

8.3.1　建立楼层

（1）在左侧"导航栏"中，选择"工程设置"项下的"楼层设置"，如图 8.3-1 所示。

（2）输入首层的"底标高"（注意：首层底标高必须为结构标高），如图 8.3-2 所示。

	编码	楼层名称	层高(m)	首层	底标高(m	相同层数	板厚(mm)	建筑面积(m2)	备注
1	4	第4层	3	□	8.95	1	120		
2	3	第3层	3	□	5.95	1	120		
3	2	第2层	3	□	2.95	1	120		
4	1	首层	3	☑	-0.05	1	120		
5	0	基础层	3	□	-3.05	1	500		

图 8.3-1　　　　　　　　　　　　　图 8.3-2

（3）建立楼层：

1）在此页面用户可以通过"添加楼层"按钮快速建立楼层，如果要删除多余或错误的楼层则单击"删除楼层"按钮进行删除。

2）标准层的建立。

实际工程中，第二层到第五层为标准层时，在楼层编码处输入 2-5 或者 2～5 回车即可。注意，一定要修改相同层数，否则没有任何变化。

8.3.2 楼层缺省钢筋设置

在实际工程中，不同楼层可能混凝土强度等级会不同，不同构件抗震等级可能会不同，因此构件的锚固、搭接也就不同了，那么我们可以在"楼层管理"中进行设置，操作步骤为：

第一步：选择相应的楼层，再选择相应的构件类型，直接单击"抗震等级"、"混凝土强度等级"下拉菜单进行选择，软件自动按照"平法"G101 系列图集进行设置（基础层所有构件混凝土强度等级为 C25，第一层和第二层为 C20）。

第二步：调整不同构件的"保护层"厚度。

第三步：如果第二层的混凝土强度等级、构件抗震等级、保护层均与第一层相同，可以单击 复制到其它楼层(B) 按钮，在弹出的窗口选择需要复制的楼层即可。

8.4 保存工程

新建工程后，使用"保存"功能可以保存新建的工程，操作步骤为：如图 8.4-1 所示。

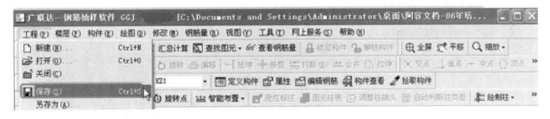

图 8.4-1

第一步：单击菜单栏"工程"项中的"保存"按钮。

第二步：在文件名一栏中输入工程名称，单击"保存"按钮即可。

8.5 查看结果

8.5.1 汇总计算

画完构件图元后，如果要查看钢筋工程量，必须要先进行汇总计算，操作步骤为：单击工具栏中的 Σ 汇总计算 按钮，在"汇总计算"条件窗口选择需要汇总的楼层（软件默认为当前层）单击"计算"按钮，软件即可汇总计算，如图 8.5-1 所示。

说明：汇总计算时，如果您画的梁构件没有"识别"，软件将会提示"楼层中有未提取跨的梁，是否退出计算，进行调整？"信息，我们只要选择"否"即可继续汇总，选择

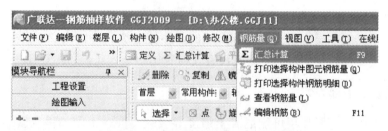

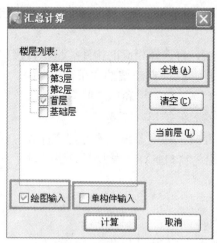

图 8.5-1

"是"软件则会自动查出错误并把构件标注为"红色"。

8.5.2　编辑构件图元钢筋

（1）查看钢筋计算结果

汇总完成后，通过"编辑构件图元钢筋"功能可以查看构件的计算结果，操作步骤为：

选中 DJ-1，单击工具栏中的 编辑钢筋 按钮，软件自动打开编辑构件图元钢筋窗口，您可以直接查看该构件的每根钢筋，包括：计算公式、公式描述、长度、根数、重量等信息，如图 8.5-2 所示。

（2）修改钢筋计算公式

在计算公式一栏中，可以直接输入工程量计算表达式，软件将会重新进行计算、汇总。

（3）锁定、解锁构件

在修改完构件的钢筋信息后，重新单击"汇总计算"按钮后，软件自动会还原为修改前的数据，如果您要保留修改后的结果，操作步骤为：

第一步：单击工具栏中的 锁定构件 按钮；

第二步：在弹出的确认界面中选择"是"，即可锁定构件，锁定后，钢筋计算结果将不可修改；

第三步：如果您要还原软件计算的结果，单击工具栏中的 解锁构件 按钮，即可还原。

（4）打印选择构件钢筋明细

通过"编辑构件图元钢筋"功能可以查看构件的计算结果，同时也可以把所选择的构件钢筋明细表打印出来，操作步骤为：

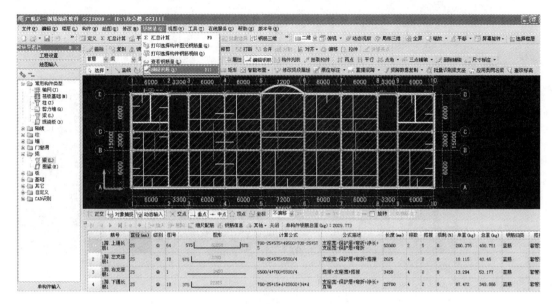

图 8.5-2

第一步：选择需要打印钢筋明细表的构件。

第二步：单击菜单栏"钢筋量"中的"打印选择构件钢筋明细"按钮。

第三步：在"打印选项"窗口中单击"确定"按钮，即可预览报表，在报表区域中单击鼠标左键可以放大、缩小报表。

第四步：单击工具栏中的 🖶 按钮，即可打印输出当前所预览的报表。

说明：

1）在"打印选项"窗口中选择"同一构件内是否合并相同钢筋"选项，可以把构件名称相同、钢筋长度相同的钢筋合并后输出到报表中；选择"是否打印屏幕图元"选项，则可以把屏幕中选中的构件图元同时和报表打印出来，方便进行钢筋工程量的校对。

2）在报表预览窗口单击菜单栏"导出"窗口中的"导出到 Excel"，可以对数据进行再处理。

8.5.3 查看图元钢筋量

（1）查看图元钢筋量

在实际工程中，需要对几个工程的工程量进行统计，那么您可以采用"查看图元钢筋量"来实现，操作步骤为：

第一步：单击工具栏中的 👓 查看钢筋量 按钮；

第二步：选择需要统计的构件，软件自动按照钢筋级别、直径进行统计，如图 8.5-3 所示。

（2）打印选择构件钢筋量

为了更方便地校对钢筋工程量，可以把所选择构件汇总工程量直接打印出来，操作步骤为：

第一步：选择需要打印钢筋汇总量的构件；

第二步：单击菜单栏"钢筋量"中的"打印选择构件钢筋量"，即可预览报表，在报表区域中单击鼠标左键可以放大、缩小报表；

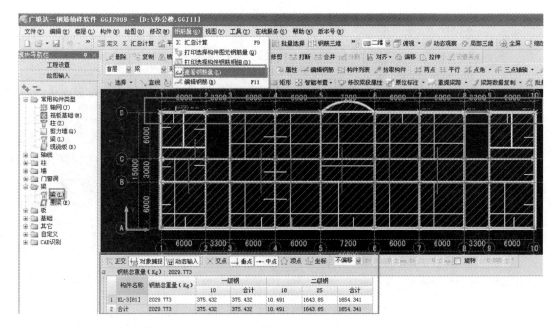

图 8.5-3

第三步：单击工具栏中的 按钮，即可打印输出当前所预览的报表。

8.5.4　打印图形

在工程中，可以直接把您所绘制的构件图元直接打印出来，操作步骤为：

第一步，通过缩放、平移功能把需要打印的构件图元显示在绘图区域中。

第二步：单击菜单栏中"工程"菜单，选择 打印图形(P)选项，即可打印预览。

第三步：单击工具栏中的 打印按钮，即可输出打印图形。

8.5.5　查看计算结果

汇总计算完成后，软件按照楼层、构件、钢筋级别、钢筋直径、搭接形式、定额子目等信息，提供丰富多样的报表，以满足不同需求的钢筋数据，操作步骤为：

第一步：单击工具栏中的"汇总计算"按钮，进行汇总。

第二步：在工具导航栏中切换到"报表预览"界面，软件即可预览报表。

第三步：根据您的算量需求，选择相应的报表进行预览、打印。

温馨提示：

1）在预览报表时，您可以单击工具栏中的"设定报表范围" 按钮，选择需要输出的楼层工程量、构件类别、钢筋直径范围。

2）如果地区报表类型选择错误，您可以在工具导航栏中切换到"工程设置"界面，在"工程设置"中进行修改并重新汇总计算即可。

3）当您查看"楼层构件类型经济指标表"时，如果没有"单方含量"时，请在"工程设置"界面的"楼层管理"中输入各楼层的建筑面积，重新汇总计算即可。

第9章 绘图输入

9.1 轴网

在软件中的轴网分为三类，分别为：正交轴网、圆弧轴网、斜交轴网。

9.1.1 正交轴网

正交轴网如图 9.1-1 所示。

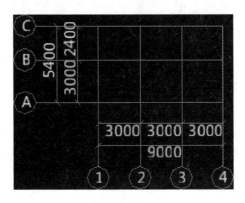

图 9.1-1

（1）操作步骤：

第一步：在导航栏选择"轴网"构件类型，单击构件列表工具栏"新建"→"新建正交轴网"按钮，打开轴网定义界面，如图 9.1-2 所示。

第二步：可以在属性编辑框名称处输入轴网的名称，默认"轴网-1"。如果工程由多个轴网拼接而成，则建议填入的名称尽可能详细，如图 9.1-3 所示。

第三步：选择一种轴距类型：软件提供了下开间、左进深、上开间、右进深四种类型，如图 9.1-4 所示。

第四步：输入开间、进深的轴距，软件提供了以下三种方法供选择：

1）从常用数值中选取：选中常用数值，双击鼠标左键，所选中的常用数值即出现在轴距的单元格上；

2）直接输入轴距，在如图 9.1-5 所示轴距输入框处直接输入轴距（如 3200mm），然后单击"添加"按钮，或直接回车，轴号由软件自动生成；

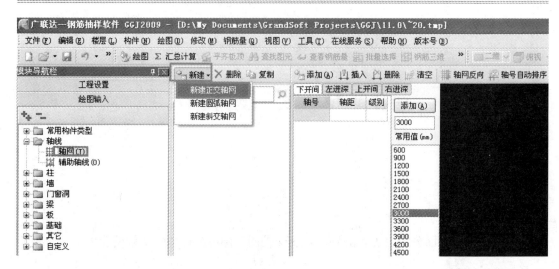

图 9.1-2

图 9.1-3

图 9.1-4　　　　　　　　　　　　　　　　图 9.1-5

3）自定义数据：在"定义数据"中直接以"，"隔开输入轴号及轴距。格式为：轴号，轴距，轴号，轴距，轴号⋯⋯

例如：输入 A，3000mm，B，1800mm，C，3300mm，D；对于连续相同的轴距也可连乘，例如：1，3000mm×6，7，定义完数据后单击"生成轴网"按钮，如图 9.1-6 所示。

图 9.1-6

第五步：轴网定义完成后，单击工具栏"绘图"按钮，切换到绘图界面，采用"画点"或"画旋转点"的方法插入轴网。

说明级别：

可以定义轴线标注尺寸的内外级别显示，如图 9.1-7 所示为轴 1、轴 4 级别定义为 2 的结果。

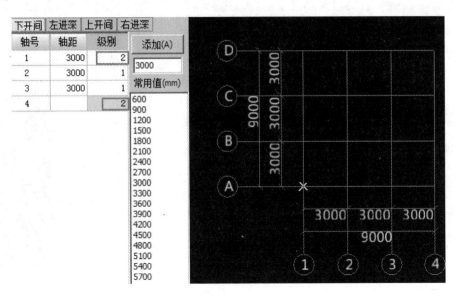

图 9.1-7

（2）可以在轴距列表定义输入框中输入加减表达式，例如 1000mm＋200mm，回车后软件自动计算为 1200mm，如图 9.1-8 所示。

（3）轴号定义时允许轴号重复，方便轴网定义错误后进行修改操作。

9.1.2 圆弧轴网

圆弧轴网如图 9.1-9 所示。

操作步骤：

第一步：在"导航栏"选择"轴网"构件类型，单击构件列表工具栏"新建"→"新建圆弧轴网"按钮，打开轴网定义界面，如图 9.1-10 所示。

下开间	左进深	上开
轴号	轴距	
1	3000	
2	3000	
4	3000	
6	800	
7	1000+200	

图 9.1-8

图 9.1-9

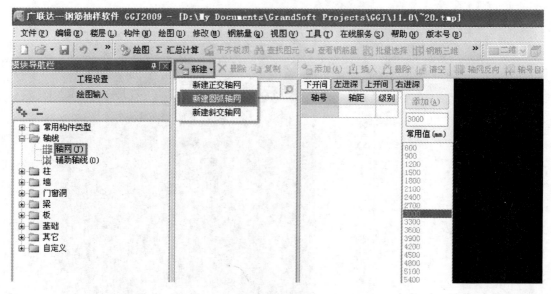

图 9.1-10

第二步：可以在属性编辑框名称处输入轴网的名称，默认"轴网-1"。如果工程由多个轴网拼接而成，则建议填入的名称尽可能详细，如图 9.1-11 所示。

第三步：选择一种轴距类型：软件提供了下开间、左进深两种类型，如图 9.1-12 所示。

第四步：定义下开间、左进深的轴距，软件提供了以下三种方法供选择：

1) 从常用数值中选取：选中常用数值，双击鼠标左键，所选中的常用数值即出现在轴距的单元格上；

2) 直接输入轴距，在轴距输入框处直接输入轴距（如 30），然后单击"添加"按钮，轴号由软件自动生成；

3) 自定义数据：在"定义数据"中直接以"，"隔开输入轴号及轴距。格式为：轴号，轴距，轴号，轴距，轴号……

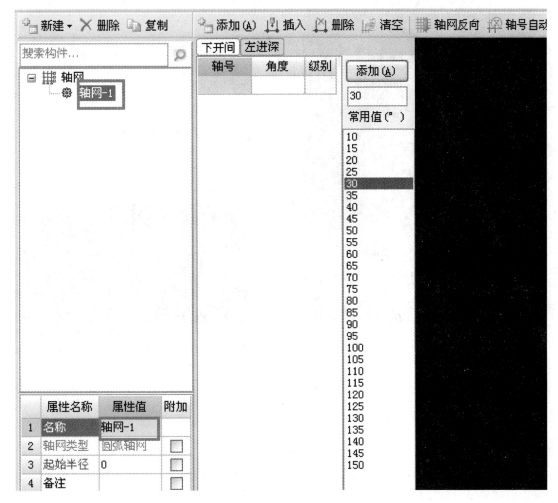

图 9.1-11

例如，输入 1，45，2，45，3；对于连续相同的轴距也可连乘，例如：1，45×2，3，定义完数据后点击"生成轴网"按钮。

第五步：轴网定义完成后，单击工具栏"绘图"按钮，切换到绘图界面，采用"画点"或"画旋转点"的方法画入轴网。

下开间	左进深	
轴号	角度	级别
1	30	1
2		1

图 9.1-12

说明：

1）圆弧轴网下开间输入为角度，左进深输入为弧距。

2）下开间、左进深可以使用"轴网反向"对轴线标注进行反向。

3）起始半径：为第一根圆弧轴线距离圆心的距离，如图 9.1-13 所示。

9.1.3 斜交轴网

斜交轴网如图 9.1-14 所示。

操作步骤：

同正交轴网。

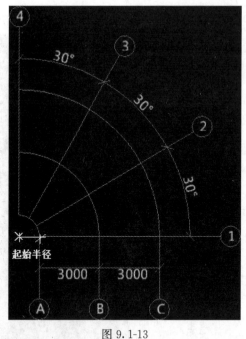

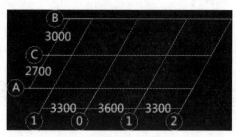

图 9.1-13

图 9.1-14

说明：

　　轴线夹角：即第一根开间轴线和第一根进深轴线的夹角，当夹角等于 90°时，斜交轴网等同于正交轴网。

9.1.4　辅轴

　　在软件中，除了可以绘制轴网以外，一些不在轴线上的构件图元，可以通过绘制辅助轴线的功能来进行定位。

　　辅助轴线可以分为：两点辅轴、平行辅轴、点角辅轴、轴角辅轴、转角辅轴、三点辅轴、圆心起点终点辅轴、圆形辅轴、删除辅轴。

　　（1）两点辅轴

　　即在两个点之间绘制一条轴线，如图 9.1-15 所示。

　　第一步：单击"两点辅轴"按钮后，在绘图区域内单击两个点作为辅轴上的两点。

　　第二步：在弹出的界面中输入辅轴的轴号，单击"确定"按钮，完成操作。

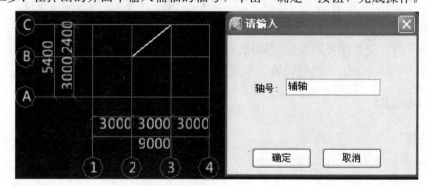

图 9.1-15

（2）平行辅轴

平行辅轴就是与已有的轴网平行的轴线，如图 9.1-16 所示。

第一步：单击"平行辅轴"按钮后，选择一条与辅助轴线平行的轴线，软件弹出"请输入"界面；

第二步：在弹出的界面中输入偏移距离和轴号，单击"确定"按钮，完成操作。

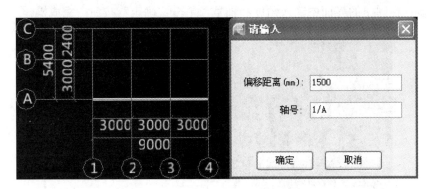

图 9.1-16

说明：

如果选择的是水平轴线，则偏移距离正值向上，负值向下；如果选择的是垂直轴线，则偏移距离正值向右，负值向左。

（3）点角辅轴

点角辅轴就是以一个点和一个角度形成的一条轴线。

第一步：单击"点角辅轴"按钮后，在绘图区域内选择一点作为辅轴上的一点，软件弹出"请输入"界面；

第二步：在弹出的界面中输入角度和轴号，单击"确定"按钮，完成操作。

（4）轴角辅轴

轴角辅轴就是在某条轴线外确定一点，辅轴经过这个点，并且和已有的轴线形成一定的夹角，如图 9.1-17 所示。

第一步：单击"轴角辅轴"按钮后，在绘图区域内选择一条轴线作为基准线。

第二步：单击绘图区域内一点作为辅轴经过的轴线，软件弹出"请输入"界面。

第三步：在弹出的界面中输入角度和轴号，单击"确定"按钮，完成操作。

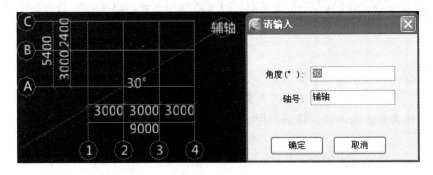

图 9.1-17

（5）转角辅轴

轴角辅轴是圆弧轴网专用的轴线，即与弧形轴网中的直线轴线成一定角度的轴线，如图 9.1-18 所示。

第一步：单击"转角辅轴"按钮后，在绘图区域内选择一条轴线作为基准线，软件弹出"请输入"界面；

第二步：在弹出的界面中输入角度和轴号，单击"确定"按钮，完成操作。

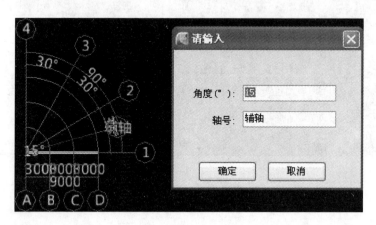

图 9.1-18

（6）三点辅轴

即通过绘制三个点来确定辅轴的方法，如图 9.1-19 所示。

单击绘图区域内的三个点，即可完成绘制。

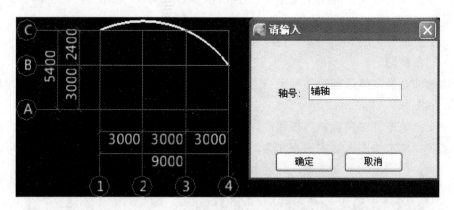

图 9.1-19

（7）圆心起点终点辅轴（如图 9.1-20 所示）

第一步：点击绘图区域内一点作为弧形的圆心，移动鼠标点击绘图区域内一点，两点之间的距离作为弧线的半径，移动鼠标；

说明：

移动鼠标的同时，按键盘上的"Ctrl"可以修改弧线的方向。

第二步：单击绘图区域内一点，在弹出的界面中输入轴号，完成操作。

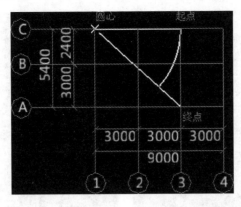

图 9.1-20

(8) 圆形辅轴 (如图 9.1-21 所示)

单击绘图区域内一点作为弧形的圆心，移动鼠标点击绘图区域内一点，两点之间的距离作为弧线的半径，在弹出的界面中输入辅轴的轴号，完成操作。

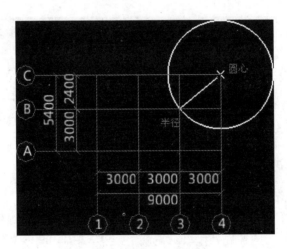

图 9.1-21

(9) 删除辅轴

单击"删除辅轴"命令，选择需要删除的辅轴，单击右键确认。

9.1.5　轴线编辑

在软件中所建立的轴网和辅助轴线往往和图纸中的轴网不太一致，那么我们可以针对部分轴网进行加工，尽量保证和图纸中的轴网一致。

轴线的编辑包括以下内容：修剪轴线、拉框修剪轴线、折线修剪轴线、恢复轴线、修改轴号、修改轴距、修改轴号位置。

(1) 修剪轴线

单击该命令后，单击轴线上的一点作为修剪处的一点，单击需要修剪掉的部分，即可完成操作，如图 9.1-22 所示。

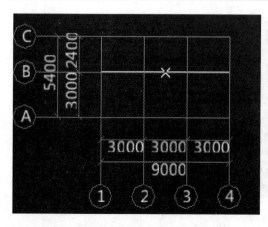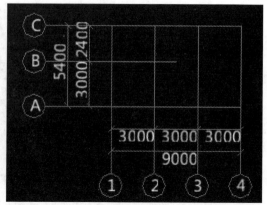

图 9.1-22

（2）拉框修剪轴线

拉框选择绘图区域内不需要的轴线段，在弹出的界面中，单击"确定"按钮，完成操作，如图 9.1-23 所示。

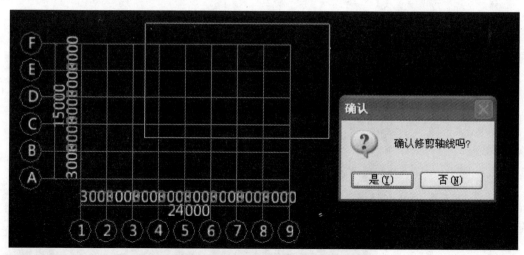

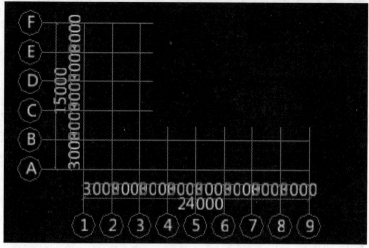

图 9.1-23

（3）折线修剪轴线

当需要修剪的轴线为不规则图形时，可以采用绘制折线的方式来修剪轴线。

单击工具栏"折线修剪轴线"按钮，在绘图区域绘制一个封闭区域，在弹出的界面中，单击"确定"按钮，完成操作，如图9.1-24所示。

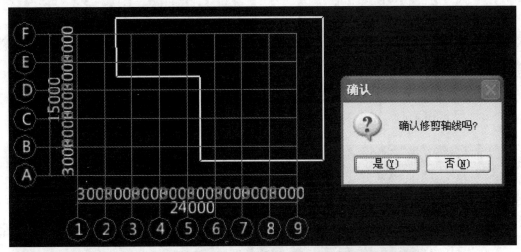

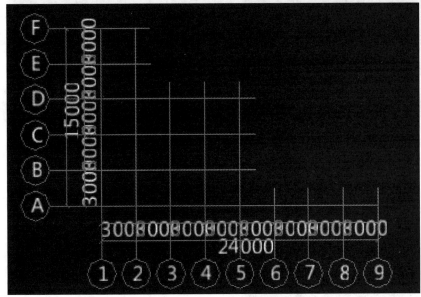

图 9.1-24

说明：绘制的封闭区域，在单击最后一点时，建议单击鼠标右键，以便区域能够封闭。

（4）恢复轴线

在对某条轴线进行了操作之后，如果想恢复到原始状态，则可以使用恢复轴线的功能，如图9.1-25所示。

单击该命令后，选择需要恢复的轴线，即可完成操作，如图9.1-26所示。

（5）修改轴号

如果软件中的轴线的轴号与图纸的轴号不符合，那么可以根据实际情况进行修改。

单击该命令后，选择轴号，在弹出的界面中直接修改即可，如图9.1-27所示。

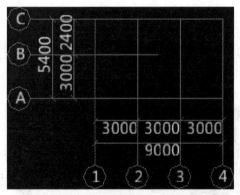

图 9.1-25

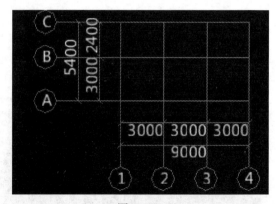

图 9.1-26

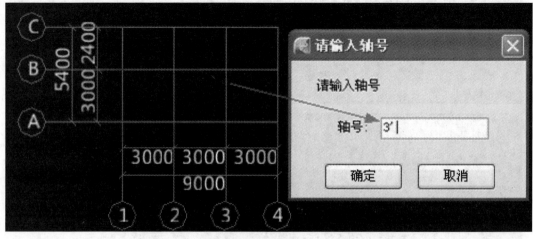

图 9.1-27

（6）修改轴距

建立好轴网后发现轴距输入错误，则可以在绘图区域直接修改轴距。

单击该命令后，选择轴线，再弹出的界面中输入正确的数值即可完成操作，如图 9.1-28 所示。

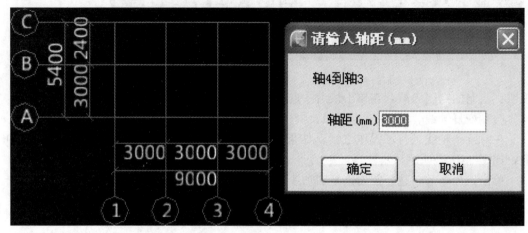

图 9.1-28

（7）修改轴号位置

软件标注的轴号位置和图纸不一致时，可以根据实际情况进行修改。

单击该命令后，拉框或者点选轴线，单击鼠标右键，软件弹出"修改标注位置"界面，选择修改方式即可，如图 9.1-29 所示。

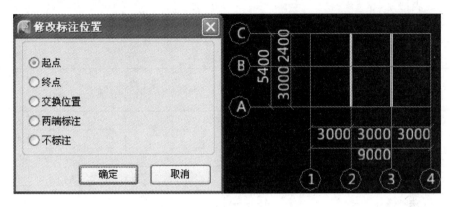

图 9.1-29

9.2 柱的定义与绘制

9.2.1 柱构件钢筋分析

要想利用钢筋抽样软件快速、准确地计算出柱的钢筋工程量，必须了解柱中有哪些钢筋需要计算。先来分析一下柱钢筋，如图 9.2-1 所示。

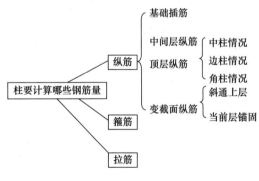

图 9.2-1 柱的钢筋

了解了柱中需要计算的钢筋，利用软件如何计算呢？我们按照以下的思路进行计算，如图 9.2-2 所示。

图 9.2-2

271

9.2.2　柱的定义

柱通常有两种定义的方法：图元柱表定义和构件管理定义。可以根据图纸的情况选择合适的方式：

（1）柱表法定义

柱表见表 9.2-1。

框架柱表　　　　　　　　　　　　　表 9.2-1

柱号	标高（m）	$b×h$	b1	b2	h1	h2	全部纵筋	角筋	b边一侧中部筋	h边一侧中部筋	箍筋类型号	箍　筋
KZ1	−1.5～0.00	600×600	300	300	300	300	16B25				(1) 5×5	A10-100/200
	0.00～3.6	600×600	300	300	300	300	16B25				(1) 5×5	A10-100/200
	3.6～7.2	600×600	300	300	300	300	16B25				(1) 5×5	A10-100/200
KZ2	−1.5～0.00	500×400	120	380	200	200		4B25	4B22	4B20	(2) 4×4	A8-100/200
	0.00～3.6	500×400	120	380	200	200		4B25	4B22	4B20	(2) 4×4	A8-100/200
	3.6～7.2	500×400	120	380	200	200		4B22	4B22	4B18	(2) 4×4	A8-100/200
KZ3	−1.5～0.00	500×500	250	250	250	250		4B22	4B22	4B20	(2) 4×4	A10-100/200
	0.00～3.6	400×400	250	150	200	200		4B22	4B22	4B20	(2) 4×4	A8-100/200
	3.6～7.2	400×400	250	150	200	200		4B20	4B20	4B18	(2) 4×4	A8-100/200

软件中利用柱表可以快速建立构件，操作步骤如图 9.2-3 所示。

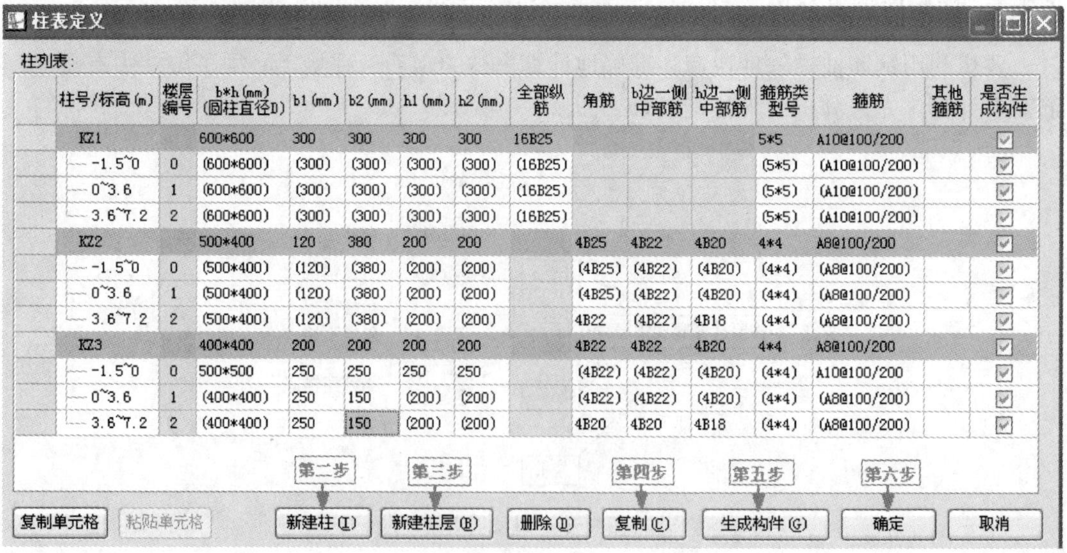

图 9.2-3

第一步：单击菜单栏中"构件"按钮，选择"柱表"选项进入"柱表定义"窗口。

第二步：单击"新建柱"按钮，新建 KZ1，输入相应的钢筋信息。

第三步：单击"新建柱层"按钮，建立各楼层的柱构件。

第四步：选中 KZ1，单击"复制"按钮，把复制出来的构件修改为"KZ2"，同理新建"KZ3"。

第五步：单击"生成构件"按钮，软件自动在每个楼层建立柱构件，而无需一一建立。

第六步：单击"确定"按钮，退出"柱表定义"窗口。

利用柱表定义柱构件之后，在每一个楼层都有了相应的柱，只需在各个楼层绘制相应的柱即可，尤其对于变截面情况的柱，定义起来方便、快捷。

（2）通过"构件管理"来定义

第一步：在导航栏"绘图输入"菜单项下"柱构件"中选中"柱"选项，单击工具栏中的"定义"，按钮，进入"构件管理"对话框。

第二步：单击新建菜单下的"新建矩形柱"按钮，输入柱名称，然后输入相关参数（名称、类别、截面宽高、钢筋信息），如图9.2-4所示。

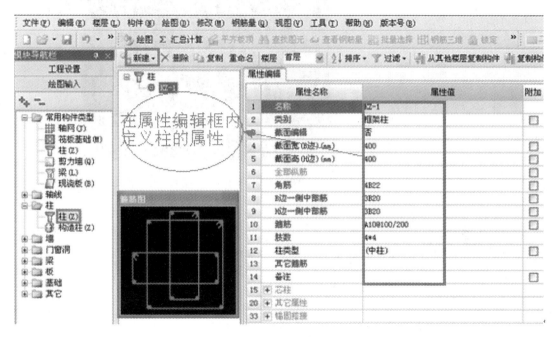

图 9.2-4

说明：

【类别】：有框架柱、框支柱、暗柱、端柱四种类型。

【截面编辑】：如图 9.2-5 所示。

【全部纵筋】：只有当角筋、B边一侧中部筋、H边一侧中部筋属性值全部为空时才允许输入，如 24B25。

【角筋】：只有当全部纵筋属性值为空时才可输入，例如：4B22。

【B边一侧中部钢筋】：只有当柱全部纵筋属性值为空时才可输入，例如：5B22。

【H边一侧中部钢筋】：只有当柱全部纵筋属性值为空时才可输入，例如：4B20。

箍筋的@用-表示

箍筋的肢数如图9.2-6所示

273

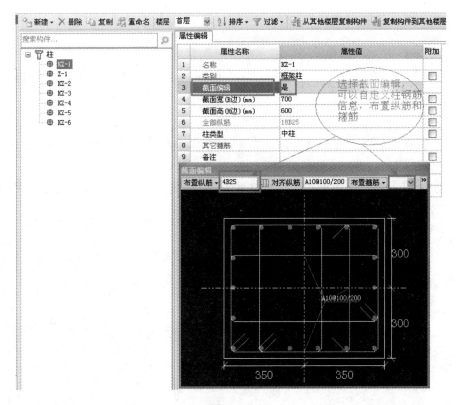

图 9.2-5

6	全部纵筋	18B25
7	角筋	
8	B边一侧中部筋	
9	H边一侧中部筋	
10	箍筋	A10@100/200
11	肢数	5*4

柱复合箍筋的拆分

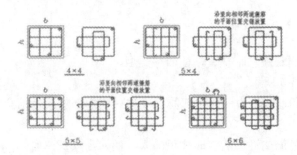

钢筋信息输入代号	A（一级）	B（二级）	C（三级）	D（新三级）	L（冷轧带肋）	N（冷轧扭）
直接输入法钢筋级别输入代号	1	2	3	4	5	6
专业表示符号	φ	φ	φ	φ	φR	φt

图 9.2-6

【其它箍筋】：在箍筋信息中可以输入构件的箍筋，如果箍筋的信息不能满足构件的要求时，可以在其他箍筋中输入相关的箍筋信息，如图 9.2-7 所示。

图 9.2-7

单击 按钮，如图 9.2-8 所示。

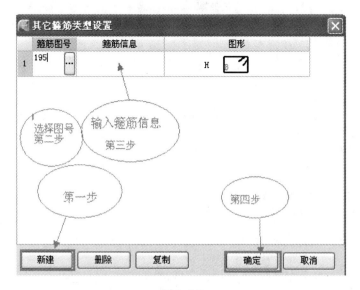

图 9.2-8

【底标高（m）】：柱底标高默认为当前楼层的层底标高，可根据实际情况修改。

【顶标高（m）】：柱顶标高默认为当前楼层的层顶标高，可根据实际情况修改。

芯柱：它不是一根独立的柱子，在建筑外表是看不到的，隐藏在柱内。当柱截面较大时，由设计人员计算柱的承力情况，当外侧一圈钢筋不能满足承受力要求时，在柱中再设置一圈纵筋。由柱内侧钢筋围成的柱称为芯柱，如图 9.2-9 所示。

15	—	芯柱		
16		截面宽(mm)		□
17		截面高(mm)		□
18		箍筋		□
19		纵筋		□

图 9.2-9

【其它属性】：如图 9.2-10 所示。

【锚固搭接】：如图 9.2-11 所示。

其它属性		
节点区箍筋		☐
汇总信息	王	☐
保护层厚度(mm)	(30)	☐
上加密范围(mm)		☐
下加密范围(mm)		☐
插筋构造	设置插筋	☐
插筋信息		☐
计算设置	安默认计算设置计算	
节点设置	安默认节点设置计算	
搭接设置	安默认搭接设置计算	
顶标高(m)	层顶标高	☐
底标高(m)	层底标高	☐

图 9.2-10

33	锚固搭接		
34	混凝土强度等级	(C35)	☐
35	抗震等级	(一级抗震)	☐
36	一级钢筋锚固	(25)	
37	二级钢筋锚固	(31/34)	
38	三级钢筋锚固	(37/41)	
39	一级钢筋搭接	(35)	
40	二级钢筋搭接	(44/48)	
41	三级钢筋搭接	(52/58)	
42	冷轧带肋钢筋锚固	(33)	
43	冷轧扭钢筋锚固	(35)	
44	冷轧扭钢筋搭接	(49)	
45	冷轧带肋钢筋搭接	(47)	

图 9.2-11

9.2.3　柱的绘制

在“绘图工具条”中会显示有关柱构件的绘制编辑操作，如图 9.2-12 所示。

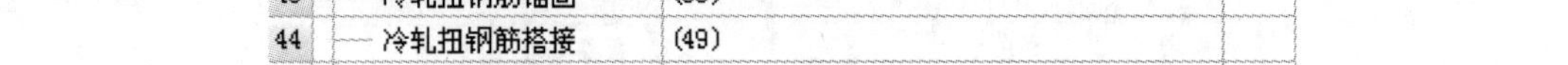

图 9.2-12　柱钢筋绘图工具条

方法一：点画绘制

柱可以直接用画点的方式来绘制，单击绘图区上方的 点 按钮，在绘图区内结合图纸在轴线相交的位置左键单击布置相应的柱。旋转点用于改变柱的方向。对于不在轴线交点上的柱，采用 shift+左键的方法来偏移柱，如图 9.2-13 所示。

方法二：旋转柱的角度

第一步：单击绘图区上方的 旋转点 按钮，然后在图纸所示轴线的交点处左键单击布置柱，此时的柱仍处于旋转状态，如图 9.2-14 所示。

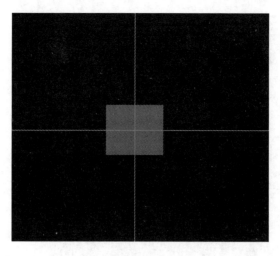

图 9.2-13

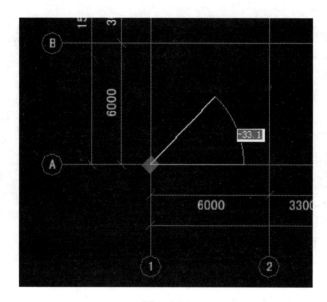

图 9.2-14

第二步：按住键盘上的"shift"键，单击鼠标左键后显示输入旋转角度的对话框，输入相应角度即可。输入正值为逆时针旋转，负值为顺时针旋转，如图 9.2-15 所示。

方法三：智能布置

第一步：单击绘图区上方的 智能布置 按钮，在下拉框中选择智能布置的参照对象（这里以参照"轴线"为例），如图 9.2-16 所示。

第二步：在绘图区内拉框批量选择柱的绘制点，软件会在框选范围的所有轴线的交点处布置相应的柱，如图 9.2-17 所示。

方法四："按墙位置绘制柱"和"自适应布置柱。

使用范围：在墙体端头或者墙与墙相交处快速绘制异形柱。

图 9.2-15

图 9.2-16

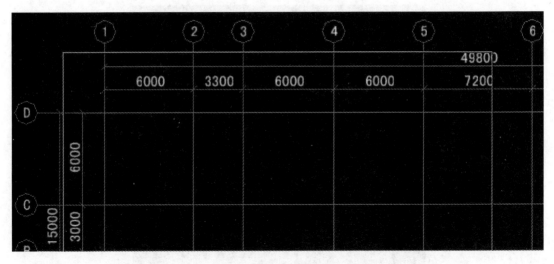

图 9.2-17

（1）按墙位置绘制柱

第一步：在菜单栏单击"绘图"→"按墙位置绘制柱"按钮，在绘图区域，根据墙体的位置绘制柱的第一条边，并且输入长度。

第二步：在起点位置继续绘制第二条边，并且输入长度。

第三步：继续绘制第三条边和第四条边。

第四步：如图 9.2-18 所示为绘制完的暗柱。

如图 9.2-18（a）、（b）、（c）、（d）、（e）、（f）所示。

（2）自适应布置柱

在菜单栏单击"绘图"→"按墙位置绘制柱"按钮，在绘图区域墙体相交处或者墙端头位置，单击鼠标左键，软件会根据墙体的位置，在软件内置的参数化图元中找到对应的图元，并进行绘制，完成操作，如图 9.2-19 所示。

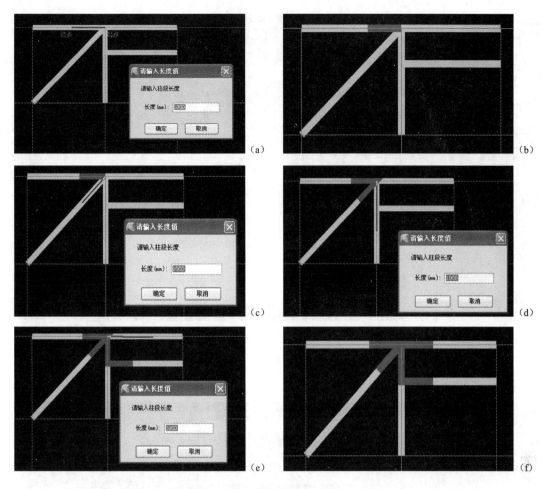

图 9.2-18

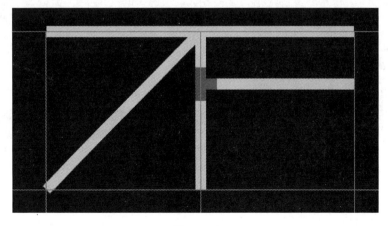

图 9.2-19

说明：

1）单击该功能后，在绘图区域拉框选择需要布置柱子的范围，在弹出的界面中，选择需要布置的条件，单击"确定"按钮，可以快速布置柱，如图 9.2-20 所示。

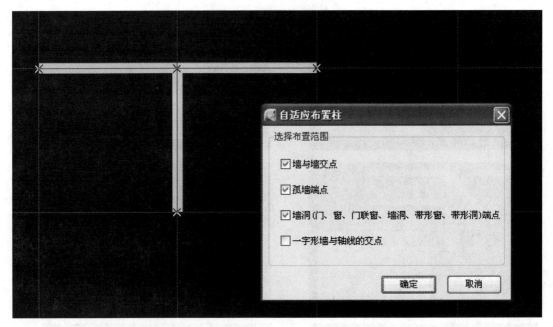

图 9.2-20

2）如果在墙体相交位置找不到软件内置的参数图元，则会弹出如图 9.2-21 所示的"提示"。

图 9.2-21

9.2.4　柱的其他功能

（1）原位标注

第一步：在菜单栏，单击"绘图"→"原位标注"按钮，在绘图区域单击需要标注的柱图元。

第二步：输入钢筋信息等内容，完成输入后，可以单击其他柱图元，继续输入，如图 9.2-22 所示。

图 9.2-22

（2）图元柱表

使用背景：快速输入某个柱子在所有楼层的钢筋信息。

操作步骤：

第一步：在绘图区域绘制一个柱图元后，使用复制选定图元到其他楼层的功能，把图元复制到对应的层。

第二步：在菜单栏单击"绘图"→"图元柱表"按钮，在绘图区域选择需要输入钢筋信息的柱图元，在弹出的界面中，根据图纸输入相关的钢筋信息，完成操作，如图 9.2-23所示。

图 9.2-23

说明：

1）合并楼层：当某些层的钢筋信息一致时，可以把这些楼层进行合并，统一输入钢筋信息；

2）分解楼层：把所有楼层的钢筋信息都显示出来，可以在每一层中输入不同的钢筋信息。

（3）调整柱端头

在菜单栏单击"绘图"→"调整柱端头"按钮，在绘图区域选择需要调整的图元，完成操作，如图 9.2-24 所示。

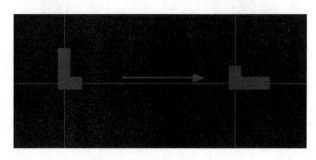

图 9.2-24

说明：该功能适合于"一"字形、"L"形、"T"形、"十"字形非对称柱，可将"一"字形、"十"字形柱逆时针旋转 90°。将"L"形柱按照角平分线镜像、将"T"形柱按 T 形中线镜像。

（4）自动判断边角柱

使用背景：快速设置顶层框架柱的边柱、角柱、中柱。

在菜单栏单击"绘图"→"自动判断边角柱"按钮，软件会根据图元的位置，自动进行判断。如图 9.2-25 所示，判断后的图元会用不同的颜色显示。

说明：该功能只对矩形框架柱和框支柱起作用。

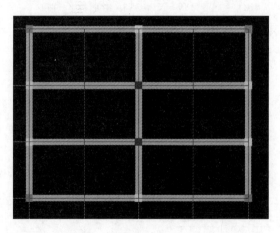

图 9.2-25

（5）查改标注

第一步：在菜单栏单击"绘图"→"查改标注"按钮。

第二步：在绘图区域选择需要修改的图元，软件弹出"查改标注"界面，直接输入数据即可，如图 9.2-26 所示。

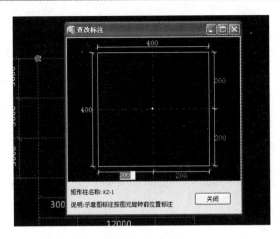

图 9.2-26

9.2.5 构造柱

（1）构造柱的定义

第一步：在导航栏"绘图输入"菜单项下"柱构件"中，选中"构造柱"选项，单击工具栏中的"定义"按钮，进入"构件管理"对话框。

第二步：单击新建菜单下的"新建矩形构造柱"，输入柱名称，然后输入相关参数（名称、类别、截面宽高、钢筋信息），如图 9.2-27 所示。

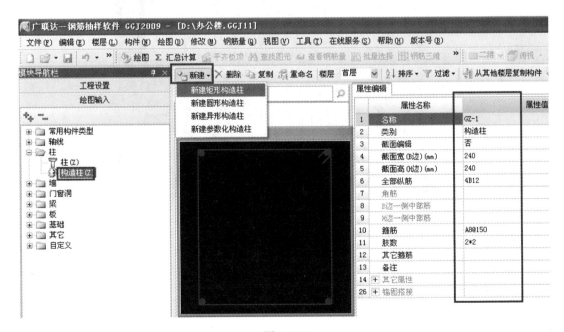

图 9.2-27

（2）构造柱的绘制

构造柱的绘制方法同框架柱。画好的效果如图 9.2-28 所示。

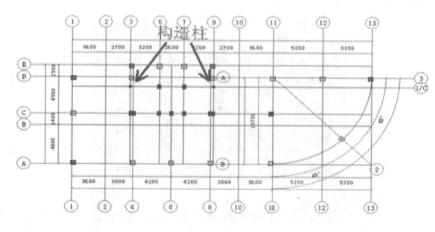

图 9.2-28

9.3　梁的定义与绘制

9.3.1　梁构件钢筋分析

（1）结构中的梁构件，如图 9.3-1 所示。

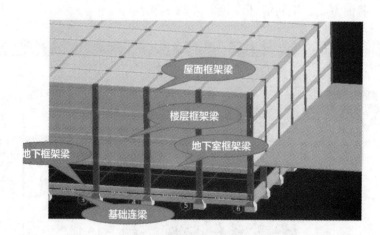

图 9.3-1

（2）梁构件中常见钢筋，如图 9.3-2 所示。

9.3.2　梁的定义与绘制

（1）梁构件的定义

在导航栏"绘图输入"的"梁"构件中选中"梁"，单击工具栏中的 ▣定义 按钮，单击"新建"菜单下的"新建矩形梁"、"新建异性梁"、"新建参数化梁"按钮，根据工程实际情况，任选其中一种，修改名称和相关信息，如图 9.3-3 所示。

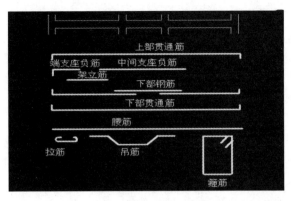

图 9.3-2

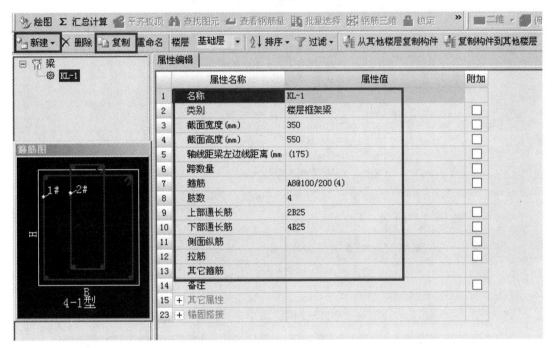

图 9.3-3

【轴线距梁左边线距离（mm）】：用于绘制偏轴线的梁。

【跨数量】：梁的跨数量，软件会自动读取名称中的跨数量，也可以直接输入。没有输入的情况，提取梁跨后会自动读取。

【肢数】：通过单击三点按钮，选择肢数类型。

【上部通长筋】：输入格式：数量＋级别＋直径＋［跨信息］，如 2b25［1-5］，表示从首跨到第 5 跨；可以包含架立筋的信息，例如：2B25＋（2B20）；上下排通过"/"连接，例如：4B25 2/2。

【下部通长筋】：基础梁的下部筋输入格式同框架梁的上部筋。

【侧面纵筋】：格式（G 或 N）数量＋级别＋直径，其中 G 表示构造钢筋，N 表示抗扭构造筋。如 G2B25，表示从首跨到尾跨的构造钢筋。

【拉筋】：当有侧面纵筋时，软件按"计算设置"中的设置自动计算拉筋信息。当前构件需要特殊处理时，可以根据实际情况输入。

其他属性中的起点和终点顶标高可以修改梁的标高信息，如图 9.3-4 所示。

14	⊟ 其它属性	
15	其它箍筋	
16	汇总信息	梁
17	保护层厚度(mm)	(25)
18	计算设置	按默认计算设置计算
19	节点设置	按默认节点设置计算
20	搭接设置	按默认搭接设置计算
21	起点顶标高(m)	层顶标高
22	终点顶标高(m)	层顶标高
23	⊟ 锚固搭接	
24	混凝土强度等级	(C30)
25	抗震等级	(一级抗震)
26	一级钢筋锚固	(27)
27	二级钢筋锚固	(34/38)
28	三级钢筋锚固	(41/45)
29	冷轧扭钢筋锚固	(35)
30	冷轧带肋钢筋锚固	(35)
31	一级钢筋搭接	(33)
32	二级钢筋搭接	(41/46)
33	三级钢筋搭接	(50/54)
34	冷轧扭钢筋搭接	(42)
35	冷轧带肋钢筋搭接	(42)

图 9.3-4

（2）梁的绘制（如图 9.3-5 所示）

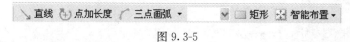

图 9.3-5

方法一：直线绘制

通常采用直线画法，只要在梁的起点和终点单击 ＼直线 按钮即可，如图 9.3-6 所示。

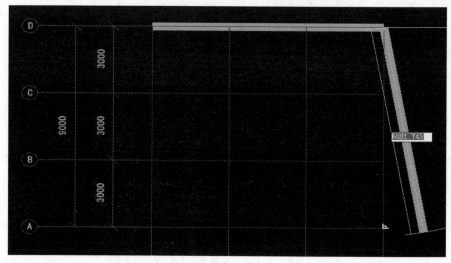

图 9.3-6

方法二：智能布置

单击工具栏中的 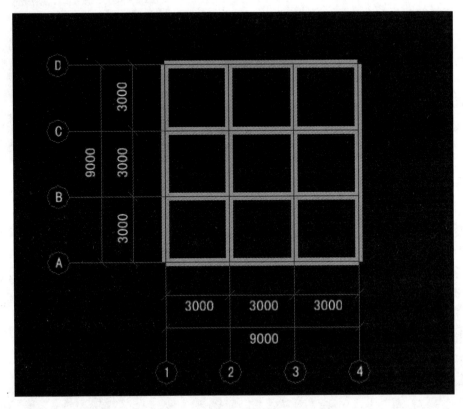 智能布置 ▾ 按钮，选择智能布置的方式，例如，按"轴线"布置，然后单击轴线即可，如图 9.3-7 所示。

图 9.3-7

方法三：点加长度绘制

单击工具栏中的 点加长度 按钮，单击要布置梁的轴线交点，在要布置梁的轴线上任何一点单击"确定"按钮，弹出尺寸对话框（此方法适用于布置悬挑梁），如图 9.3-8 所示。

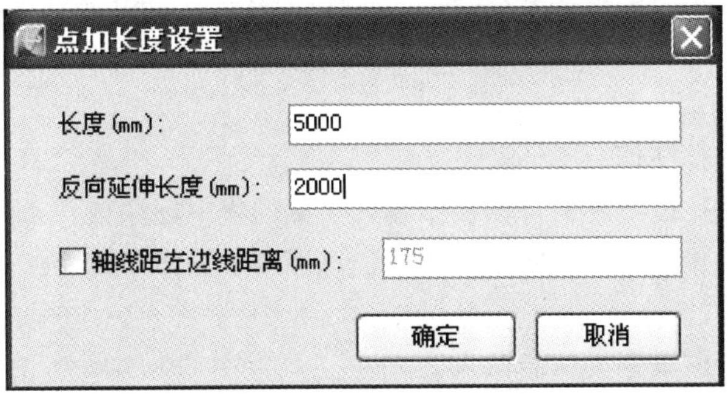

图 9.3-8

方法四：三点画弧形梁

单击工具栏中的 三点画弧 按钮，在下拉框中选择三点画弧，如图 9.3-9 所示。在绘图区分别选择弧形轴网上的三个点绘制弧形梁，即可，如图 9.3-10 所示。

图 9.3-9

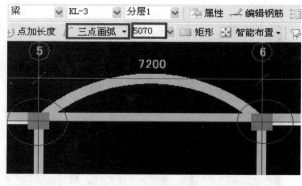

图 9.3-10

方法五：矩形布置梁

单击工具栏中的 矩形 按钮，用鼠标左键指定第一个角点，在沿着对角线方向指定第二个角点，即可画出一个矩形的梁，如图 9.3-11 所示。

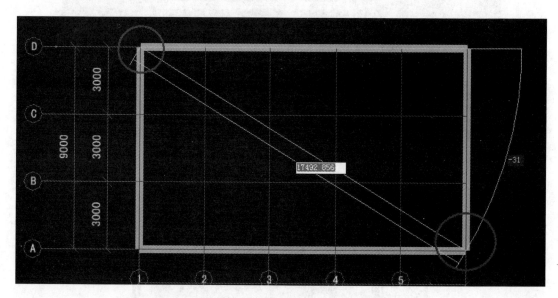

图 9.3-11

（3）修改梁构件标注信息

在定义梁构件时，已经在构件属性中输入了梁的集中标注信息，那么梁的原位标注信息如何输入呢？在软件中只要照图录入钢筋信息即可，操作步骤为：

方法一：原位标注

第一步：选中要配置钢筋信息的梁，单击工具栏中的 原位标注 按钮，选择原位标注，如图 9.3-12 所示。

第二步：在梁图元上弹出的属性窗口中直接输入钢筋信息，回车即可，同时在梁图和绘图区域下面的"平法表格"中相应位置会显示钢筋信息，依次可以输入其他的钢筋信息。

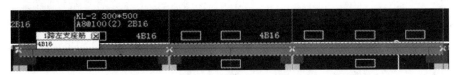

图 9.3-12

第三步：当出现变截面的时候，可以在原位标注中下部筋的下拉菜单中进行修改，如图 9.3-13 所示。

图 9.3-13

方法二：平法表格

第一步：单击工具栏中的 ⊞ 梁平法表格 按钮，如图 9.3-14 所示。

第二步：选择需要配置钢筋信息的梁，直接在"平法表格"中相应位置直接输入钢筋信息即可，同时在梁图上会把钢筋信息显示在相应的位置上，方便进行检查，如图 9.3-15 所示。

图 9.3-14

复制跨数据　粘贴跨数据　输入当前列数据　删除当前列数据　页面设置　调换起始跨

跨号	构件尺寸 (mm)							上通长筋	上部钢筋		
	标高(m)	A1	A2	A3	A4	跨长	截面(B*H)		左支座钢筋	跨中钢筋	右支座钢筋
1	(3.6)	(120)	(380)	(250)		(3200)	300*500	2B16[1-3]	4B16		4B16
2	(3.6)		(250)	(250)		(2600)	300*500				4B16
3	(3.6)		(250)	(380)	(120)	(3200)	300*500				

图 9.3-15

第三步：如果梁跨的数据一致，可以复制跨数据，快速输入梁的钢筋信息，如图 9.3-16 所示。

图 9.3-16

第四步：如果要布置吊筋，一定要在表格中输入次梁宽度，才能输入吊筋信息，如图 9.3-17 所示。

图 9.3-17

（4）单跨框架梁、多跨框架梁、悬臂梁、非框架梁的钢筋输入格式

1）单跨框架梁输入格式，如图 9.3-18 所示。

注意：支座宽度的输入；主梁上有次梁，配置了吊筋。在输入时吊筋锚固值可根据受力位置不同进行调整。

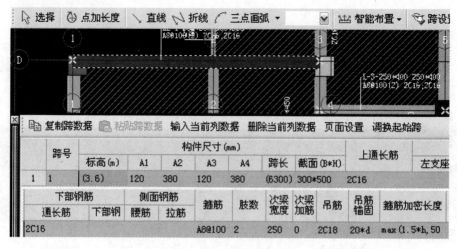

图 9.3-18

2）多跨框架梁输入格式，如图 9.3-19 所示。

注意：支座宽度的输入，通长钢筋和支座负筋的输入。

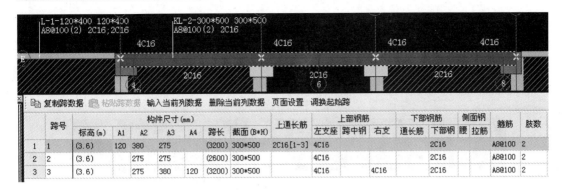

图 9.3-19

3）带悬臂框架梁输入格式，如图 9.3-20 所示。

注意：支座宽度的输入，通长钢筋的输入格式，悬臂变截面的设置。

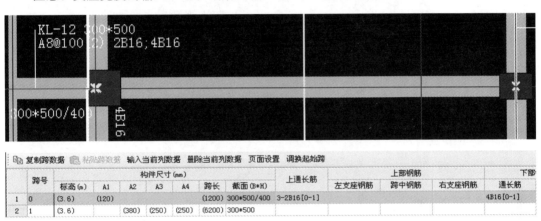

图 9.3-20

对于悬臂梁钢筋的输入格式，软件中提供了 5 种钢筋型号供进行选择，如图 9.3-21 所示。

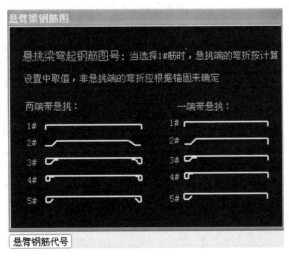

图 9.3-21

例如，图纸中悬臂梁钢筋为：6B22 4/2，其中有两根为 2♯钢筋，则在"跨中钢筋"处输入：2B22＋2-2B22/2B22，表示第一排有两根贯通筋（软件默认为 1♯）和两根 2♯钢筋，第二排有两根钢筋。

4）非框架梁 L-4 输入格式，如图 9.3-22 所示。

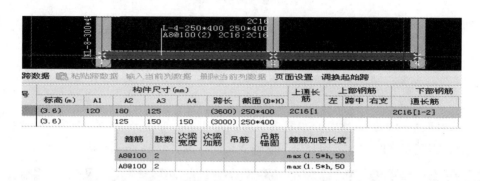

图 9.3-22

（5）梁的其他功能（如图 9.3-23 所示）

图 9.3-23

1）修改梁段属性。

单击 按钮，可以对梁的标高进行修改，如图 9.3-24 所示。

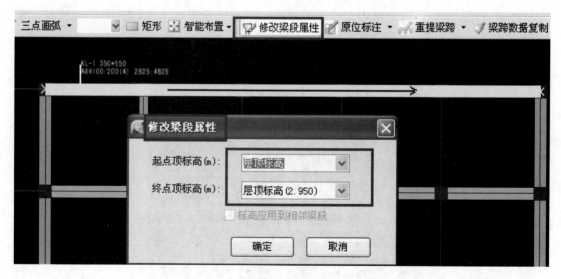

图 9.3-24

2）重提梁跨。

单击 按钮，可以对梁的支座进行重新识别，删除支座和设置支座，如图9.3-25所示。

如果不想让梁以某个柱子为支座，可以在 重提梁跨 · 中选择"删除支座"，然后选中要删除支座的梁，选中不要的支座，单击鼠标右键确认，出现了如图9.3-26的对话框，然后选择"确定"即可。

图9.3-25

图9.3-26

3）梁跨数据复制。

鼠标单击 梁跨数据复制 按钮，可以对已经输入过钢筋信息的梁跨数据进行快速复制，用于需要复制信息的梁，如图9.3-27所示。

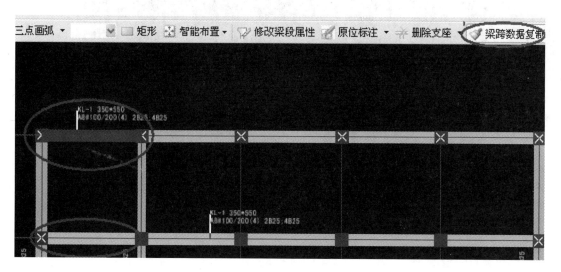

图9.3-27

鼠标单击 梁原位标注复制按钮，可以对已输入过钢筋信息的梁的原位标注信息进行快速复制，用于需要复制信息的梁，如图9.3-28所示。

4）批量识别梁支座。

单击 批量识别梁支座 按钮，选择需要识别梁支座的梁图元，可以点选、框选，然后单击右键识别支座，如图9.3-29所示。

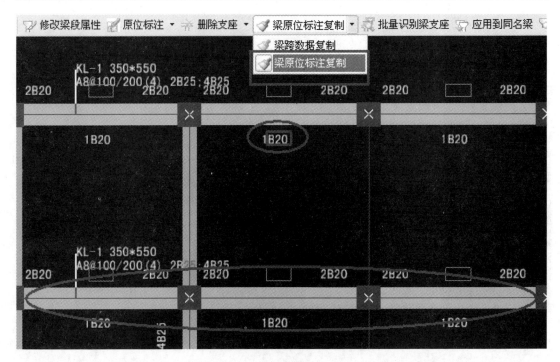

图 9.3-28

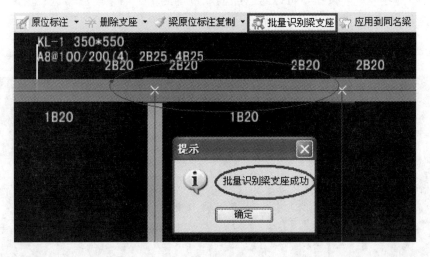

图 9.3-29

5）应用到同名梁。

鼠标单击 [应用到同名梁] 按钮，选择要应用的梁图元，弹出对话框，应用范围选择，然后选择一个，如同名称未识别的梁，则和此梁同名称的所有没标注的梁将都被标注，标注信息和选择的源梁图元一样，如图 9.3-30 所示。

6）查改标高。

单击 [查改标高] 按钮，则在梁的周围出现了标高数字，单击标高数字，可以对标高进行修改，如图 9.3-31 所示。

图 9.3-30

图 9.3-31

7）梁的对齐。

梁属于线性构件，可以用画直线、用画折线的方式进行绘制，画完构件后，如果梁有偏轴线，需要对齐。

方法一：单击工具栏中的 对齐 按钮，再选中要对齐的梁图元，如图 9.3-32 所示。

图 9.3-32

方法二：鼠标左键选中梁构件，单击鼠标右键，则出现右键菜单，选择"单对齐"按钮，如图 9.3-33 所示。

在绘图区域选择需要对齐的目标线，如柱边，如图 9.3-34 所示。

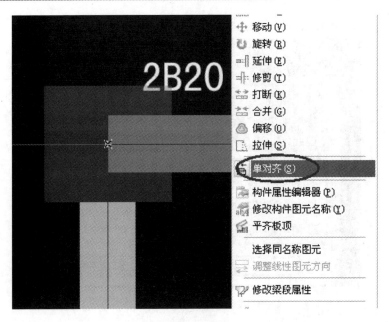

图 9.3-33

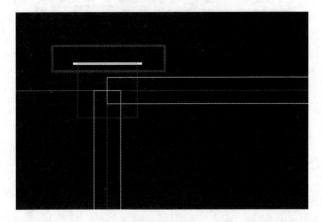

图 9.3-34

在绘图区域选择需要对齐的图元的边线，完成操作，如图 9.3-35 所示。

图 9.3-35

9.3.3 圈梁的定义与绘制（方法同梁）

（1）圈梁的定义（如图 9.3-36 所示）

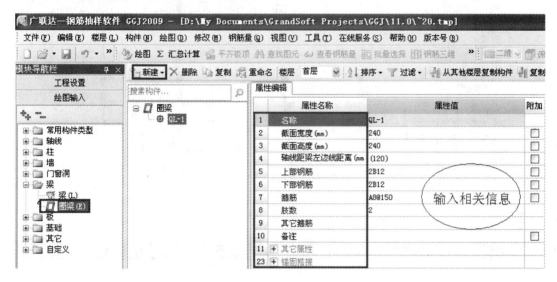

图 9.3-36

注意：在工程中若圈梁拐角处需要设置斜拉筋和放射箍筋时，我们可以在定义圈梁时，在它的"其他属性"进行设置，输入方式同梁受力筋，如图 9.3-37 所示。

L形斜加筋	2B12
L形放射箍筋	6A8

图 9.3-37

（2）圈梁的绘制（如图 9.3-38 所示）

图 9.3-38

圈梁的绘制方法和梁相同，这里不再介绍。

9.4 墙的定义与绘制

9.4.1 剪力墙的定义与绘制

（1）剪力墙钢筋

剪力墙配筋图，如图 9.4-1 所示。

（2）剪力墙的定义

在导航栏"绘图输入"的"墙"构件中选中"剪力墙"，单击工具栏中的 定义 按钮，在"新建"菜单下的"新建剪力墙"，修改名称和相关信息，如图 9.4-2 所示。

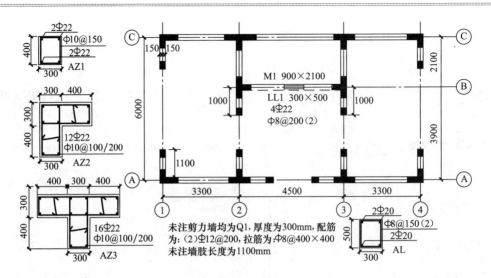

图 9.4-1

图 9.4-2

说明：

【水平分布钢筋】：输入格式为（排数）＋级别＋直径＋@＋间距，当剪力墙有多种直径的钢筋时，在钢筋与钢筋之间用"＋"连接。"＋"前面表示墙左侧钢筋信息，"＋"后面表示墙体右侧钢筋信息。

【垂直分布钢筋】：剪力墙的竖向钢筋，输入格式为（排数）＋级别＋直径＋@＋间距，例如：（2）B12@150。

【拉筋】：剪力墙中的横向构造钢筋，即拉筋，其输入格式为：级别＋直径＋@＋水平间距＋＊＋竖向间距。例如：剪力墙的拉筋为一级钢筋，直径为 6mm，水平间距与竖向间距均为 600mm，其输入格式为：A6@600 * 600。

（3）剪力墙的绘制（如图 9.4-3 所示）

图 9.4-3

方法一：直线绘制。

剪力墙属于线性构件，可以采用画直线方法进行绘制，如图 9.4-4 所示。

第一步：选择定义好的剪力墙构件，如 JLQ-1。

第二步：选择工具栏中的直线按钮，单击绘图区轴网交点的第一点，然后单击第二点，即可完成绘制。

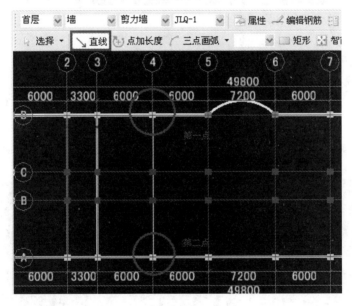

图 9.4-4

方法二：点加长度画法。

在实际工程中，经常会遇到短肢剪力墙，这时可以采用"点加长度"的方式进行绘制，如图 9.4-5 所示。

操作步骤：

第一步：选择剪力墙，单击工具栏中的 点加长度 按钮；

第二步：按鼠标左键指定第一个角点，按鼠标左键指定第二点确定角度，或 shift＋左键输入角度（左键指定点应在轴线交点及构件端点以外）；

第三步：单击轴网交点，打开"输入长度"窗口，输入短肢剪力墙的长度，单击"确定"按钮即可，如图 9.4-5 所示，用相同方法可画出其他位置的剪力墙。

方法三：三点画弧法。

适用于绘制弧形剪力墙，有逆小弧、顺小弧、逆大弧、顺大弧、三点画弧、起点圆心终点画弧和圆画法，如图 9.4-6 所示。

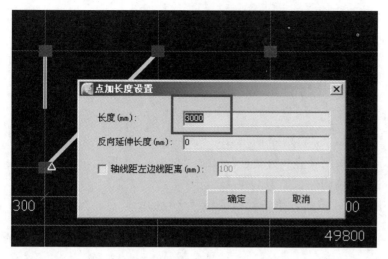

图 9.4-5　　　　　　　　　　　　　　　　　　　图 9.4-6

例如，顺小弧画法，如图 9.4-7 所示

第一步：选择工具栏中的顺小弧按钮，输入半径值。

第二步：单击绘图区的第一点，再单击第二点，即可完成绘制弧形剪力墙。

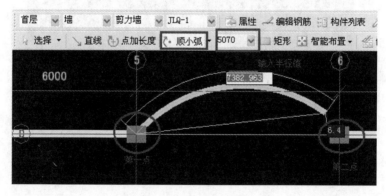

图 9.4-7

方法四：矩形画法，如图 9.4-8 所示。

第一步：选择工具栏中的矩形按钮；

第二步：单击绘图区轴线交点的第一点，沿着对角线方向单击第二点，即可完成绘制。

方法五：智能布置法，如图 9.4-9 所示。

第一步：选择工具栏的智能布置按钮，点开下拉菜单，选择合适的布置方法（轴线、梁轴线、梁中心线、条基轴线、条基中心线）；

第二步：例如，选择按轴线布置，框选或点选要布置剪力墙的轴线，即可完成绘制。

（4）剪力墙的修改（如图 9.4-10 所示）

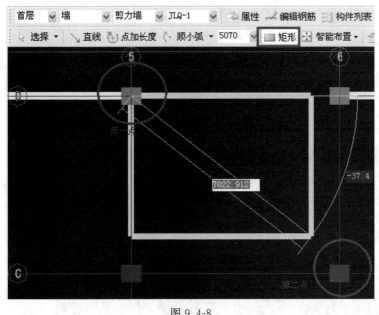

图 9.4-8

图 9.4-9

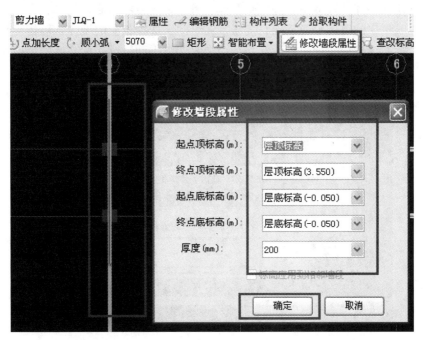

图 9.4-10

方法一：修改墙段属性，如图 9.4-11 所示。

第一步：选择工具栏中的修改墙段属性按钮，在绘图区选择需要修改属性的墙，弹出对话框；

图 9.4-11

第二步：在对话框中输入需要修改的属性值，如墙体标高、厚度等，单击"确定"按钮即可。

方法二：查改标高，如图 9.4-12 所示。

选择工具栏中的查改标高按钮，在绘图区绘制好的墙体上显示出了标高数字信息，单击数字，可以对标高进行修改。

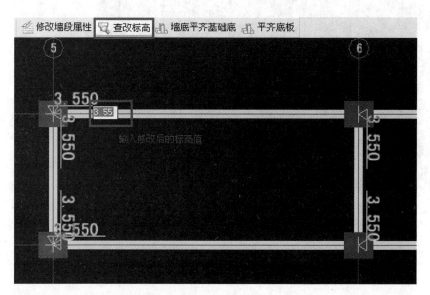

图 9.4-12

方法三：墙体平齐基础底，如图 9.4-13 所示。

如果绘制的墙体的底标高和基础底平齐，可以采用此项功能。

选择工具栏中的墙体平齐基础底按钮，在绘图区选择相应的墙体，墙体颜色变蓝被选中，单击鼠标右键确认，弹出对话框，是否同时调整手动修改底标高后的墙底标高，结合具体情况选择即可。

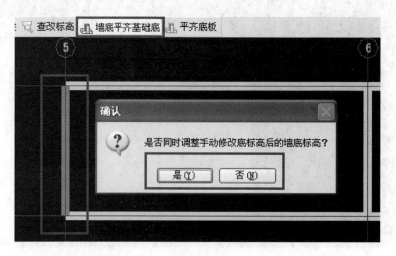

图 9.4-13

方法四：平齐底板如图 9.4-14 所示。

选择工具栏中的平齐底板按钮，在绘图区选择相应的墙体，墙体颜色变蓝被选中，单击鼠标右键确认，弹出对话框，是否同时调整手动修改底标高后的墙底标高，结合具体情况选择即可。

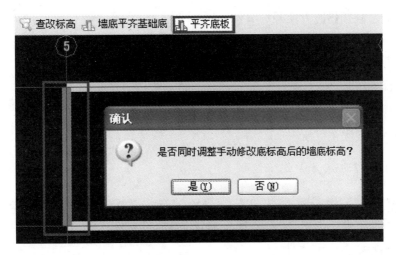

图 9.4-14

9.4.2　砌体墙的定义与绘制

（1）砌体墙的定义

在导航栏"绘图输入"的"墙"构件中选中"砌体墙"，单击工具栏中的 定义 按钮，在"新建"菜单下的"新建砌体墙"中，修改名称和相关信息，如图 9.4-15 所示。

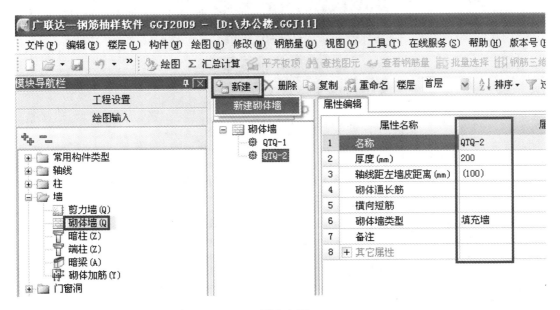

图 9.4-15

（2）砌体墙的绘制和修改（如图 9.4-16 所示）

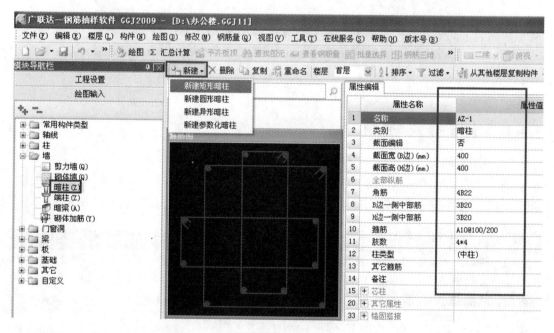

图 9.4-16

砌体墙的绘制和修改方法和剪力墙一样。

9.4.3　暗柱的定义与绘制

（1）暗柱的定义

方法一：新建矩形暗柱。

在导航栏"绘图输入"的"墙"构件中选中"暗柱"，单击工具栏中的 [定义] 按钮，在"新建"菜单下的"新建矩形暗柱（新建圆形暗柱、新建异形暗柱）"中，修改名称和相关信息，如图 9.4-17 所示。

图 9.4-17

方法二：新建参数化暗柱。

实际工程中，暗柱的形式多种多样，软件中已经内置了常用的暗柱图集，直接选择图集就可以建立异形的暗柱了，操作步骤为：

第一步：切换到暗柱构件管理窗口，单击"新建参数化暗柱"选项，打开暗柱类型选择窗口。

第二步：选择"L形"图形（或其他图形），输入截面参数值，单击"确定"按钮，退出。

第三步：输入名称、纵筋、箍筋、拉筋信息即可，如图 9.4-18 所示。

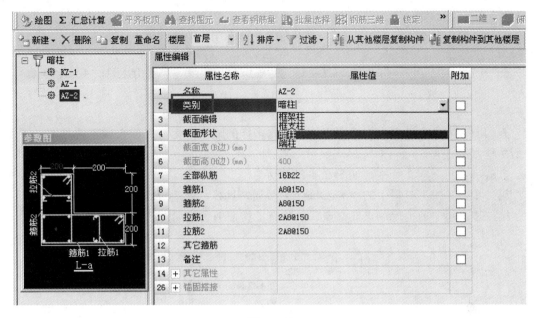

图 9.4-18

方法三：暗柱表。

在定义暗柱时，也可以利用"暗柱表"快速建立暗柱，操作步骤为：

第一步：单击菜单栏中的"构件"按钮，选择"暗柱表"选项进入"暗柱表定义"窗口；

第二步：单击"新建柱"按钮，打开暗柱类型选择窗口；

第三步：选择"T-a"图形，输入截面参数值，单击"确定"按钮，退出；

第四步：输入暗柱名称、纵筋、箍筋、拉筋等信息，然后单击"新建柱层"按钮，建立楼层暗柱；

第五步：单击"生成构件"按钮，在弹出的界面中选择"是"，即可生成暗柱构件；

第六步：单击"确定"按钮，退出，如图 9.4-19 所示。

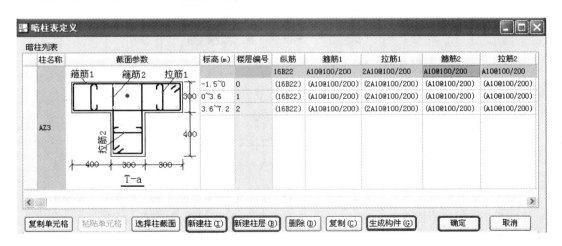

图 9.4-19

（2）暗柱的绘制

暗柱的基本绘制方法和柱一致，这里介绍几种常用方法，如图 9.4-20 所示。

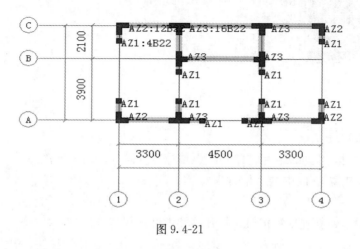

图 9.4-20

先画图，软件自动建立构件实现快速建立多样的暗柱，无需先建立构件再画图，下面介绍两种方法：

方法一：自适应布置柱，如图 9.4-21 所示。

第一步：单击工具栏中的 ✍ 按墙位置绘制柱 ▾ 按钮，选择"自适应布置柱"选项；

第二步：单击剪力墙端点或交点，软件自动按照剪力墙的形状建立暗柱。

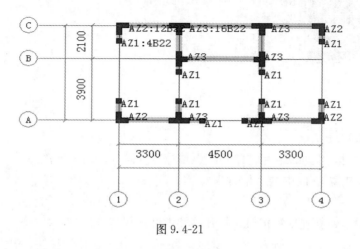

图 9.4-21

方法二：按墙位置绘制柱，如图 9.4-22 所示。

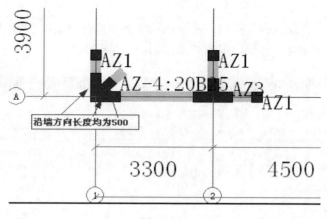

图 9.4-22

通过"自适应布置柱"能够快速画出暗柱并建立构件，但实际工程中有些异形暗柱利用上述方法还是不能建立，那么利用"按墙位置绘制柱"就能帮助您实现，操作步骤为：

第一步：单击工具栏中的 <kbd>按墙位置绘制柱 ▾</kbd> 按钮，选择"按墙位置绘制柱"选项；

第二步：按鼠标左键，单击剪力墙的交点，沿墙方向单击鼠标左键，输入暗柱长度，依此方法绘制暗柱的其他边长，单击鼠标右键则软件自动建立暗柱。

（3）暗柱信息修改

画完暗柱后，需要对暗柱界面尺寸和钢筋信息进行修改，那么我们可以采用柱"原位标注"、"构件属性编辑器"和"图元柱表"三个功能快速修改暗柱的信息。

如果实际工程中您的柱类型是端柱，您可以在"构件属性编辑器"中的"类别"里进行选择，如图 9.4-23 所示。

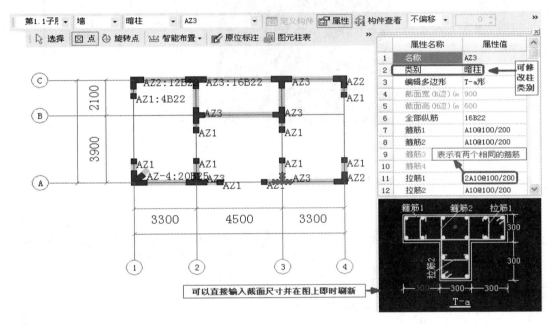

图 9.4-23

9.4.4　端柱的定义与绘制

（1）端柱的定义

在导航栏"绘图输入"的"墙"构件中选中"端柱"，单击工具栏中的 <kbd>定义</kbd> 按钮，在"新建"菜单下选择"新建矩形端柱（新建圆形端柱、新建异形端柱、新建参数化端柱）"，修改名称和相关信息，如图 9.4-24 所示。

（2）端柱的绘制和修改

如图 9.4-25 所示，端柱的绘制和修改和柱一样，这里不再介绍。

9.4.5　暗梁的定义与绘制

（1）暗梁的定义

在导航栏"绘图输入"的"墙"构件中选中"暗梁"，单击工具栏中的 <kbd>定义</kbd> 按钮，在"新建"菜单下选择"新建暗梁"，修改名称和相关信息。如图 9.4-26 所示。

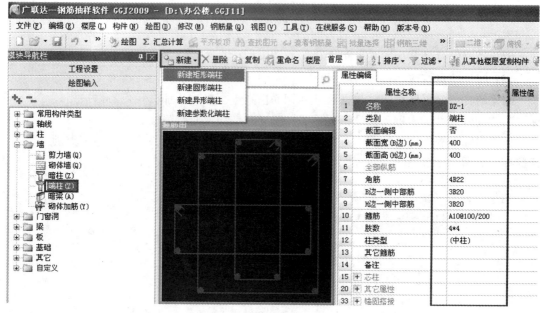

图 9.4-24

图 9.4-25

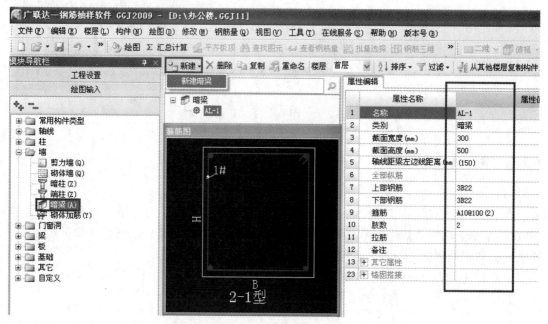

图 9.4-26

（2）暗梁的绘制（如图 9.4-27 所示）

图 9.4-27

智能布置法：

第一步：在暗梁构件管理中建立暗梁，输入相关构件信息；

第二步：然后利用"智能布置"功能，快速进行布置即可，如图 9.4-28 所示。

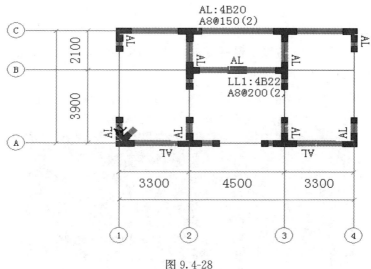

图 9.4-28

暗梁的绘制和修改方法与梁一致，这里不再介绍。

9.4.6　砌体加筋

（1）砌体加筋的定义

在导航栏中单击"墙"按钮，选择"砌体加筋"，然后单击工具栏中的"定义构件"按钮，进入"构件管理"对话框，输入相关信息，如图 9.4-29 所示。

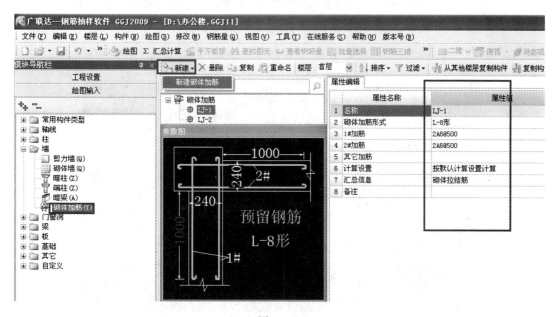

图 9.4-29

（2）砌体加筋的绘制

常用的绘制方法有：点画、智能布置、自动生成砌体加筋，如图 9.4-30 所示。

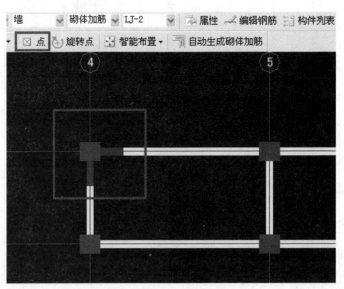

图 9.4-30

方法一：画点布置。

选择工具栏中的"点"按钮，鼠标左键单击绘图区点击已布置好的墙体即可，如图 9.4-31 所示。

图 9.4-31

方法二：智能布置。

第一步：单击工具栏中的智能布置按钮，点开下拉菜单，选择按柱布置，如图 9.4-32 所示。

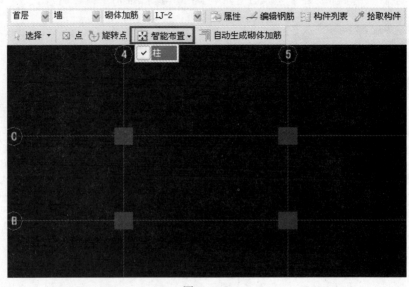

图 9.4-32

第二步：框选或点选要布置砌体加筋的柱，柱子变蓝被选中，如图 9.4-33 所示。

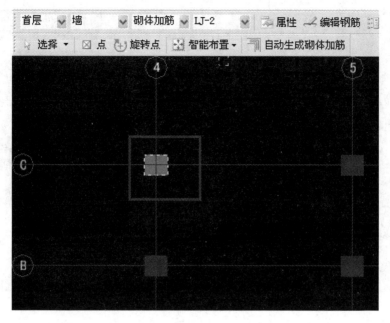

图 9.4-33

第三步：单击鼠标右键确定即可，如图 9.4-34 所示。

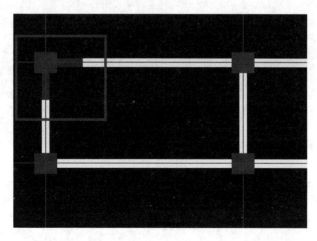

图 9.4-34

方法三：自动生成砌体加筋法。

第一步：选择工具栏中的自动生成砌体加筋按钮，弹出参数设置对话框，选择合适的设置条件，单击"确定"按钮，如图 9.4-35 所示。

第二步：在绘图区框选或点选要布置砌体加筋的柱，柱子变蓝被选中，如图 9.4-36 所示。

第三步：单击鼠标右键确定即可，如图 9.4-37 所示。

图 9.4-35

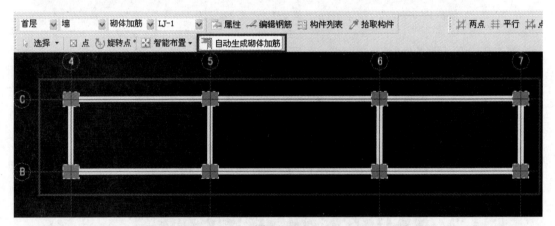

图 9.4-36

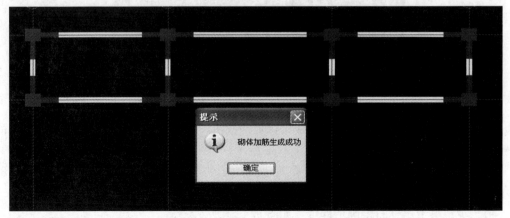

图 9.4-37

9.5 板的定义与绘制

9.5.1 板的定义与绘制

（1）板构件钢筋分析

板构件中需要计算的钢筋，如图 9.5-1、图 9.5-2 所示。

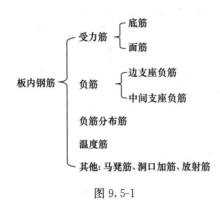

图 9.5-1

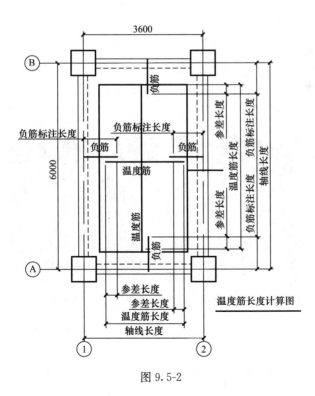

图 9.5-2

（2）板的定义

在导航栏"绘图输入"的"板"构件中选中"现浇板"，单击工具栏中的 定义 按钮，在"新建"菜单下选择"新建现浇板"，修改名称和相关信息，如图 9.5-3 所示。

313

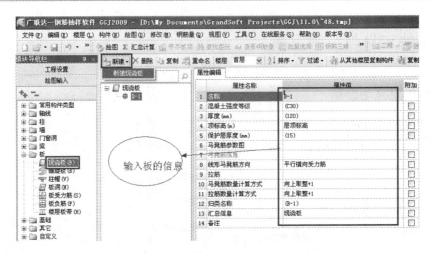

图 9.5-3

（3）板的绘制

板的绘制方法，如图 9.5-4 所示

图 9.5-4

方法一：点画布置。

单击工具栏中的 ⊠点 按钮，在工具栏中选择需要布置的板，如 B-1，只要在梁或板图元围成的封闭区域内单击鼠标左键即可（注意：这里的封闭区间指的是梁或墙围成的封闭区域），如图 9.5-5 所示。

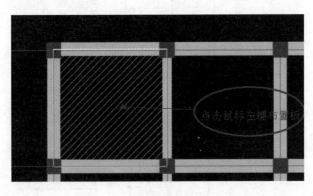

图 9.5-5

方法二：直线画法。

单击直线画法 ╲直线 按钮，鼠标左键指定第一个插入点（端点），按鼠标左键依次单击下一个端点，单击鼠标右键终止即可，如图 9.5-6 所示。

方法三：矩形画法。

单击矩形画法 ▢矩形 按钮，鼠标左键指定板的第一个角点，按鼠标左键指定对角点即可，如图 9.5-7 所示。

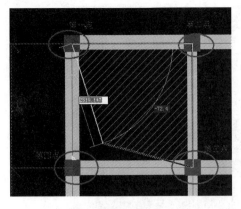

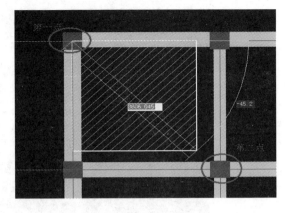

图 9.5-6 图 9.5-7

方法四：智能布置。

第一步：单击工具栏中的  智能布置▾ 按钮，点开下拉菜单，如图 9.5-8 所示。

第二步：选择要布置的方式，如梁的中心线，框选要布置板的梁，如图 9.5-9 所示。

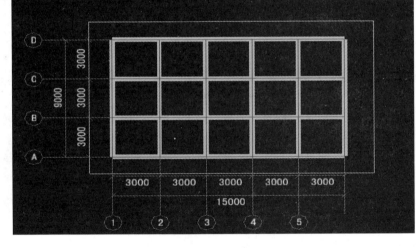

图 9.5-8 图 9.5-9

第三步：鼠标右键确认，则自动布置了板，如图 9.5-10 所示。

方法五：自动生成板。

单击工具栏中的 自动生成板 按钮，则在绘图区的封闭区域内，自动生成板，如图 9.5-11 所示。

9.5.2 板受力筋的定义及绘制

（1）板受力钢筋的定义

在导航栏"绘图输入"的"板"构件中选中"板受力筋"，单击工具栏中的 定义 按钮，在"新建"菜单下选择"新建板受力筋"、"新建跨板受力筋"，根据工程实际情况任选其中一种，修改名称和相关信息，如图 9.5-12 所示。

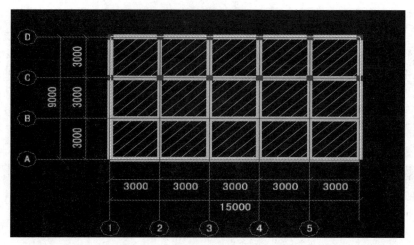

图 9.5-10

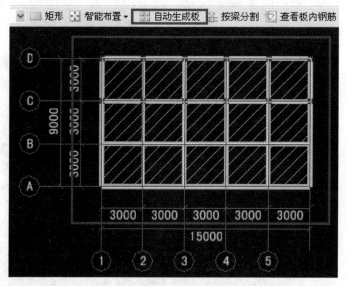

图 9.5-11

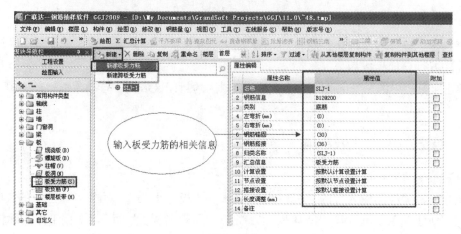

图 9.5-12

说明：

【钢筋信息】：输入格式为级别＋直径＋@＋间距，例如：A10@200。类别：根据实际情况选择底筋、面筋、中间层筋或者温度筋。

【左弯折（mm）】：默认为（0），表示长度会根据计算设置的内容进行计算，也可以输入具体的数值。

【右弯折（mm）】：默认为（0），表示长度会根据计算设置的内容进行计算，也可以输入具体的数值。

【钢筋锚固】：软件自动读取楼层设置中锚固设置的具体数值，当前构件如果有特殊要求，则可以根据具体情况修改。

【钢筋搭接】：软件自动读取楼层设置中搭接设置的具体数值，当前构件如果有特殊要求，则可以根据具体情况修改。

【归类名称】：该钢筋量需要归属到哪个构件下，直接输入构件的名称即可，软件默认为当前构件的名称。汇总信息：默认为构件的类别名称。报表预览时部分报表可以以该信息进行钢筋的分类汇总。

【长度调整（mm）】：钢筋伸出或缩回板的长度，单位为 mm。当受力筋的计算结果需要特殊处理时，可以通过这个属性来处理。

（2）板受力钢筋的绘制

板受力钢筋的绘制方法，如图 9.5-13 所示。

□单板 ▦多板 ⌐自定义▾ ▤水平 ▯垂直 ⚡XY方向 其它方式▾ ⚡放射筋▾ ▤自动配筋 ▦交换左右标注 ▤查看布筋▾ ▨复制钢筋

图 9.5-13

以下介绍几种常用的画板受力筋的方式，供参考：

方法一："单板范围"布置受力筋。

第一步：选择受力筋，单击工具栏中的 ▤水平（水平筋）按钮，或者 ▯垂直（垂直筋）按钮；

第二步：单击工具栏中的 □单板 按钮；

第三步：按鼠标左键单击需要布筋的板，即可布置板受力筋，如图 9.5-14 所示。

图 9.5-14

方法二：双层双向布筋：

当板的受力筋为双层双向时，可以利用"XY方向布置"功能布置受力筋，操作步骤为：

第一步：单击工具栏中的 ⚙XY方向 按钮，选择"XY方向布置受力筋"。

第二步：单击工具栏中的 □单板 按钮。

第三步：选择按鼠标左键，选择需要布置受力筋的板。

第四步：输入配筋内容即可，如图9.5-15所示。

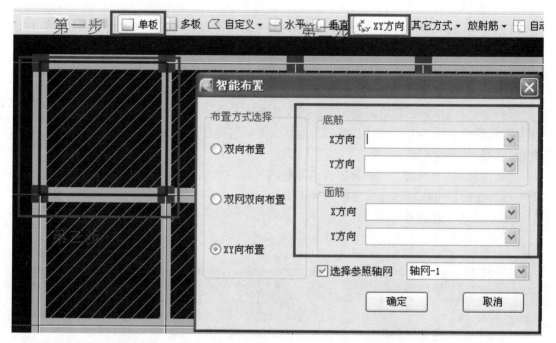

图 9.5-15

方法三："多板范围"布置受力筋。

如果在多板范围内布置钢筋，操作步骤为：

第一步：选择受力筋，单击工具栏中的 □水平 （水平筋）按钮。

第二步：单击工具栏中的 □多板 按钮。

第三步：按鼠标左键，选择需要布筋的板，单击鼠标右键"确认"，如图9.5-16所示。

图 9.5-16

第四步：在板范围内单击鼠标左键，即可布置板受力筋，如图 9.5-17 所示。

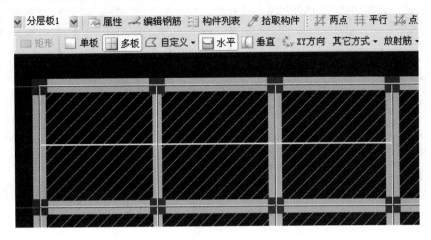

图 9.5-17

方法四：双层布筋。

当板的受力筋为双层双向时，可以利用"XY 方向布置"功能布置受力筋，操作步骤为：

第一步：单击工具栏中的 XY方向 按钮，选择"XY 方向布置受力筋"。

第二步：单击工具栏中的 多板 按钮。

第三步：选择按鼠标左键，依次选择需要布置受力筋的板，如图 9.5-18 所示。

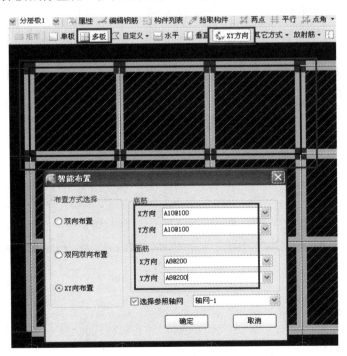

图 9.5-18

第四步：输入配筋内容即可，如图 9.5-19 所示。

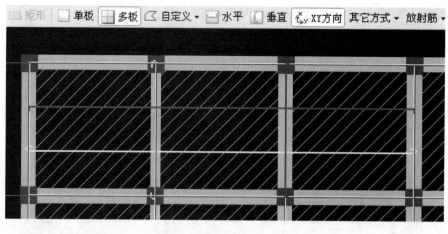

图 9.5-19

方法五：自动配筋。

单击工具栏中的 <kbd>自动配筋</kbd> 按钮，弹出自动配筋设置对话框，输入钢筋网信息即可，如图 9.5-20 所示。

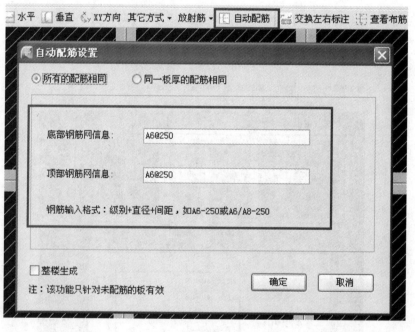

图 9.5-20

方法六：复制钢筋。

当前板中布置了钢筋后，其他板内的钢筋与当前板钢筋一样，需要快速布置到其他板中，可以使用此项功能。

第一步：单击工具栏中的 <kbd>复制钢筋</kbd> 按钮，在绘图区选择需要复制的钢筋图元，选中的图元显示为蓝色，点击右键结束选择，如图 9.5-21 所示。

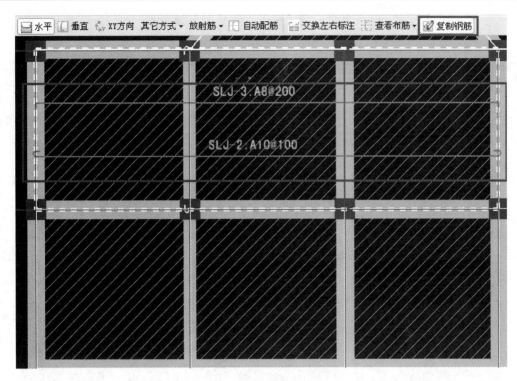

图 9.5-21

第二步：在绘图区单击板图元，做复制的目标图元范围，如图 9.5-22 所示。

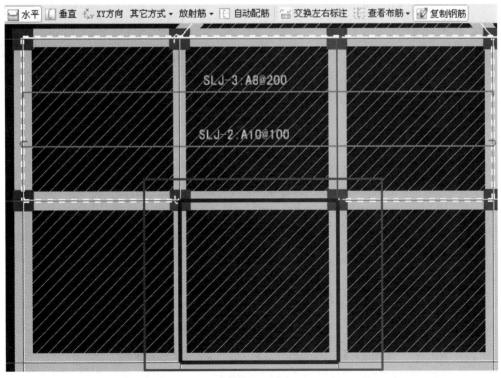

图 9.5-22

第三步：单击右键，结束复制，完成操作，如图 9.5-23 所示。

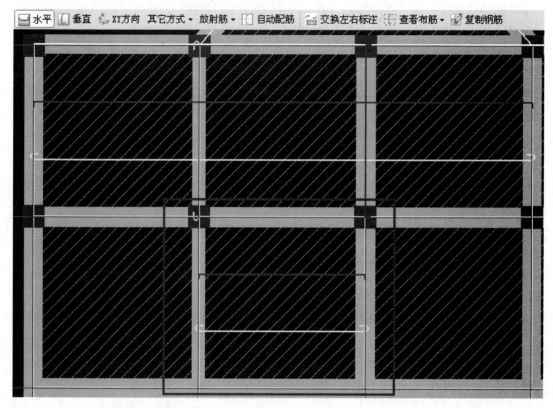

图 9.5-23

方法七：应用同名称板。

想快速复制已经画好的同名称板的钢筋信息，可以使用此项功能。

第一步：单击工具栏中的 应用同名称板 按钮，在绘图区选择板图元，选中的图元显示为蓝色，如图 9.5-24 所示。

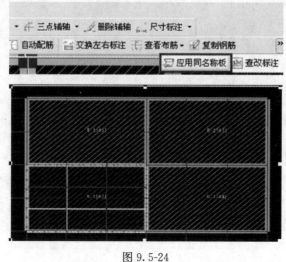

图 9.5-24

第二步：单击右键，结束复制，软件弹出"提示"界面，单击"确定"按钮，完成操作，如图 9.5-25 所示。

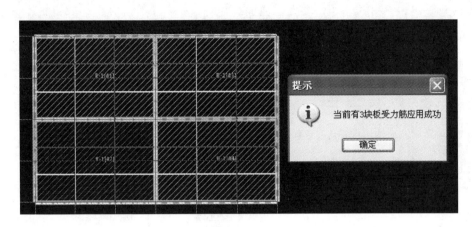

图 9.5-25

（3）板受力筋的修改

板的受力筋要进行修改，只需在绘图区选择已经布置好的受力筋，则出现受力筋的数字信息，点击数字信息，则可对受力筋的名称进行修改，如图 9.5-26 所示。

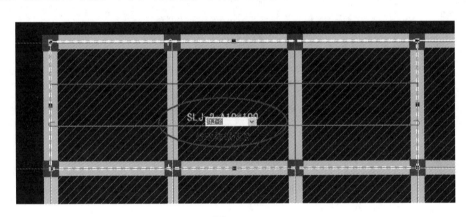

图 9.5-26

9.5.3 板负筋及其分布筋的定义及绘制

（1）板负筋的定义

在导航栏"绘图输入"的"板"构件中选中"板负筋"，单击工具栏中的 定义 按钮，在"新建"菜单下选择"新建板负筋"，修改名称和相关信息，如图 9.5-27 所示。

可以同时对分布钢筋进行定义，如图 9.5-28 所示。

也可以在"工程设置"中的"计算设置"的板的"公共钢筋配置"中，对分布钢筋进行集中定义，如图 9.5-29 所示。

（2）板负筋的绘制

板负筋的绘制方法，如图 9.5-30 所示。

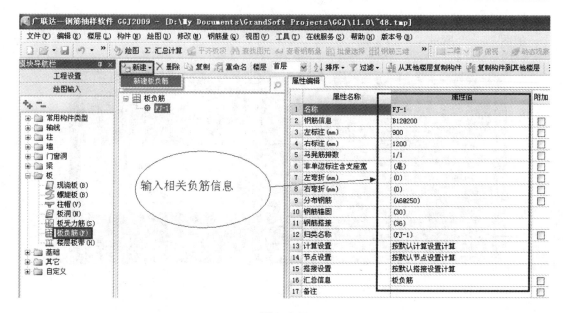

图 9.5-27

	属性名称	属性值
1	名称	FJ-1
2	钢筋信息	B12@200
3	左标注 (mm)	900
4	右标注 (mm)	1200
5	马凳筋排数	1/1
6	非单边标注含支座宽	(是)
7	左弯折 (mm)	(0)
8	右弯折 (mm)	(0)
9	分布钢筋	(A6@250) 可以输入分布钢筋信息
10	钢筋锚固	(30)
11	钢筋搭接	(36)
12	归类名称	(FJ-1)
13	计算设置	按默认计算设置计算
14	节点设置	按默认节点设置计算
15	搭接设置	按默认搭接设置计算
16	汇总信息	板负筋
17	备注	

图 9.5-28

方法一：根据梁、墙或者板边线布置板负筋

第一步：选择板负筋。

第二步：单击工具栏中的 按梁布置（也可以选择 按墙布置 或者 按板边线布置 ）按钮，按鼠标左键选中需要布筋的梁。

第三步：按鼠标左键，确定负筋左标注的方向，即可布置负筋，如图 9.5-31 所示。

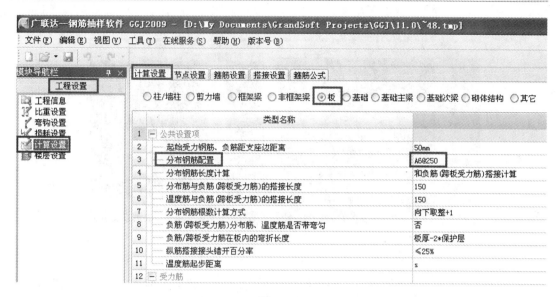

图 9.5-29

图 9.5-30

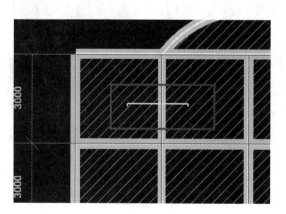

图 9.5-31

方法二：画线布置板负筋

操作步骤为：

第一步：选择需要布置的负筋。

第二步：单击工具栏中的 画线布置 按钮，确定负筋的布筋范围。

第三步：按鼠标左键，确定负筋左标注的方向即可布置负筋，如图 9.5-32 所示。

方法三：交换左右标注

当建立板负筋的时候，左右标注和图纸标注正好相反，需要进行调整，这时可以用交换左右标注功能。

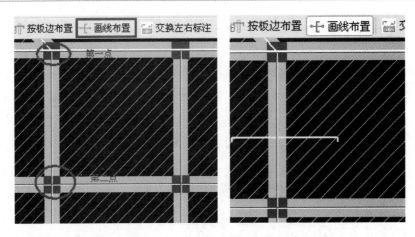

图 9.5-32

在菜单栏单击 [交换左右标注] 按钮，在"绘图区域"选择需要交换标注的"板负筋"即可完成操作，如图 9.5-33 所示。

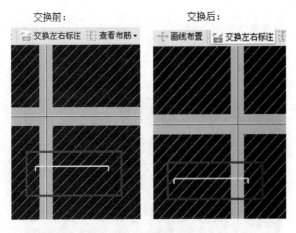

图 9.5-33

方法四：查看布筋范围

需要查看负筋在板内的范围，可以用此项功能。

单击 [查看布筋▾] 按钮，移动鼠标，当鼠标指向某个负筋图元时，该图元所布置的范围显示为蓝色。蓝色区域内为布筋范围，如图 9.5-34 所示。

方法五：查改标注

需要查改界面上板钢筋的标注信息，可以使用此项功能。

第一步：单击工具栏中的 [查改标注] 按钮，则界面中显示钢筋信息，如图 9.5-35 所示。

第二步：鼠标单击需要修改的标注，并输入正确的标注信息即可，如图 9.5-36 所示。

方法六：自动生成负筋

第一步：单击工具栏中 [自动生成负筋] 按钮，弹出以下对话框，如图 9.5-37 所示。

图 9.5-34

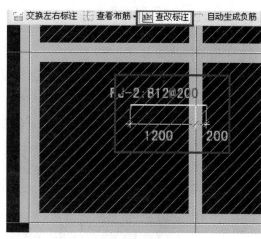

图 9.5-35

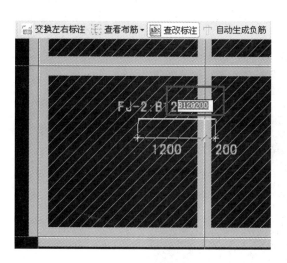

图 9.5-36

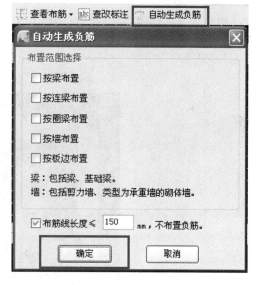

图 9.5-37

第二步：选择布置范围，可多选；设置布筋线的最小长度；然后单击"确定"按钮。

第三步：在图中左键选择或是框选要自动生成负筋的板，右键确定，即可布置上负筋。

9.5.4　螺旋板的定义与绘制

（1）螺旋板的定义

在导航栏"绘图输入"的"板"构件中选中"螺旋板"，单击工具栏中的 定义 按钮，在"新建"菜单下选择"新建螺旋板"，修改名称和相关信息，如图 9.5-38 所示。

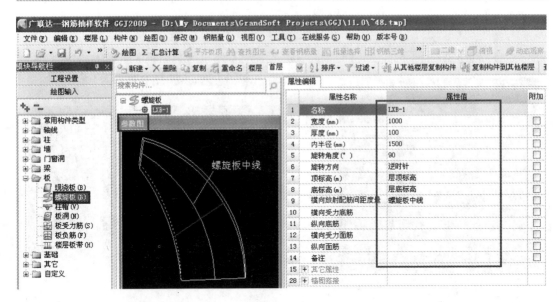

图 9.5-38

(2) 螺旋板的绘制

螺旋板一般用画点和旋转点两种方法，画点的方式只要在轴线的交点上单击鼠标左键即可，旋转点可以旋转螺旋板的方向，如图 9.5-39 所示。

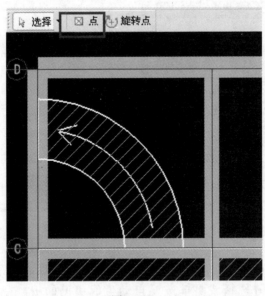

图 9.5-39

9.5.5 柱帽的定义与绘制

(1) 柱帽的定义

单击模块导航栏中的"柱帽"按钮，进入定义界面，新建一个柱帽，如图 9.5-40 所示。

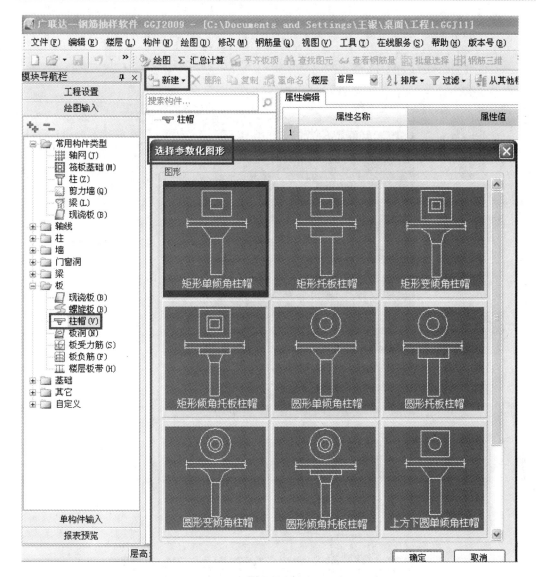

图 9.5-40

新建构件时，选择需要的参数化图形，单击"确定"按钮，生成构件，选择第一个参数图"矩形单倾角柱帽"，属性如图 9.5-41 所示，输入各项信息。

（2）柱帽的绘制

柱帽的绘制方法，如图 9.5-42 所示。

一般柱帽采用画点的方式，也可用旋转点旋转柱帽的角度，还可以智能布置，如图 9.5-43 所示。

9.5.6 板洞的定义与绘制

（1）板洞的定义

单击模块导航栏中的"板洞"按钮，进入"定义"界面，新建一个板洞（有矩形、圆形、异形和自定义四种板洞），输入相关信息，如图 9.5-44 所示。

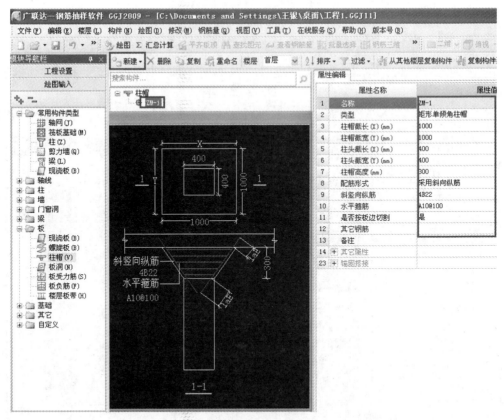

图 9.5-41

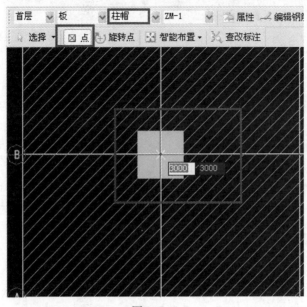

图 9.5-42

图 9.5-43

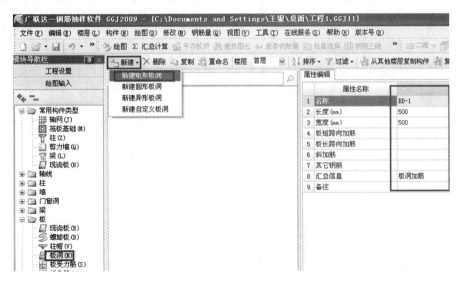

图 9.5-44

（2）板洞的绘制

板洞的绘制方法，如图 9.5-45 所示。

图 9.5-45

第一步：切换到板洞构件管理中，新建"矩形板洞"，输入"长度，宽度"等信息。

第二步：选择"点"式画法，在板上单击板洞所在位置，或按 Tab 精确布置即可画出板洞，如图 9.5-46 所示。

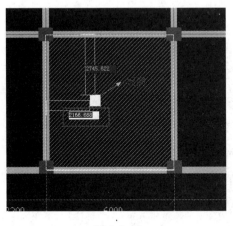

图 9.5-46

9.5.7 板带的定义与绘制

（1）板带的定义

板带实际上是板的一种表现形式，通常应用于无梁楼盖板中。

柱上板带指布置在框架柱上的板带，结构形式类似梁，通常也被称为扁平梁。

跨中板带指布置在柱上板带之间的部分板带。在楼层板带"构件管理"中，可以定义柱上板带、跨中板带，如图 9.5-47 所示。

图 9.5-47

（2）绘制柱上板带

第一步：在需要布置板带的区域先画上板；

第二步：单击工具栏中的 按轴线生成柱上板带 按钮，选择所需布置的轴线，即可布置完成。

跨中板带的操作：可单击 按柱上板带生成跨中板带 按钮进行布置，如图 9.5-48 所示。

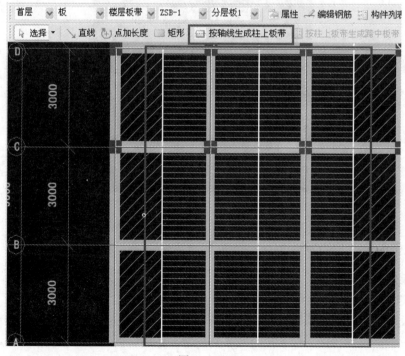

图 9.5-48

9.6 基础的定义与绘制

9.6.1 基础梁

（1）基础梁的定义

第一步：切换到"基础"中的"基础梁"，把工具栏中的楼层信息设置为"基础层"，然后单击工具栏中的"定义"按钮，在"新建"中选择"新建矩形基础梁"，把名称改为"JZL-1"。

第二步：输入截面和相关的钢筋信息，如图 9.6-1 所示。

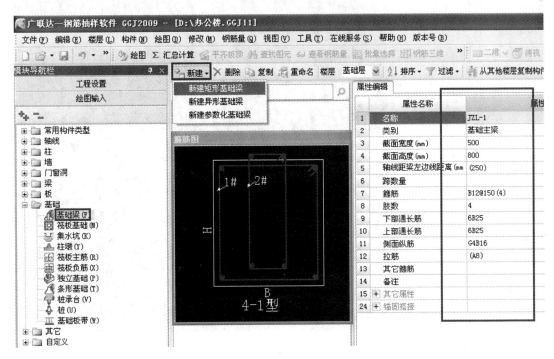

图 9.6-1

（2）基础梁的绘制

基础梁的绘制方法，如图 9.6-2 所示。

图 9.6-2

方法一：直线画法

第一步：在构件列表中选择相应基础梁。

第二步：选择"直线"，在绘图区域找到基础梁的第一个端点，单击鼠标左键，移动鼠标找到第二个端点，单击鼠标左键，一条基础梁就画完了，如图 9.6-3 所示。

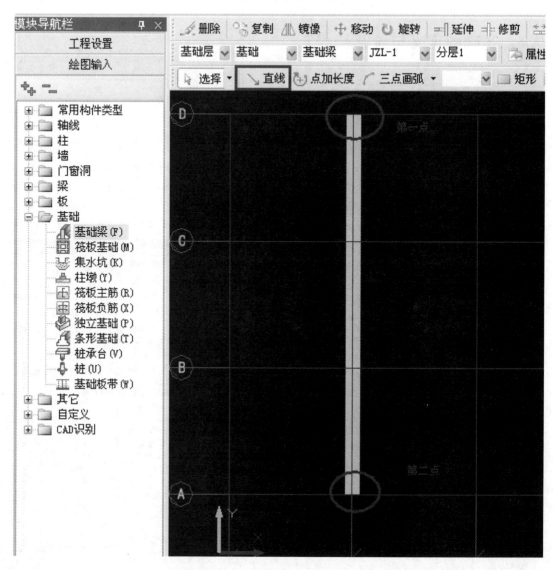

图 9.6-3

　　方法二：点加长度画法

　　单击工具栏中的 点加长度 按钮，在绘图区域找到基础梁的第一个端点，单击鼠标左键，移动鼠标找到第二个端点，单击鼠标左键，出现点加长度对话框，输入相应的长度，单击"确定"按钮，即可，如图 9.6-4 所示。

　　方法三：画弧形地梁

　　第一步：在构件列表中选择相应基础梁。

　　第二步：单击工具栏中的"定义构件"按钮，选择相应"三点画弧"（如顺小弧），输入圆弧半径。

　　第三步：找到圆弧的第一个端点，单击鼠标左键，移动鼠标并确定第二个端点。

　　第四步：单击鼠标右键中止，弧形梁就完成了，如图 9.6-5 所示。

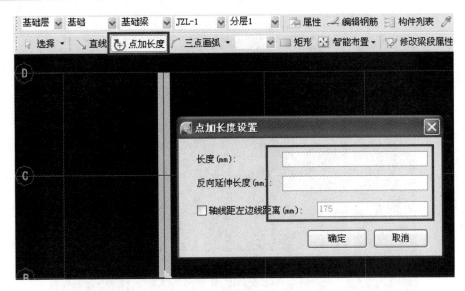

图 9.6-4

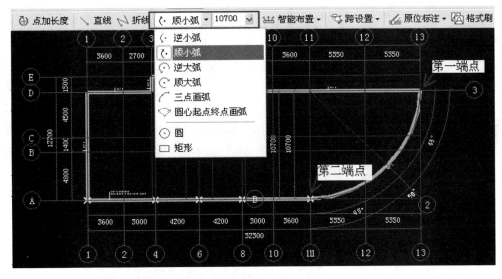

图 9.6-5

方法四：矩形画法

第一步：在构件列表中选择相应基础梁。

第二步：单击工具栏中的 矩形 按钮。

第三步：单击需要布置基础梁的第一个端点，单击鼠标左键，沿着对角线方向确定第二个端点。

第四步：单击鼠标右键中止，一圈矩形基础梁就完成了，如图 9.6-6 所示。

方法五：智能布置

第一步：在构件列表中选择相应基础梁。

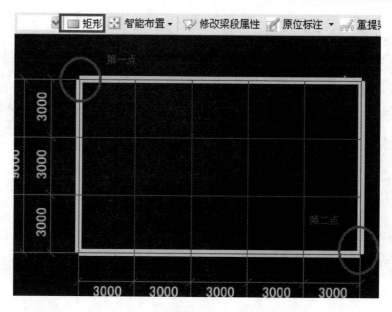

图 9.6-6

图 9.6-7

第二步：单击工具栏中的 $\boxed{\text{智能布置}}$ 按钮。

第三步：如按轴线布置，单击需要布置基础梁的轴线，或者框选轴线，即可完成基础梁的布置，如图 9.6-7 所示。

（3）基础梁的修改

基础梁的修改方法，如图 9.6-8 所示。

基础梁画完后，工具栏中单击"原位标注"按钮，输入梁的支座信息，如图 9.6-9 所示。

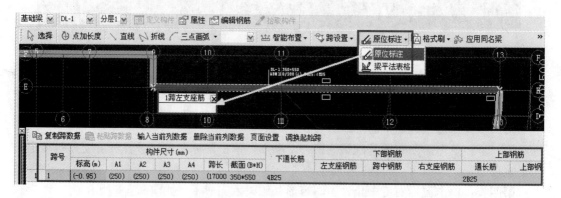

图 9.6-8

图 9.6-9

其他内容和楼层框架梁一样。

9.6.2　筏板基础

（1）筏板基础的定义

第一步：在"导航栏"中选择"基础"中的"筏板基础"，单击"定义"按钮；

第二步：在"新建"→"筏板基础"界面中，修改名称，混凝土强度等级，板厚等信息，如图 9.6-10 所示。

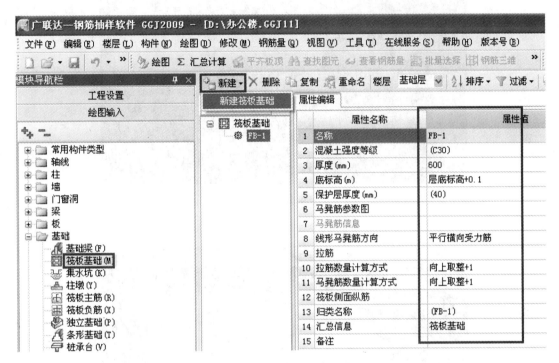

图 9.6-10

（2）筏板基础的绘制

筏板基础的绘制方法，如图 9.6-11 所示。

图 9.6-11

方法一：直线画法

单击"直线"功能，将布置筏板的范围用直线围成封闭图形，单击鼠标右键，如图 9.6-12 所示。

方法二：矩形画法

选择矩形画法，单击轴网的第一交点，沿着对角线方向点击第二个交点，即可完成筏板的绘制，如图 9.6-13 所示。

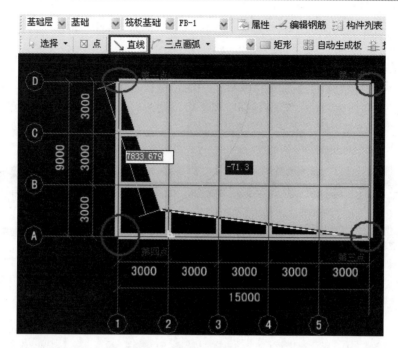

图 9.6-12

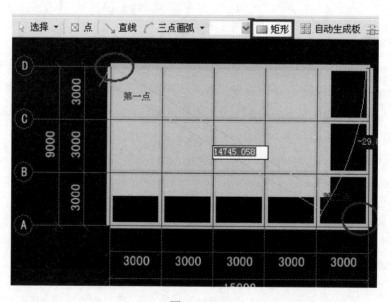

图 9.6-13

方法三：偏移筏板

一般图纸上的筏板尺寸要和轴线尺寸发生偏移，这时需要偏移筏板。

第一步：选择刚刚画的筏板基础，单击工具栏中的 偏移 按钮，单击鼠标右键，选择"整体偏移"或"多边偏移"后，单击"确定"按钮。

第二步：按鼠标左键选择偏移距离，按回车键确定，如图 9.6-14 所示。

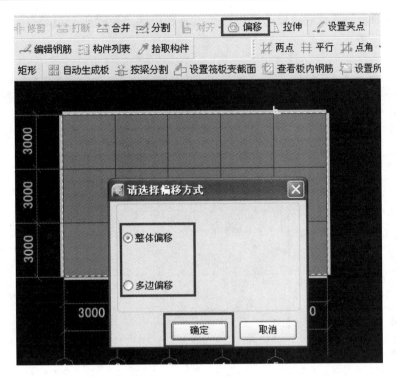

图 9.6-14

第三步：输入偏移距离，如图 9.6-15 所示。

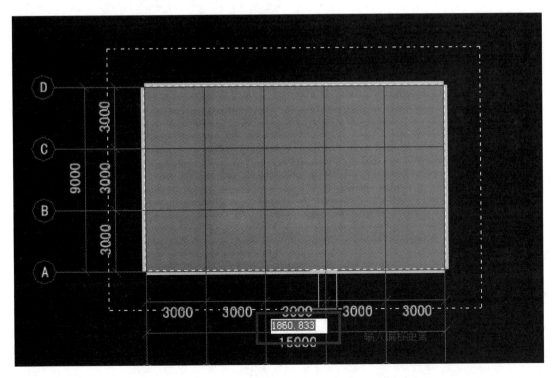

图 9.6-15

第四步：如果筏板设置边坡，可以选择工具栏中的"设置所有边坡"，对筏板进行修改，如图 9.6-16 所示。

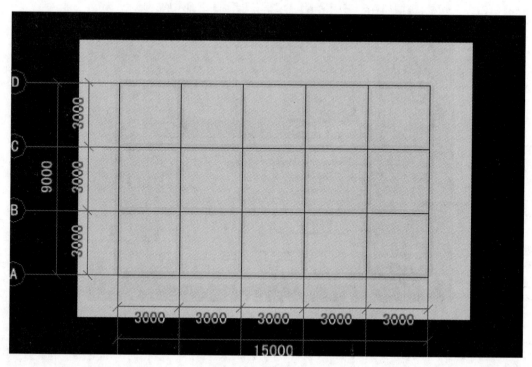

图 9.6-16

9.6.3　筏板主筋的定义与绘制

（1）筏板主筋的定义

绘制好筏板基础后，一般要布置筏板主钢筋，采用此项功能。

第一步：在导航条中选择"筏板主筋"，单击" 定义 "按钮，如图 9.6-17 所示；

第二步：单击"新建"中的"新建筏板主筋"或者"新建跨筏板主筋"按钮，修改名称，输入钢筋信息，如图 9.6-18 所示。

（2）筏板主筋的绘制

筏板主筋的绘制方法基本和板受力筋的绘制方法相同。

方法一："单板范围"布置主筋

第一步：选择筏板主筋，单击工具栏中的 水平（水平筋）按钮，或者 垂直（垂直筋）按钮；

第二步：单击工具栏中的 单板 按钮；

第三步：按鼠标左键，单击需要布筋的板即可布置筏板主筋，如图 9.6-19 所示。

图 9.6-17

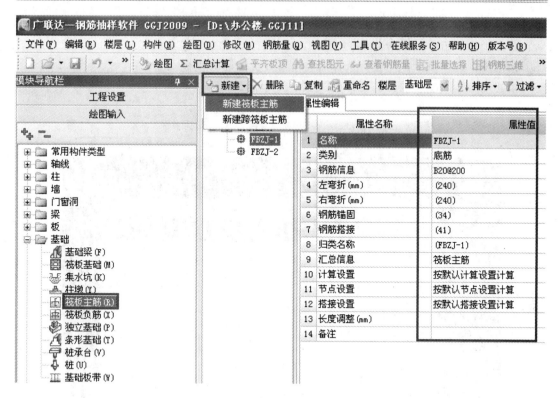

图 9.6-18

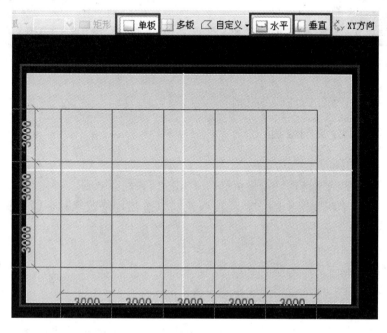

图 9.6-19

方法二：双层双向布筋

当板的受力筋为双层双向时，可以利用"XY方向布置"功能布置筏板主筋。

第一步：单击工具栏中的 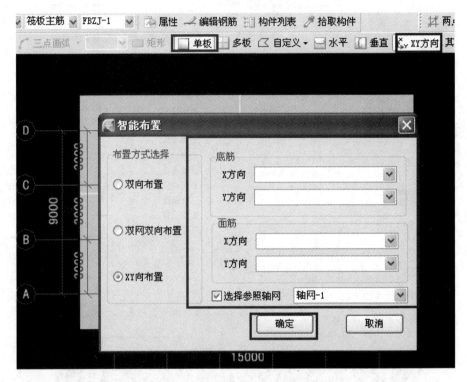XY方向 按钮，选择"XY 方向布置受力筋"。

第二步：单击工具栏中的 □单板 按钮。

第三步：选择按鼠标左键，选择需要布置筏板主筋的筏板。

第四步：输入配筋内容即可，如图 9.6-20 所示。

图 9.6-20

多板布置筏板主筋的方法和单板相同。

9.6.4　筏板负筋的定义与绘制

(1) 筏板负筋的定义

第一步：在导航条中选择"筏板负筋"，单击" 定义 "按钮。

第二步：单击"新建"中的"新建筏板负筋"按钮，修改名称，输入钢筋信息，如图 9.6-21 所示。

(2) 筏板负筋的绘制

筏板负筋的绘制方法，如图 9.6-22 所示。

方法一：根据梁、墙或者板边线布置筏板负筋

第一步：选择筏板负筋。

第二步：单击工具栏中的 按梁布置 （也可以选择 按墙布置 或者 按板边线布置 ）按钮，如按梁布置，按鼠标左键选中需要布筋的基础梁。

第三步：按鼠标左键，确定负筋左标注的方向，即可布置筏板负筋，如图 9.6-23 所示。

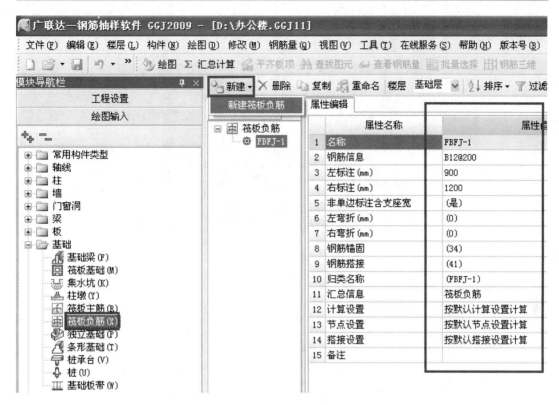

图 9.6-21

图 9.6-22

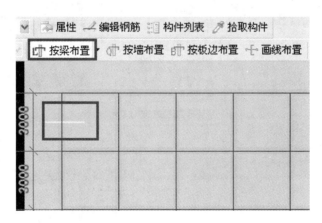

图 9.6-23

方法二：画线布置筏板负筋

第一步：选择需要布置的筏板负筋；

第二步：单击工具栏中的 画线布置 按钮，确定筏板负筋的布筋范围；

第三步：按鼠标左键，确定负筋左标注的方向，即可布置筏板负筋，如图 9.6-24 所示。

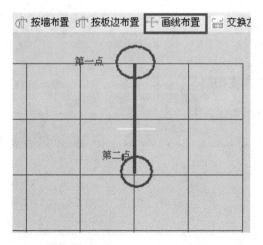

图 9.6-24

其他绘制和修改内容和板负筋一样。

9.6.5　独立基础

（1）独立基础的定义

第一步：在工具"导航栏"中选择"基础"并切换到"独立基础"。

第二步：在"选择构件"状态下，单击工具栏中的 定义 按钮，在弹出的构件管理窗口中单击"新建"按钮，并选择"新建独立基础"，如新建 DJ-1，如图 9.6-25 所示。

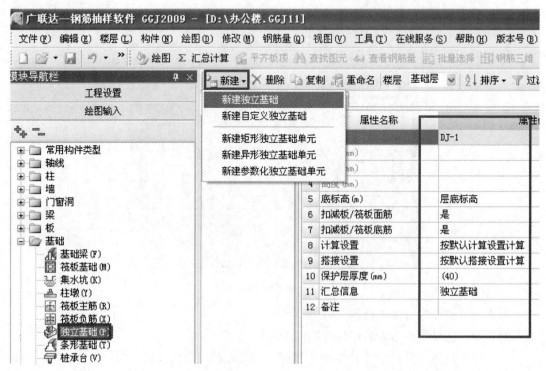

图 9.6-25

第三步：选中 DJ-1，单击右键，从"新建独立基础"、"新建自定义独立基础"、"新建矩形独立基础单元"、"新建异形独立基础单元"、"新建参数化独立基础单元"中，根据工程实际情况任选其中一种，修改名称和相关信息，如图 9.6-26 所示。

图 9.6-26

第四步：（如选择新建参数化独立基础单元）弹出以下对话框，选择一个参数化独基，修改相关属性值，单击"确定"按钮即可，如图 9.6-27 所示。

注意：独立基础在定义的时候一定要先新建独立基础，再新建独立基础单元，因为独立基础是由不同的图形组合而成的。

第五步：输入独立基础钢筋的相关信息，如图 9.6-28 所示。

（2）独立基础的绘制

独立基础的绘制方法，如图 9.6-29 所示。

方法一：画点布置

定义完成后，切换到绘图界面，会显示以下绘图工具条，如图 9.6-30 所示。

在绘图区域中，移动鼠标到轴网的交点上，单击鼠标左键，一个独立基础就绘制完成了，依此类推，其他的独立基础也可以快速画完。

方法二：旋转点画法

第一步：在"绘图工具条"选择一种已经定义的构件，如 DJ-1；

第二步：单击绘图工具栏中的 旋转点 按钮；

第三步：在绘图区，单击一点作为构件的插入点（只有鼠标的显示方式为" "才能绘制），如图 9.6-31 所示；

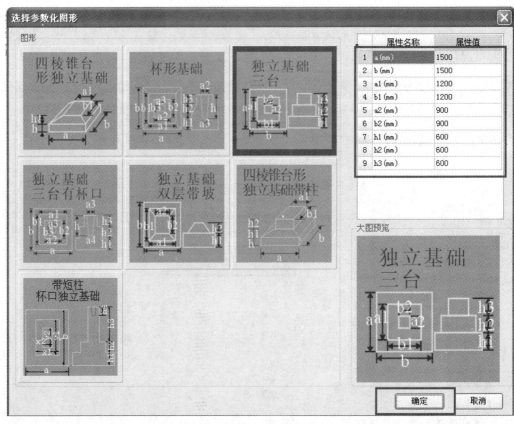

图 9.6-27

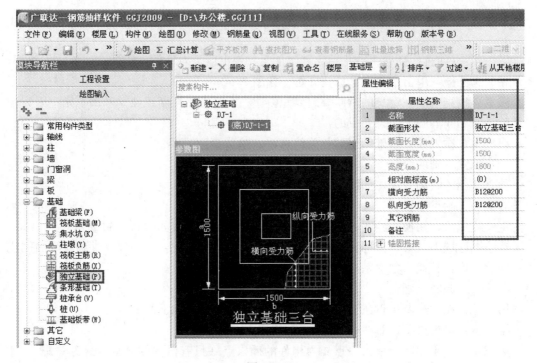

图 9.6-28

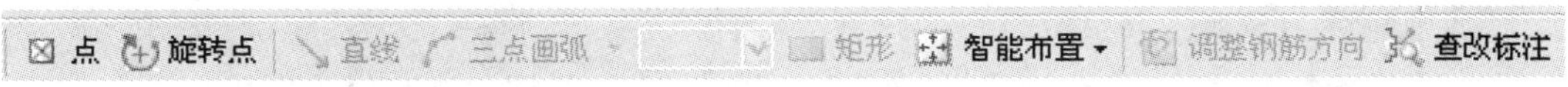

点
旋转点
直线
三点画弧
矩形
智能布置
调整钢筋方向
查改标注

图 9.6-29

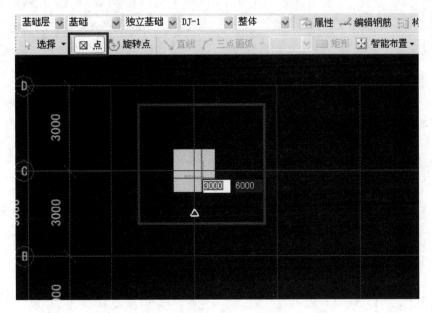

基础层
基础
独立基础
DJ-1
整体
属性
编辑钢筋
选择
点
旋转点
直线
三点画弧
矩形
智能布置
D
C
B
3000
3000
3000
6000

图 9.6-30

基础层
基础
独立基础
DJ-1
整体
选择
点
旋转点
直线
三点画弧
D
C
B
3000
3000
-45

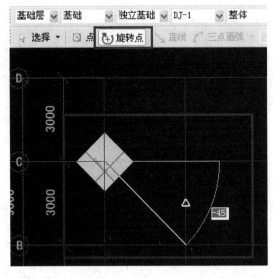

图 9.6-31

第四步：按鼠标左键，指定第二点确定角度，或“Shift”＋鼠标左键，在弹出的界面中输入旋转的角度即可，左键指定位置应在轴线交点及构件端点以外，如图 9.6-32 所示。

画好的独立基础，如图 9.6-33 所示。

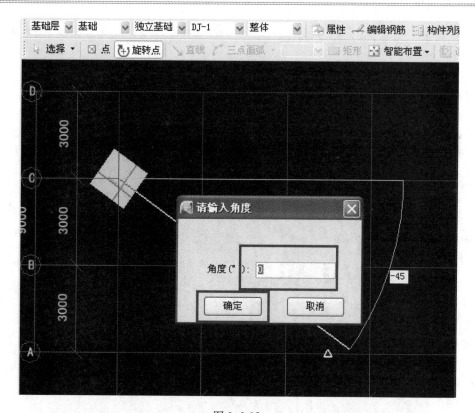

图 9.6-32

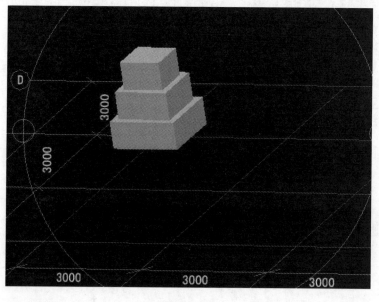

图 9.6-33

　　方法三：智能布置法

　　第一步：单击工具栏中的 智能布置▾ 按钮，打开下拉菜单，有两种方式可供选择，轴线和柱，如图 9.6-34 所示。

第二步：选择按轴线布置，只需拉框选择要布置独基的轴线即可；选择
按柱布置，在绘图区点击要布置的柱即可，独基会默认按柱的中心线布置，
比较方便，如图 9.6-35 所示。

图 9.6-34

方法四：查改标注

如果图纸中的独立基础不是按轴线居中布置，可以使用查改标注功能。

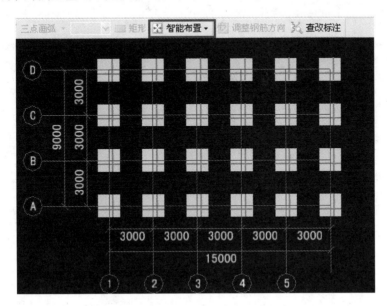

图 9.6-35

单击工具栏中的 查改标注 按钮，在绘图区选择要修改标注的独基，弹出查改标注对话
框，在对话框内修改相应的偏移尺寸即可，如图 9.6-36 所示。

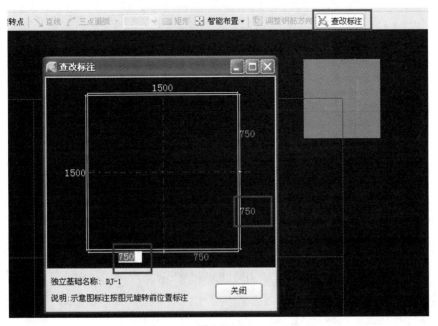

图 9.6-36

9.6.6　条形基础

（1）条形基础的定义

第一步：在工具"导航栏"中选择"基础"，并切换到"条形基础"。

第二步：在选择构件状态下，单击工具栏中的 ▣定义 按钮，选中"新建"中的"新建条形基础"，建立一个 TJ-1，如图 9.6-37 所示。

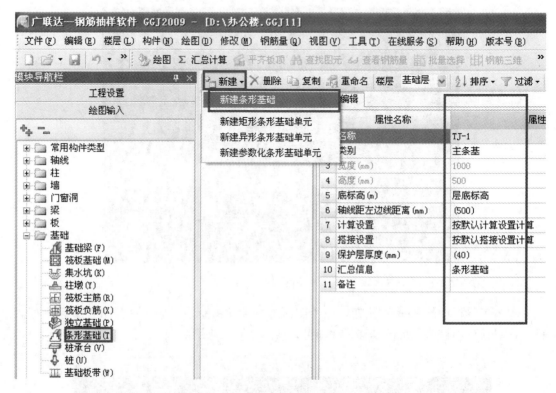

图 9.6-37

第三步：选中 TJ-1，单击鼠标右键，再从"新建矩形条形基础单元"、"新建异形条形基础单元"、"新建参数化条形基础单元"中，根据工程实际情况任选其中一种，修改名称、宽度、高度以及其他相关信息，如图 9.6-38 所示。

（2）条形基础的绘制

条形基础的绘制方法，如图 9.6-39 所示。

方法一：直线画法

第一步：定义完成后，切换到绘图界面，选中条形基础，选择"直线"画法；

第二步：在绘图区域找到条形基础的第一个端点，单击鼠标左键，移动鼠标找到第二个端点，单击鼠标左键，依次找到相应的轴网交点，可以画出其他的条形基础，如果要取消绘图，则单击鼠标右键就可以中止，如图 9.6-40 所示。

方法二：其他画法

其他画法和其他线性构件（如梁、基础梁）的画法相同。

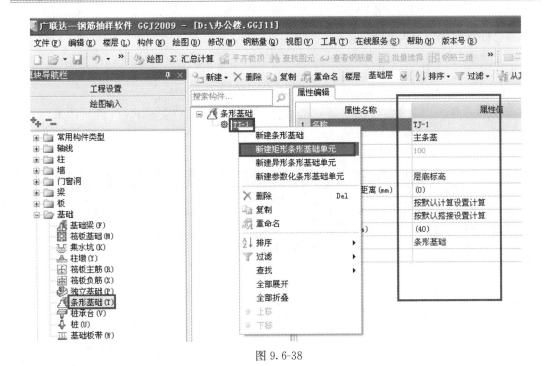

图 9.6-38

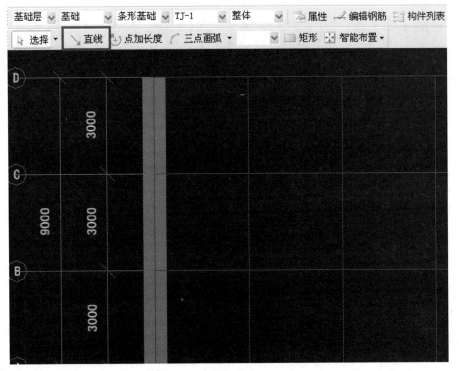

图 9.6-39

图 9.6-40

9.6.7 桩承台的定义与绘制

（1）桩承台的定义

第一步：在导航条中选择"桩承台"，单击"定义"按钮。

第二步：单击"新建"中的"新建桩承台"或"新建自定义桩承台"（具体承台样式根据图纸选择），如图 9.6-41 所示。

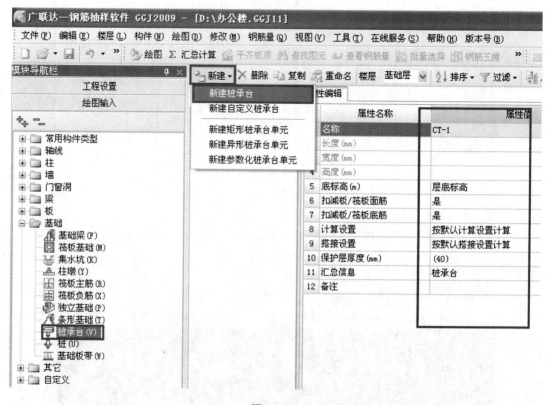

图 9.6-41

第三步：建立一个 CT-1 后，选中 CT-1，单击鼠标右键，从"新建桩承台"、"新建自定义桩承台""新建矩形桩承台单元"、"新建异形桩承台单元"、"新建参数化桩承台单元"中，根据工程实际情况任选其中一种，修改名称、宽度、高度以及其他相关信息。在图上的相应位置点击即可，如图 9.6-42 所示。

第四步：输入桩承台的钢筋信息，如图 9.6-43。

（2）桩承台的绘制

桩承台的绘制方法，如图 9.6-44 所示。

具体操作同独立基础。

查改标注，可以修改承台偏离轴线的位置。

应用到同名承台，可以快速将绘制好的承台信息应用于其他承台。

图 9.6-42

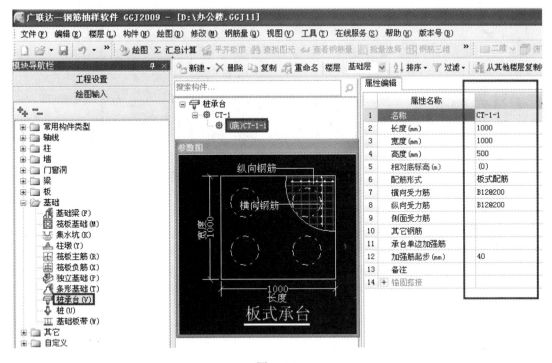

图 9.6-43

图 9.6-44

9.6.8　桩的定义与绘制

（1）桩的定义

第一步：在工具导航栏中选择"基础"并切换到"桩"。

第二步：在选择构件状态下，单击工具栏中的 [定义] 按钮，在弹出的构件管理窗口中单击"新建"按钮，从"新建矩形桩""新建异形桩"、"新建参数化桩"中，根据工程实际情况任选其中一种，修改名称和相关信息。

第三步：单击"绘图"按钮，进入绘图页面，如图 9.6-45 所示。

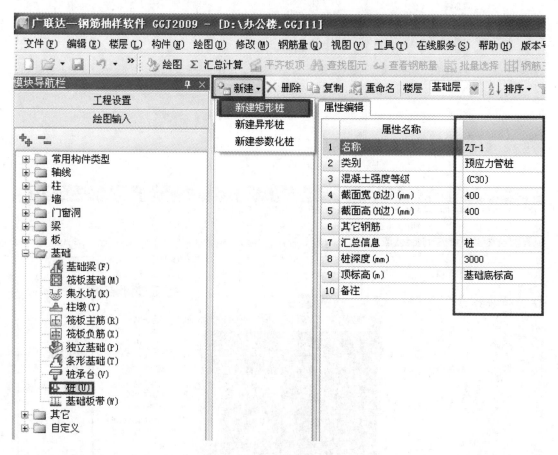

图 9.6-45

（2）桩的绘制

桩的绘制方法，如图 9.6-46 所示。

图 9.6-46

具体操作同独立基础。

9.6.9 集水坑的定义与绘制

（1）集水坑的定义

第一步：在工具导航栏中选择"基础"，并切换到"集水坑"。

第二步：在选择构件状态下，单击工具栏中的 定义 按钮，在弹出的构件管理窗口中单击"新建"按钮，从"新建矩形集水坑""新建异形集水坑"、"新建参数化集水坑"中，根据工程实际情况任选其中一种，修改名称和相关信息。

第三步：单击"绘图"按钮，进入绘图页面，如图 9.6-47 所示。

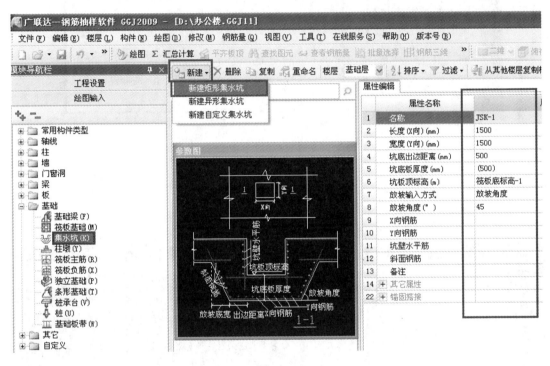

图 9.6-47

（2）集水坑的绘制

集水坑的绘制方法，如图 9.6-48 所示。

图 9.6-48

集水坑的绘制方法和柱一样。

注意：集水坑必须布置在筏板基础上。

1）调整钢筋方向。给集水坑布置钢筋时，可以调整集水坑钢筋的布置方式，如图 9.6-49 所示。

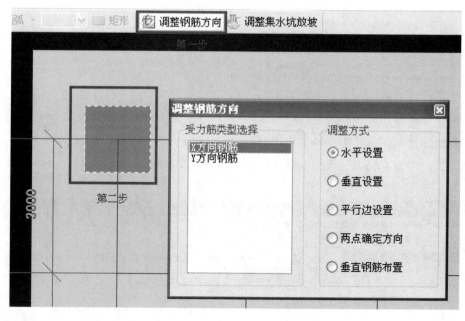

图 9.6-49

2）调整集水坑放坡，可以修改集水坑坡度值，如图 9.6-50 所示。

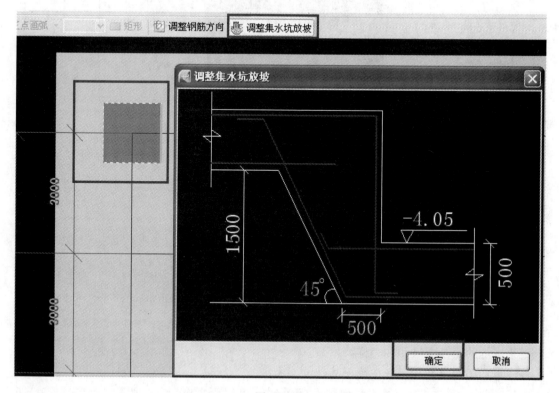

图 9.6-50

9.6.10　基础板带的定义与绘制

（1）基础板带的定义

第一步：在工具导航栏中选择"基础"，并切换到"基础板带"。

第二步：在选择构件状态下，单击工具栏中的 按钮，在弹出的构件管理窗口中单击"新建"按钮，从"新建柱下板带"、"新建跨中板带"中，根据工程实际情况任选其中一种，修改名称和相关信息。

第三步：单击"绘图"按钮，进入绘图页面，如图9.6-51所示。

图 9.6-51

（2）基础板带的绘制

基础板带的绘制方法，如图9.6-52所示。

图 9.6-52

基本绘制方法和楼层板带相同。绘制好的基础板带如图9.6-53所示。

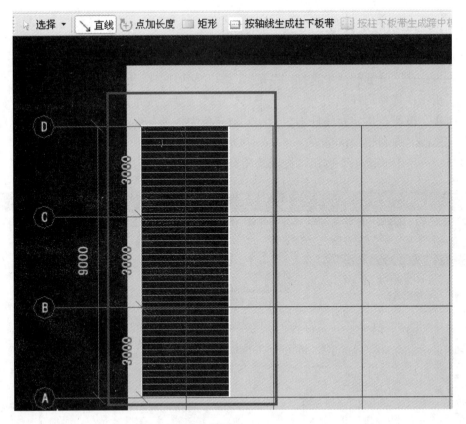

图 9.6-53

9.7　门窗洞的定义与绘制

9.7.1　门窗洞的定义与绘制

（1）门、窗、门联窗的定义

单击"模块导航栏"的"门窗洞"按钮，选择门、窗、门联窗，进入定义界面，单击"新建"按钮，新建相关构件，输入相关信息（洞口的钢筋信息），如图 9.7-1 所示。

（2）门、窗、门联窗的绘制

门、窗、门连窗的绘制方法，如图 9.7-2 所示。

绘制方法有点画法、智能布置和精确布置法三种。

方法一：点画布置

单击绘图区上方工具栏中的 [回点] 按钮，然后按照图纸中门所在位置将其点画。

在相应的墙上，左右尺寸间用键盘上的 TAB 键切换，如图 9.7-3 所示。

方法二：智能布置

第一步：单击工具栏中的 [智能布置▼] 按钮，点开下拉菜单，选择墙段中点。

第二步：选择要布置门（窗、门联窗）的墙，右键确认，即在此墙段的中点位置布置好了门（窗、门联窗）。如图 9.7-4 所示。

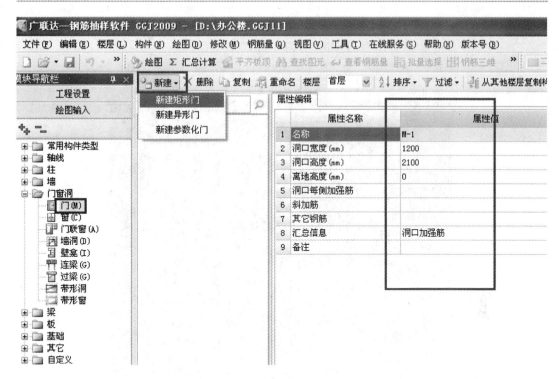

图 9.7-1

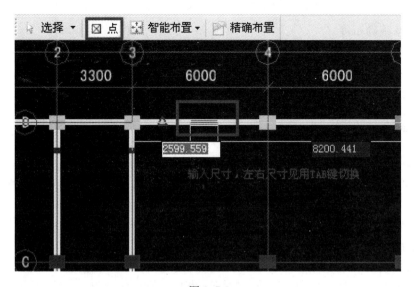

图 9.7-2

图 9.7-3

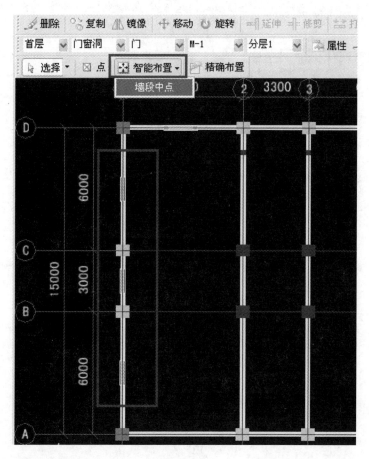

图 9.7-4

方法三：精确布置

第一步：单击工具栏中的 精确布置 按钮，在绘图区选择要布置门（窗、门联窗）的墙。

第二步：用鼠标左键在墙上选择插入点，弹出对话框，输入偏移值，单击"确定"按钮，即可完成绘制，如图 9.7-5 所示。

9.7.2 墙洞的定义与绘制

（1）墙洞的定义

单击"模块导航栏"的"门窗洞"按钮，选择"墙洞"，进入定义界面，单击"新建"按钮，进入"新建矩形墙洞"或者"异形墙洞"页面，输入相关信息（洞口的钢筋信息），如图 9.7-6 所示。

（2）墙洞的绘制

墙洞的绘制方法，如图 9.7-7 所示。

绘制方法有点画法、智能布置和精确布置法三种。具体方法与门窗洞的绘制方法相同。

图 9.7-5

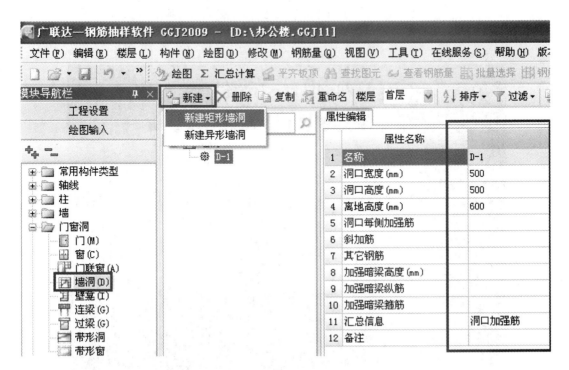

图 9.7-6

选择　▾　⊠ 点　智能布置 ▾　精确布置

图 9.7-7

方法：点画布置

单击绘图区上方工具栏中的 ⊠点 按钮，然后按照图纸中墙洞所在位置将其点画在相应的墙上。左右尺寸间用键盘上的 TAB 键切换，如图 9.7-8 所示。

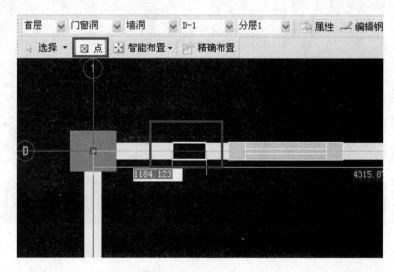

图 9.7-8

绘制效果如图 9.7-9 所示。

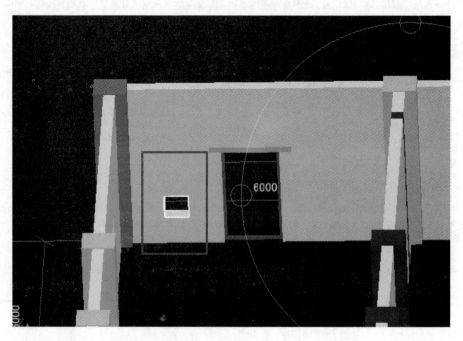

图 9.7-9

9.7.3 壁龛的定义与绘制

（1）壁龛的定义

单击"模块导航栏"的"门窗洞"按钮，选择"壁龛"，进入"定义"界面，单击"新建"按钮，进入"新建矩形壁龛"或者"异形壁龛"页面，输入相关信息（洞口的钢筋信息），如图 9.7-10 所示。

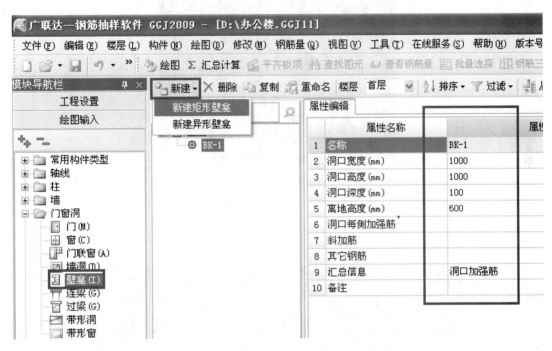

图 9.7-10

（2）壁龛的绘制

壁龛的绘制方法，有点画法、精确布置法两种，如图 9.7-11 所示。

图 9.7-11

方法一：点画布置

单击绘图区上方工具栏中的 ⊠点 按钮，然后按照图纸中壁龛所在位置将其点画在相应的墙上。左右尺寸间用键盘上的 TAB 键切换，如图 9.7-12 所示。

方法二：精确布置

第一步：单击工具栏中的 精确布置 按钮，在绘图区选择要布置壁龛的墙。

第二步：用鼠标左键在墙上选择插入点，弹出对话框，输入偏移值，单击"确定"按钮即可完成绘制，如图 9.7-13 所示。

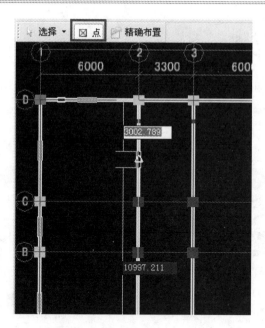

图 9.7-12

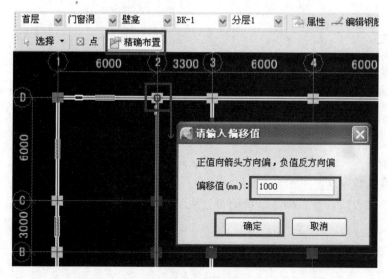

图 9.7-13

9.7.4　连梁的定义与绘制

（1）连梁的定义

按照钢筋计算规范或图纸要求，要在门窗洞口上设置连梁加强构造。

方法一：在构件管理中建立连梁

单击"模块导航栏"的"门窗洞"按钮，选择"连梁"，进入定义界面，单击"新建"
按钮，进入"新建矩形连梁"页面，输入相关信息（钢筋信息），如图 9.7-14 所示。

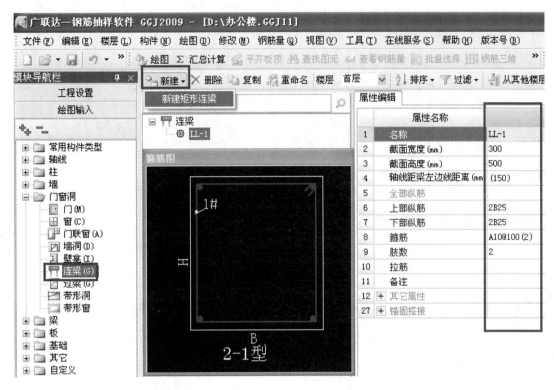

图 9.7-14

方法二：利用"连梁表"来快速建立连梁

实际工程中有可以利用"连梁表"来快速建立连梁，操作步骤为：

第一步：单击菜单栏中的"构件"按钮，选择"连梁表"进入"连梁表定义"窗口。

第二步：单击"新建梁"按钮；输入连梁截面及其钢筋信息。

第三步：单击"新建梁层"按钮，建立各楼层的连梁。

第四步：单击"生成构件"按钮，在弹出的界面中选择"是"，即可生成连梁构件。

第五步：单击"确定"按钮退出，如图 9.7-15 所示。

名称/楼层编号	梁顶相对标差(m)	截面	全部纵筋	上部纵筋	下部纵	箍筋	肢数	其他箍筋	是否生成构件
LL-1	(0)	300*500	4B22			A8@200 (2)	2		☑
├─ 1	(0)	(300*500)	(4B22)			(A8@200 (2))	(2)		☑
└─ 2	(0)	(300*500)	(4B22)			(A8@200 (2))	(2)		☑

图 9.7-15

（2）连梁的绘制

连梁的绘制方法，如图 9.7-16 所示。

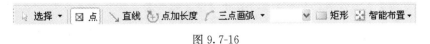

图 9.7-16

绘制方法有点画法、直线画法、点加长度画法、三点画弧、矩形和智能布置，和前面讲的梁的绘制方法相同。

通常情况下，连梁是设置在门窗洞口上面，除了采用"直线"的方式进行绘制外，也可以利用"智能布置"功能快速进行布置，操作步骤为：

第一步：选择连梁，单击工具栏中的 [智能布置] 按钮，选择"墙洞"。

第二步：按鼠标左键，选择需要布置连梁的门窗洞口，然后单击鼠标右键"确定"，即可。

9.7.5 过梁的定义与绘制

（1）过梁的定义

单击"模块导航栏"的"门窗洞"按钮，选择"过梁"，进入定义界面，单击"新建"按钮，进入"新建矩形过梁"或者"异形过梁"页面，输入相关信息（钢筋信息），如图 9.7-17 所示。

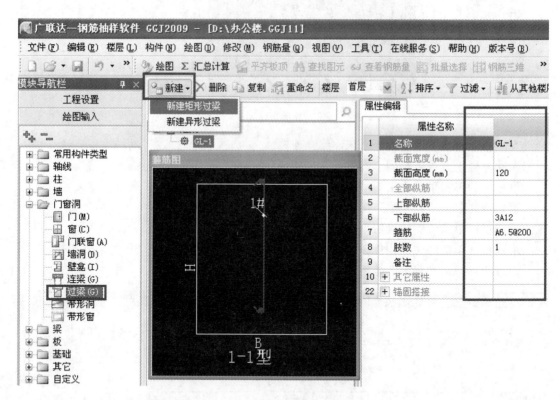

图 9.7-17

（2）过梁的绘制

过梁的绘制方法，如图 9.7-18 所示。

图 9.7-18

方法一：点画布置

单击绘图区上方工具栏中的 图点 按钮，然后按照图纸中过梁所在位置将其点画在相应的门窗洞口上，如图 9.7-19 所示。

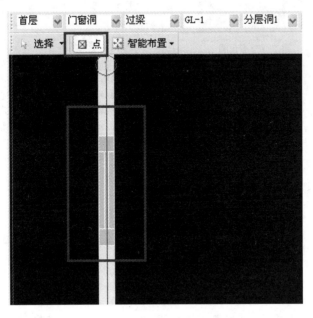

图 9.7-19

方法二：智能布置

选择工具栏中的"智能布置"，点开下拉菜单，选择合适的布置方式，如按门、窗、门连窗、墙洞、带形窗、带形洞布置，框选或单击要布置过梁的洞口，即可快速布置过梁，如图 9.7-20 所示。

图 9.7-20

9.7.6 带形洞、带形窗的定义与绘制

（1）带形洞、带形窗的定义

单击"模块导航栏"的"门窗洞"按钮，选择带形洞（带形窗），进入定义界面，单击"新建"按钮，进入"新建带形洞"（带形窗）页面，输入相关信息，如图 9.7-21 所示。

（2）带形洞、带形窗的绘制

带形洞、带形窗的绘制方法，如图 9.7-22 所示。

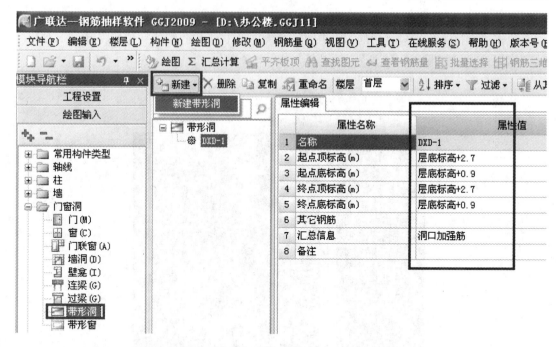

图 9.7-21

图 9.7-22

方法一：直线画法

单击工具栏中的 直线 按钮，在绘图区相应的墙上单击第一点，再单击第二点，一个带形洞（带形窗）就绘制好了，如图 9.7-23 所示。

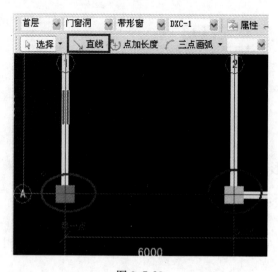

图 9.7-23

方法二：点加长度画法

单击工具栏中的 点加长度 按钮，在绘图区单击第一点，再单击第二点，弹出对话框，输入带形洞（带形窗）的长度，单击"确定"按钮即可，如图 9.7-24 所示。

图 9.7-24

其他绘制方法和梁一样。

9.8 其他构件的定义与绘制

9.8.1 后浇带的定义与绘制

（1）后浇带的定义

单击"模块导航栏"的"其它"按钮，选择"后浇带"，进入定义界面，单击"新建"按钮，新建相关构件，输入相关信息，如图 9.8-1 所示。

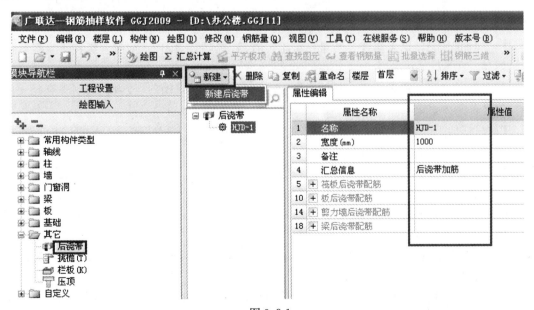

图 9.8-1

注意输入钢筋信息，如图 9.8-2 所示。

	属性名称	属性值	附加
1	名称	HJD-1	
2	宽度 (mm)	1000	☐
3	备注		☐
4	汇总信息	后浇带加筋	☐
5	⊟ 筏板后浇带配筋		
6	── 底部加强筋		☐
7	── 顶部加强筋		☐
8	── 加强筋伸入两侧长度(	1000	☐
9	── 其他加强筋		
10	⊟ 板后浇带配筋		
11	── 底部加强筋		☐
12	── 顶部加强筋		☐
13	── 加强筋伸入两侧长度(	1000	☐
14	⊟ 剪力墙后浇带配筋		
15	── 水平加强筋		☐
16	── 加强筋伸入两侧长度(	1000	☐
17	── 其他加强筋		
18	⊟ 梁后浇带配筋		
19	── 后浇带箍筋		☐
20	── 后浇带侧面筋		☐
21	── 加强筋伸入两侧长度(	1000	☐

图 9.8-2

说明：

【底部加强筋】：输入格式：数量＋级别＋直径，例如：4B12；或者：级别＋直径＋间距，例如：B12@200。

【顶部加强筋】：输入格式：数量＋级别＋直径，例如：4B12；或者：级别＋直径＋间距，例如：B12@200。

【加强筋伸入两侧长度（mm）】：加强钢筋，每一侧伸入相邻构件的长度，输入格式为：整数、数值 $* d$、数值 $* l_{ae}$。

【其他加强筋】：除了当前构件中已经输入的钢筋以外，还有需要计算的钢筋，则可以通过其他钢筋来输入。

【水平加强筋】：输入格式：数量＋级别＋直径，例如：4B12；或者：级别＋直径＋间距，例如：B12@200。

【后浇带箍筋】：请参见文档"箍筋输入方法"，当没有输入肢数时，默认取所在梁图元的箍筋肢数。

【后浇带侧面筋】：输入格式：数量＋级别＋直径，例如：4B12；或者：级别＋直径＋间距，例如：B12@200。

（2）后浇带的绘制

后浇带的绘制方法，如图 9.8-3 所示。

图 9.8-3

具体的绘制方法和其他线性构件（墙、梁）一样，这里不再介绍。

9.8.2 挑檐的定义与绘制

（1）挑檐的定义

单击"模块导航栏"的"其它"按钮，选择"挑檐"，进入定义界面，单击"新建"按钮，进入"新建面式挑檐"或"新建线式异形挑檐"页面，输入相关信息；如图 9.8-4 所示。

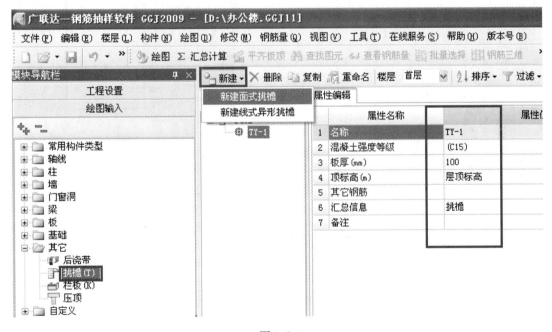

图 9.8-4

（2）挑檐的绘制

图 9.8-5

具体的绘制方法如图 9.8-5 所示，和其他线性构件（墙、梁）一样，这里不再介绍。

9.8.3　栏板的定义与绘制

（1）栏板的定义

单击"模块导航栏"的"其它"按钮，选择"栏板"，进入定义界面，单击"新建"按钮，进入"新建矩形栏板"或"新建异形栏板"页面，输入相关信息，如图 9.8-6 所示。

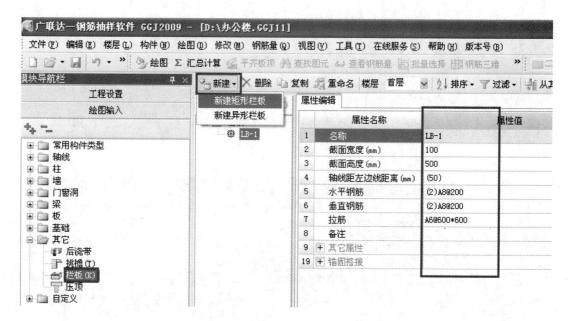

图 9.8-6

（2）栏板的绘制

栏板的绘制方法，如图 9.8-7 所示。

图 9.8-7

具体的绘制方法参见其他构件。

9.8.4　压顶的定义与绘制

（1）压顶的定义

单击"模块导航栏"的"其它"按钮，选择"压顶"，进入定义界面，单击"新建"按钮，进入"新建矩形压顶"或"新建异形压顶"页面，输入相关信息，如图 9.8-8 所示。

（2）压顶的绘制

压顶的绘制方法，如图 9.8-9 所示。

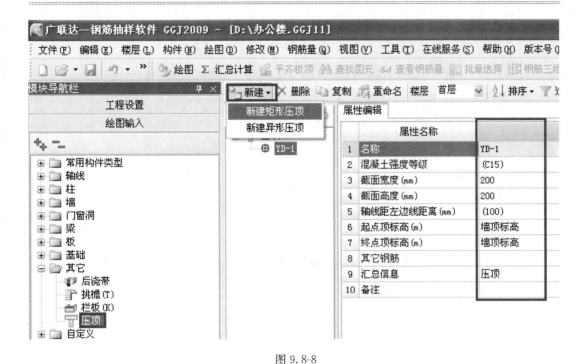

图 9.8-8

图 9.8-9

具体的绘制方法参见其他构件。

9.9 单构件输入

实际工程中，框架梁、框架柱和一些零星的构件工程量可以利用软件中的单构件输入进行计算，主要有以下三种方法：平法输入、参数输入和直接输入。

9.9.1 平法输入

（1）柱平法输入

第一步：切换到单构件输入界面，单击 按钮，打开"构件管理"窗口。

第二步：选择柱，单击工具栏中的"添加构件"按钮，软件自动增加 KZ-1 构件。

第三步：选择 KZ-1，单击工具栏中的 平法输入 按钮，进入平法输入界面，如图 9.9-1 所示。

第四步：单击工具栏中的 集中标注 按钮，输入柱集中标注钢筋信息，如图 9.9-2 所示。

第五步：修改一下柱类型（边柱、角柱、中柱）及其他信息，如图 9.9-3 所示。

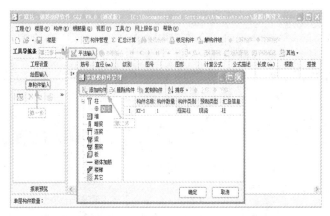

图 9.9-1

图 9.9-2

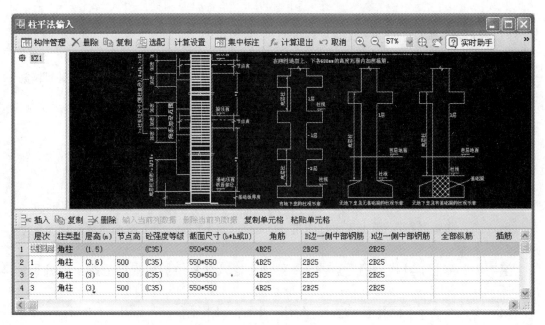

图 9.9-3

第六步：单击工具栏中的 ƒ 计算退出 按钮，汇总并查看钢筋信息。

（2）梁平法输入

第一步：切换到单构件输入界面，单击 ▥ 按钮，打开"构件管理"窗口。

第二步：选择梁，单击工具栏中的"添加构件"按钮，软件自动增加 KL-1 构件，修改其名称。

第三步：选择目标梁，单击工具栏中的 平法输入 按钮，进入平法输入界面。

第四步：单击工具栏中的 ▦ 集中标注 按钮，输入梁集中标注信息，如图 9.9-4 所示；

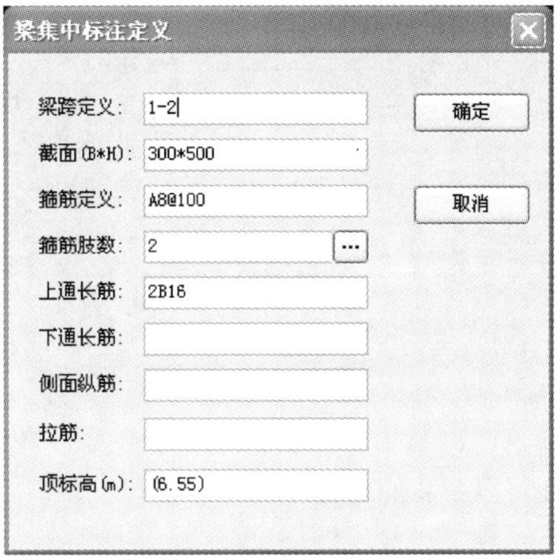

图 9.9-4

第五步：在表格中输入梁原位标注钢筋信息，如图 9.9-5 所示；

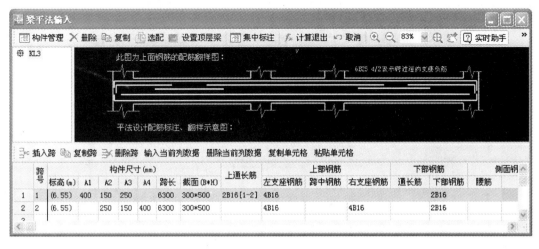

图 9.9-5

第六步：单击工具栏中的 ƒ 计算退出 按钮，汇总并查看钢筋信息，如图 9.9-6 所示。

375

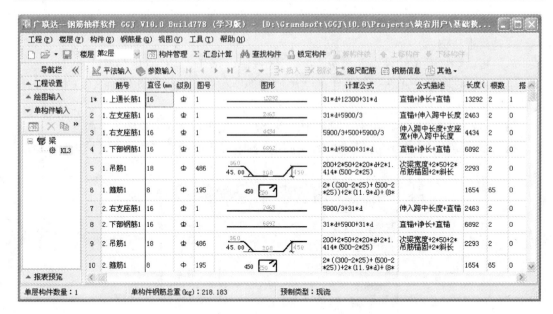

图 9.9-6

9.9.2　直接输入

利用"直接输入"，还可以帮我们计算一些比较零星、用以上输入不便处理的构件钢筋，操作步骤为：

第一步：切换到单构件输入界面，单击 按钮，打开"构件管理"窗口。

第二步：选择其他（或相应构件），单击工具栏中的"添加构件"按钮，添加"零星构件"。

第三步：选择"零星构件"，直接在屏幕右边的表格中输入相应钢筋信息即可，如图 9.9-7 所示。

图 9.9-7

9.9.3　参数输入

以楼梯钢筋的录入与计算为例。

楼梯钢筋有着规范性强、布筋复杂等特点，在钢筋抽样软件中，楼梯钢筋一般采用参数输入法录入在软件中。

参数输入适用于：楼梯、阳台、挑檐、基础构件等零星构件，下面以楼梯为例讲解参数输入的方法，操作步骤为：

第一步：切换到单构件输入界面，单击 ▦ 按钮，打开"构件管理"窗口，如图 9.9-8 所示。

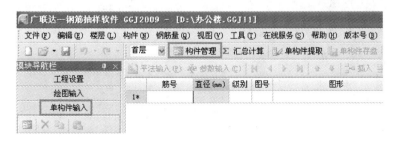

图 9.9-8

第二步：选择楼梯，单击工具栏中的"添加构件"按钮，软件自动增加 LT-1 构件，如图 9.9-9 所示。

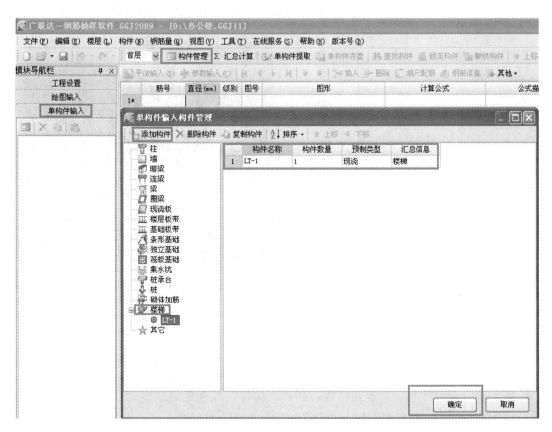

图 9.9-9

　　第三步：单击"确定"按钮后，单击工具栏中的 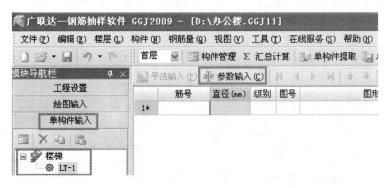 按钮，进入参数输入界面，如图9.9-10所示。

图9.9-10

　　第四步：单击工具栏中的 参数输入 按钮，打开标准图集，如图9.9-11所示。

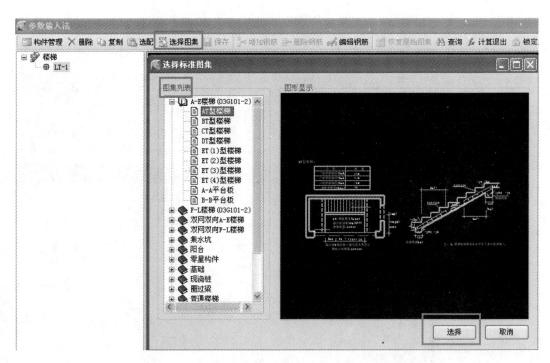

图9.9-11

　　第五步：在图集列表中，选择与图纸相对应的图形（如："AT型楼梯"）后，单击"选择"按钮退出，如图9.9-12所示。

　　第六步：在图形上输入钢筋锚固、搭接、构件尺寸和钢筋信息后，单击工具栏中的 **计算退出** 按钮，楼梯钢筋就汇总完成，如图9.9-13所示。

　　计算好的钢筋，如图9.9-14所示。

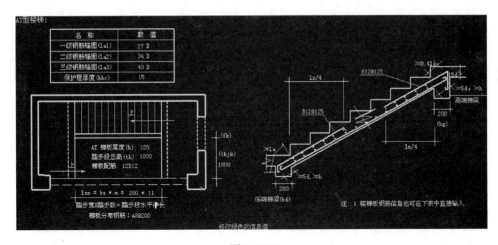

图 9.9-12

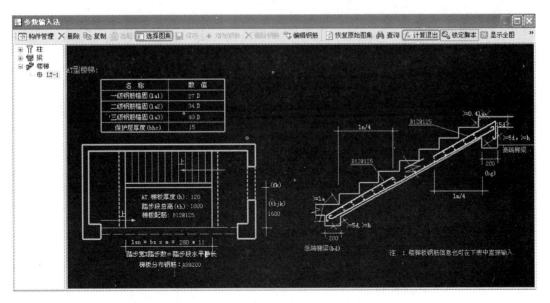

图 9.9-13

图 9.9-14

9.10 报表

9.10.1 报表种类

软件提供了三种报表，包括定额指标、明细表和汇总表，如图 9.10-1 所示。

（1）定额指标

定额指标报表中包含七张报表，都是和经济指标有关的报表。这七张报表如图 9.10-2 所示。

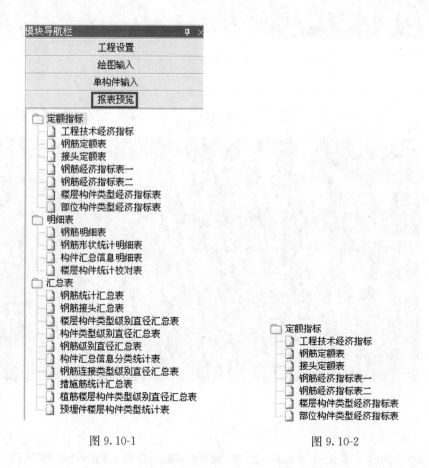

图 9.10-1　　　　　　　　　　　图 9.10-2

1）工程技术经济指标

工程技术经济指标表用于分析工程总体的钢筋含量指标。利用这个报表可以对整个工程的总体钢筋量进行大体的分析，根据单方量分析钢筋计算的正确性。

表中显示工程的结构形式、基础形式、抗震等级、设防烈度、建筑面积、实体钢筋总重、单方钢筋含量等信息，如图 9.10-3 所示。

工程技术经济指标

设计单位：

编制单位：

建设单位：

项目名称：办公楼0901

项目代号：

工程类别：	结构类型：框架结构	基础形式：
结构特征：	地上层数：	地下层数：
抗震等级：二级抗震	设防烈度：8	檐高(m)：11.25
建筑面积(m²)：	实体钢筋总重(未含措施/损耗)(T)：196.281	单方钢筋含量(kg/m²)：0

图 9.10-3

2）钢筋定额表

钢筋定额表用于显示钢筋的定额子目和量，按照定额的子目设置对钢筋量进行了分类汇总。有了这个表，就能直接把钢筋子目输入预算软件，和图形算量的量合并在一起，构成整个工程的完整预算。表中显示了定额子目的编号、名称、钢筋量。由于各地的定额子目设置是不同的，因此需要在工程设置中选择您所在地区的报表类别。如图 9.10-4 所示。

钢筋定额表
（未包含措施筋和损耗）

工程名称：工程1　　　　　　　　编制日期：2009-07-27　　　　　　　　单位：t

定额号	定额项目	钢筋量
5-294	现浇构件圆钢筋直径为6.5	
5-295	现浇构件圆钢筋直径为8	0.015
5-296	现浇构件圆钢筋直径为10	0.02
5-297	现浇构件圆钢筋直径为12	0.048
5-298	现浇构件圆钢筋直径为14	
5-299	现浇构件圆钢筋直径为16	
5-300	现浇构件圆钢筋直径为18	
5-301	现浇构件圆钢筋直径为20	
5-302	现浇构件圆钢筋直径为22	
5-303	现浇构件圆钢筋直径为25	
5-304	现浇构件圆钢筋直径为28	
5-305	现浇构件圆钢筋直径为30	
5-306	现浇构件圆钢筋直径为32	
5-307	现浇构件螺纹钢直径为10	
5-308	现浇构件螺纹钢直径为12	5.287
5-309	现浇构件螺纹钢直径为14	
5-310	现浇构件螺纹钢直径为16	

图 9.10-4

3）接头定额表

接头定额表用于显示钢筋接头的定额子目和量，按照定额子目设置对钢筋接头量进行了分类汇总。把这个表中的内容直接输入预算软件就得到接头的造价。

表中显示了定额子目的编号、名称、单位、数量。由于各地的定额子目设置是不同的，因此需要在工程设置中选择您所在地区的报表类别，如图 9.10-5 所示。

接头定额表

工程名称：工程1		编制日期：2009-07-27	
定额号	定额项目	单位	数量
5-383	电渣压力焊接	个	
新补5-10	套筒锥型螺栓钢筋接头直径 22mm	个	
新补5-11	套筒锥型螺栓钢筋接头直径 25mm	个	
新补5-12	套筒锥型螺栓钢筋接头直径 28mm	个	
新补5-13	套筒锥型螺栓钢筋接头直径 32mm 以外	个	
新补5-5	套管冷压连接直径 22 mm	个	64
新补5-6	套管冷压连接直径 25 mm	个	1340
新补5-7	套管冷压连接直径 28 mm	个	
新补5-8	套管冷压连接直径 32 mm 以外	个	
新补5-9	套筒锥型螺栓钢筋接头直径 20mm 以内	个	

图 9.10-5

4）钢筋经济指标表一

钢筋经济指标表一按照楼层划分对钢筋分直径范围、分钢筋类型（直筋、箍筋）进行汇总分析。这属于一个较细的分析，当您利用工程技术经济指标表分析钢筋量后，如果怀疑钢筋量有问题或者想更细致地了解钢筋在各楼层的分布情况，可以通过这个表查看一下，分层查看钢筋量，找出问题出在哪个楼层、哪个直径范围。

表中按楼层分类，同时按钢筋级别、类型、直径范围进行二次分类，最后有各层的汇总，如图 9.10-6 所示。

钢筋经济指标表一

工程名称：工程1		编制日期：2009-07-27	单位：t
级别	钢筋类型	<=10	>10
楼层名称：基础层		钢筋总重：2.857	
中	箍筋	0.681	
中	直筋		2.176
楼层名称：首层		钢筋总重：0.094	
中	直筋	0.036	0.047
中	直筋		0.01
楼层名称：第2层		钢筋总重：5.893	
中	箍筋	0.772	
中	直筋		5.121
楼层名称：第3层		钢筋总重：5.802	
中	箍筋	0.772	
中	直筋		5.029
各层统计		钢筋总重：14.646	
中	直筋	0.036	0.047
	箍筋	2.226	
中	直筋		12.336

图 9.10-6

5）钢筋经济指标表二

与钢筋经济指标表一相似，钢筋经济指标表二也是对钢筋进行分类汇总的，不同的是它不是按照楼层而是按构件来划分类别的，同样它也分直径范围、钢筋类型（直筋、箍筋）进行汇总。它的作用和钢筋经济指标表一也是类似的，但由于分类方法的差异，从而使得它在钢筋量分析的角度上和钢筋经济指标表一也是不同的。

表中按构件分类，同时按钢筋级别、类型、直径范围进行二次分类，最后有各构件的汇总，如图 9.10-7 所示。

钢筋经济指标表二

工程名称：工程1　　　　　　编制日期：2009-07-27　　　　　　单位：t

级别	钢筋类型	<=10	>10
构件类型：柱			钢筋总重：3.009
中	直筋	0.036	0.047
	箍筋	1.064	
	直筋		1.861
构件类型：构造柱			钢筋总重：1.607
中	箍筋	0.054	
中	直筋		1.554
构件类型：梁			钢筋总重：4.742
中	箍筋	1.108	
中	直筋		3.635
构件类型：现浇板			钢筋总重：5.287
中	直筋		5.287
合计			钢筋总重：14.645
中	直筋	0.036	0.047
	箍筋	2.226	
中	直筋		12.336

图 9.10-7

6）楼层构件类型经济指标表

楼层构件类型经济指标表用于查看钢筋的分层量，分析钢筋单方含量，包括总的单方含量和每层的单方含量。很显然，主要作用是分层进行单方含量分析。这个表和部位构件类型经济指标表都是新增的报表。

表中按楼层分类，统计钢筋的总量，显示各层的单方含量和总量，最后汇总，如图 9.10-8 所示。

楼层构件类型经济指标表

工程名称：工程1　　　　　　　　　　　　　编制日期：2009-07-27

楼层名称	建筑面积（m2）	构件类型	钢筋总重（t）	单方含量（kg/m2）
基础层	100	柱	0.741	7.41
		构造柱	0.535	5.35
		梁	1.581	15.81
		小计	2.857	28.57
首层	100	柱	0.097	0.97
		小计	0.097	0.97
第2层	100	柱	1.133	11.33
		构造柱	0.536	5.36
		梁	1.581	15.81
		现浇板	2.644	26.44
		小计	5.894	58.94
第3层	100	柱	1.042	10.42
		构造柱	0.536	5.36
		梁	1.581	15.81
		现浇板	2.644	26.44
		小计	5.803	58.03
总计	400	—	14.651	36.628

图 9.10-8

7）部位构件类型经济指标表

与楼层构件类型经济指标表不同的是，部位构件类型经济指标表是按照地上地下来划分类别查看钢筋、分析钢筋单方含量的。

表中按地上地下分类，统计钢筋的总量，显示各层的单方含量和总量，最后汇总，如图 9.10-9 所示。

（2）明细表

明细表中包含四张报表，即钢筋明细表、钢筋形状统计明细表、构件汇总信息明细表和楼层构件统计校对表。这四张报表如图 9.10-10 所示。

部位构件类型经济指标表

工程名称：工程1   编制日期：2009-07-27

部位名称	建筑面积（m2）	构件类型	钢筋总重（t）	单方含量（kg/m2）
地下	100	柱	0.741	7.41
		构造柱	0.535	5.35
		梁	1.581	15.81
		小计	2.857	28.57
地上	300	柱	2.271	7.57
		构造柱	1.072	3.573
		梁	3.161	10.537
		现浇板	5.287	17.623
		小计	11.791	39.303
总计	400	—	14.648	36.62

图 9.10-9

图 9.10-10

明细表
- 钢筋明细表
- 钢筋形状统计明细表
- 构件汇总信息明细表
- 楼层构件统计校对表

1）钢筋明细表

钢筋明细表用于查看构件钢筋的明细，在这里，您可以看到当前工程中所有构件的每一根钢筋的信息。

这个表中显示钢筋的筋号、级别、直径、形状、算式、根数、长度、总长度、单重、总重等信息，如图 9.10-11 所示。

钢筋明细表

工程名称：工程1   编制日期：2009-07-27

楼层名称：基础层（绘图输入）   钢筋总重2857.073Kg

筋号	级别	直径	钢筋图形	计算公式	根数	总根数	单长m	总长m	总重kg
构件名称：KZ-1-1[71]				构件数量：4			本构件钢筋重：531.857Kg		
构件位置：<1,B>；<5,F>；<5,B>；<1,F>									
B边插筋.1	Φ	20	160 └ 1277	2450/3+500-40+160	6	24	1.44	34.49	85.053
H边插筋.1	Φ	20	160 └ 1277	2450/3+500-40+160	6	24	1.44	34.49	85.053
角筋插筋.1	Φ	22	220 └ 1277	2450/3+500-40+220	4	16	1.5	23.95	71.474
箍筋.1	Φ	10	340 340	2*((400-2*30)+(400-2*30))+2*(11.9*d)+(8*d)	28	112	1.68	187.94	115.87
箍筋.2	Φ	10	340 181	2*(((400-2*30-22)/4*2+22)+(400-2*30))+2*(11.9*d)+(8*d)	52	208	1.36	282.88	174.407

图 9.10-11

2）钢筋形状统计明细表

钢筋形状统计明细表用于统计当前工程中各种形状的钢筋的数量、长度、重量。这个报表能够辅助施工下料，帮助你统计工程中相同形状的钢筋。

该表中显示钢筋的级别、直径、形状、根数、单长、总长、单重、总重信息，如图 9.10-12 所示。

3）构件汇总信息明细表

构件汇总信息明细表用于查看构件钢筋的明细，这个表比钢筋明细表粗一些，它只能显示每个构件中有多少一级钢、多少二级钢，当然这个表的分类也很细致，分楼层、分构件类型、分具体构件、分钢筋级别。因此，它的用途非常广泛，通过这个表，可以得到每层的总量、每种类型构件的总量、每个构件的总量，如图 9.10-13 所示。

钢筋形状统计明细表

工程名称：工程1　　　　　　　　钢筋总重(t)：14.645　　　　　　　编制日期：2009-07-27

筋号	级别	直径	钢筋图形	总根数	单长m	总长m	单重kg	总重kg
1	Φ	8	1570	23	1.67	38.41	0.659	15.158
2	Φ	8	500 117	840	1.488	1249.92	0.587	493.2
3	Φ	8	210 210	124	1.094	135.656	0.432	53.528
4	Φ	8	500 300	840	1.854	1557.36	0.732	614.512
5	Φ	10	0 270 964 90	9	1.386	12.474	0.855	7.691
6	Φ	10	H 79 579 150	9	0.933	8.397	0.575	5.177
7	Φ	10	945 150 506 90	9	1.374	12.366	0.847	7.624
8	Φ	10	340 181	776	1.36	1055.36	0.838	650.672

图 9.10-12

构件汇总信息明细表

工程名称：工程1　　　　编制日期：2009-07-27　　　　　　　　　　　　　　　　　单位：kg

汇总信息	汇总信息钢筋总重kg	构件名称	构件数量	一级钢	二级钢
楼层名称：基础层（绘图输入）				680.92	2176.154
构造柱	535.161	GZ-1[117]	2	17.267	517.894
		合计		17.267	517.894
梁	1580.739	KL-1-1[74]	4	369.237	1211.501
		合计		369.237	1211.501
柱	741.174	KZ-1-1[71]	4	290.277	241.58
		KZ-2[100]		4.138	205.179
		合计		294.415	446.759
楼层名称：首层（单构件输入）				83.439	10.138
柱	93.578	KZ-1	1		10.138
		KZ-2	1	83.439	
		合计		83.439	10.138
楼层名称：第2层（绘图输入）				772.407	5120.513
板受力筋	2643.576	B-1[2]	1		2643.576
		合计			2643.576
构造柱	536.024	GZ-1[115]	2	18.13	517.894
		合计		18.13	517.894
梁	1580.739	KL-1[47]	4	369.237	1211.501
		合计		369.237	1211.501
柱	1132.582	KZ-1[44]	4	271.154	498.362
		KZ-2[98]	2	113.885	249.181
		合计		385.039	747.542

图 9.10-13

4）楼层构件统计校对表

楼层构件统计校对表分楼层统计构件的数量、钢筋量、钢筋总重，这是一个方便钢筋量校对的表，对于某些点状构件如柱，作用显著。

它分楼层统计构件，显示构件的数量、单个钢筋重量、总重，如图9.10-14所示。

（3）汇总表

汇总表中包含十张报表，这十张报表如图9.10-15所示。

1）钢筋统计汇总表

钢筋统计汇总表用于按照构件类型查看钢筋的量，如图9.10-16所示。

楼层构件统计校对表

工程名称：工程1						编制日期：2009-07-27

楼层名称：基础层（绘图输入）

构件类型	构件类型钢筋总重kg	构件名称	构件数量	单个构件钢筋重量kg	构件钢筋总重kg	接头
柱	741.174	KZ-1-1[71]	4	132.964	531.857	
		KZ-2[100]	2	104.659	209.317	
构造柱	535.161	GZ-1[117]	2	267.58	535.161	32
梁	1580.739	KL-1-1[74]	4	395.185	1580.739	24

楼层名称：首层（单构件输入）

构件类型	构件类型钢筋总重kg	构件名称	构件数量	单个构件钢筋重量kg	构件钢筋总重kg	接头
柱	93.578	KZ-1	1	10.138	10.138	
		KZ-2	1	83.439	83.439	

楼层名称：第2层（绘图输入）

构件类型	构件类型钢筋总重kg	构件名称	构件数量	单个构件钢筋重量kg	构件钢筋总重kg	接头
柱	1132.582	KZ-1[44]	4	192.379	769.516	64
		KZ-2[98]	2	181.533	363.066	32
构造柱	536.024	GZ-1[115]	2	268.012	536.024	64
梁	1580.739	KL-1[47]	4	395.185	1580.739	24
现浇板	2643.576	B-1[2]	1	2643.576	2643.576	101952

图 9.10-14

图 9.10-15

钢筋统计汇总表

工程名称：工程1		编制日期：2009-07-27					单位：t
构件类型	合计	级别	8	10	12	20	22	25
---	---	---	---	---	---	---	---	---
柱	1.148	Φ	0.015	1.085	0.048			
	1.861	Φ				1.325	0.536	
构造柱	0.054	Φ	0.054					
	1.554	Φ						1.554
梁	1.108	Φ	1.108					
	3.635	Φ						3.635
现浇板	5.287	Φ			5.287			
合计	2.309	Φ	1.176	1.085	0.048			
	12.336	Φ			5.287	1.325	0.536	5.188

图 9.10-16

2）钢筋接头汇总表

钢筋接头汇总表按照接头形式分类，显示不同规格钢筋的接头数量，分层显示，如图 9.10-17 所示。

3）楼层构件类型级别直径汇总表

楼层构件类型级别直径汇总表，显示了各个楼层、各种构件、各种类别直径的钢筋汇总，这个表划分楼层同时有分构件类别，显示的钢筋既有总量，又分规格汇总。这张表提供的汇总方法十分丰富，用途广泛，如图 9.10-18 所示。

钢筋接头汇总表

工程名称：工程1　　　　　　　　　　　　　　　　　　　　　　　　　　　　　　　　**编制日期：2009-07-27**

塔接形式	楼层名称	构件类型	20	22	25
套管挤压	基础层	构造柱			32
		梁			24
		合计			56
	第2层	柱	72	24	
		构造柱			64
		梁			24
		合计	72	24	88
	第3层	柱	72	24	
		构造柱			64
		梁			24
		合计	72	24	88
	整楼	—	144	48	232

图 9.10-17

楼层构件类型级别直径汇总表

工程名称：工程1　　　　　　　　**编制日期：2009-07-27**　　　　　　　　**单位：kg**

楼层名称	构件类型	钢筋总重kg	一级钢			二级钢			
			8	10	12	12	20	22	25
基础层	柱	741.174		294.415			315.294	131.465	
	构造柱	535.161	17.267						517.894
	梁	1580.739	369.237						1211.501
	合计	2857.073	386.504	294.415			315.294	131.465	1729.395
首层	柱	93.578	15.156	20.492	47.791		10.138		
	合计	93.578	15.156	20.492	47.791		10.138		
第2层	柱	1132.582		385.039			532.691	214.852	
	构造柱	536.024	18.13						517.894
	梁	1580.739	369.237						1211.501
	现浇板	2643.576				2643.576			
	合计	5892.92	387.368	385.039		2643.576	532.691	214.852	1729.395
第3层	柱	1041.531		385.039			466.992	189.499	
	构造柱	536.024	18.13						517.894
	梁	1580.739	369.237						1211.501
	现浇板	2643.576				2643.576			
	合计	5801.869	387.368	385.039		2643.576	466.992	189.499	1729.395
全部层汇总	柱	3012.316	15.156	1084.985	47.791		1328.567	535.817	
	构造柱	1607.209	53.528						1553.681
	梁	4742.216	1107.712						3634.503
	现浇板	5287.153				5287.153			
	合计	14648.893	1176.396	1084.985	47.791	5287.153	1328.567	535.817	5188.184

图 9.10-18

4）构件类型级别直径汇总表

构件类型级别直径汇总表和楼层构件类型级别直径汇总表相比，减少了楼层汇总，这个表就变得简化多了，它只分构件进行了统计，统计出了不同级别直径的钢筋汇总量。因此，从业务角度来讲，如果想对整个工程的钢筋按直径汇总分析，应该是先看这张表，然后再对照地看楼层构件类型级别直径汇总表。

它按构件类型统计构件，显示不同直径不同级别钢筋的汇总，如图 9.10-19 所示。

构件类型级别直径汇总表

工程名称：工程1　　　　　　　　**编制日期：2009-07-27**　　　　　　　　**单位：kg**

构件类型	钢筋总重（kg）	一级钢			二级钢			
		8	10	12	12	20	22	25
柱	3008.864	15.156	1084.985	47.791		1325.115	535.817	
构造柱	1607.209	53.528						1553.681
梁	4742.216	1107.712						3634.503
现浇板	5287.153				5287.153			
合计	14645.441	1176.396	1084.985	47.791	5287.153	1325.115	535.817	5188.184

图 9.10-19

5) 钢筋级别直径汇总表

钢筋级别直径汇总表，应该是比较常用的，它实际上就是把当前工程中的钢筋分规格和级别汇总起来了。就是当前工程的钢筋分直径的量，如图 9.10-20 所示。

钢筋级别直径汇总表

工程名称：工程1　　　　　　　　　　编制日期：2009-07-27　　　　　　　　　　单位：t

级别	合计	8	10	12	20	22	25
一级钢	2.309	1.176	1.085	0.048			
二级钢	12.336			5.287	1.325	0.536	5.188
合计	14.645	1.176	1.085	5.335	1.325	0.536	5.188

图 9.10-20

6) 构件汇总信息分类统计表

构件汇总信息分类统计表，按照汇总信息进行分类统计，并且统计出了不同级别直径的钢筋汇总量。因此，从业务角度来讲，如果想对整个工程的钢筋按直径汇总分析，应该是先看这张表，然后再对照地看楼层构件类型、级别、直径汇总表，如图 9.10-21 所示。

构件汇总信息分类统计表

工程名称：工程1　　　　　　　　　　　　　　　　　　　　　编制日期：2009-07-27

汇总信息	一级钢				二级钢				
	8	10	12	合计	12	20	22	25	合计
板受力筋					5.287				5.287
构造柱	0.054			0.054				1.554	1.554
梁	1.108			1.108				3.635	3.635
柱	0.015	1.085	0.048	1.148		1.325	0.536		1.861
合计	1.176	1.085	0.048	2.309	5.287	1.325	0.536	5.188	12.336

图 9.10-21

7) 钢筋连接类型级别重量汇总表

钢筋连接类型、级别、重量汇总表，表达的是钢筋接头的重量，分接头类型、级别和直径进行的统计。这里提供接头重量是按照某些地区定额的要求制作的，如图 9.10-22 所示。

钢筋连接类型级别直径汇总表

工程名称：工程1　　　　　　　　　　编制日期：2009-07-27　　　　　　　　　　单位：t

连接类型	合计	一级钢				二级钢				
		8	10	12	合计	12	20	22	25	合计
绑扎	7.596	1.176	1.085	0.048	2.309	5.287				5.287
套筒挤压	7.049						1.325	0.536	5.188	7.049
合计	14.645	1.176	1.085	0.048	2.309	5.287	1.325	0.536	5.188	12.336

图 9.10-22

8) 措施筋统计汇总

措施筋统计汇总表按照楼层统计不同构件类型的措施筋信息，包括级别、直径、钢筋总重。同时，汇总全部楼层的总量，如图 9.10-23 所示。

措施筋统计汇总表

工程名称：工程1	编制日期：2009-07-27		单位：kg
			二级钢
楼层名称	构件类型	钢筋总重kg	12
首层	现浇板	170.283	170.283
	合计	170.283	170.283
全部层汇总	现浇板	170.283	170.283
	合计	170.283	170.283

图 9.10-23

9）植筋楼层构件类型级别直径汇总表

植筋楼层构件类型级别直径汇总表，按照楼层统计不同构件类型的植筋信息，包括级别、直径。同时，汇总全部楼层的总量，如图 9.10-24 所示。

植筋楼层构件类型级别直径汇总表
(本表只统计汇总计算的结果)

工程名称：工程1					单位：个
楼层名称	构件类型	一级钢		二级钢	
		6	8	12	22
首层	构造柱	10	8	22	12
	砌体加筋	8	8	20	18
	过梁	8	8	12	12
	圈梁	6	6	16	18
	合计	32	30	70	60
第2层	构造柱	10	8	22	12
	砌体加筋	8	8	20	18
	过梁	8	8	12	12
	圈梁	6	6	16	18
	合计	32	30	70	60
全部层汇总	构造柱	20	16	44	24
	砌体加筋	16	16	40	36
	过梁	16	16	24	24
	圈梁	12	12	32	36
	合计	64	60	140	120

图 9.10-24

10）预埋件楼层构件类型统计表

预埋件楼层构件类型统计表，按照楼层统计不同构件类型的预埋件个数。同时，汇总全部楼层的总量，如图 9.10-25 所示。

9.10.2 报表编辑

（1）设置报表范围

设置报表范围用于按照工程需要，选择查看、打印哪些楼层哪些构件的钢筋量。

操作步骤：

单击"操作"→"设置报表范围"界面，或者单击工具栏 [设置报表范围] 按钮，进入"设置报表范围"界面，如图 9.10-26 所示。

说明：

1）设置报表范围分为绘图输入、单构件输入两个页签。

2）设置楼层、构件范围：就是选择您要查看打印哪些层的哪些构件，把要输出的打"√"即可。

预埋件楼层构件类型统计表

工程名称：工程1　　　　　编制日期：2010-03-22　　　　　　　　　　单位：个

楼层名称	构件类型	个数
首层	构造柱	200
	砌体加筋	220
	过梁	240
	圈梁	260
	合计	920
第2层	构造柱	200
	砌体加筋	220
	过梁	240
	圈梁	260
	合计	920
全部层汇总	构造柱	400
	砌体加筋	440
	过梁	480
	圈梁	520
	合计	1840

图 9.10-25

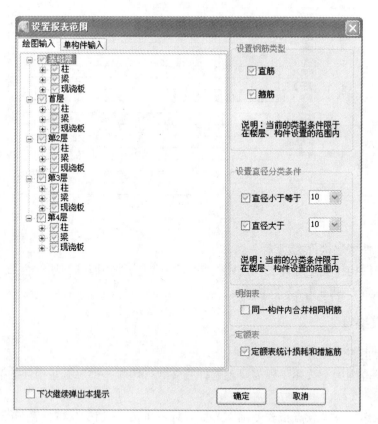

图 9.10-26

3）设置钢筋类型：选择要输出直筋、箍筋，还是直筋和箍筋一起输出，把要输出的打"√"即可。

4）设置直径分类条件：就是根据定额子目设置来设定，比如定额设置了φ10以内、φ20以内和φ20以外的子目，这里就选择直径小于等于10mm，和直径大于20mm。选择方法是在直径类型前打"√"，并选择直径大小。

　　5）同一构件内合并相同钢筋：明细表中，同一构件内如果有形状、长度相同的钢筋，如果您在输出时不希望出现同样的两种钢筋，请把这里打"√"。

　　6）定额表统计损耗和措施筋：钢筋定额表中钢筋量可以统计包含损耗和措施筋的量，勾选表示统计，不勾选表示不统计。

　　单击"确定"按钮，报表将按照刚才所做的设置显示输出打印。

　　注意："设置报表范围"功能，对"工程技术经济指标表"不起作用。

　　（2）页面缩放

　　页面缩放用于对报表预览进行缩放，以便于查看。包括自适应、放大、缩小三个命令。

　　1）自适应：使报表页面自动适应窗口大小，窗口正好放下一张页面。

　　操作方法：单击"操作"→"自适应"按钮。这种查看方式一般用于查看报表的页面设置、各列宽度、页边距、页眉、页脚等是否符合要求。

　　2）放大：操作方法：单击"操作"→"放大"按钮，则报表预览扩大一倍。

　　3）缩小：操作方法：单击"操作"→"缩小"按钮，则报表预览缩小一倍。

　　（3）页面切换

　　页面切换用于对报表预览进行翻页。

　　1）第一页：查看报表的首页。

　　2）上一页：向前翻页。

　　3）下一页：向后翻页。

　　4）最后一页：查看报表的最后一页。

9.11　导图

9.11.1　把钢筋工程导入图形 GCL2008

　　在实际工作中，若工程的部分或全部是由钢筋软件画的，为了减少重复劳动，提高工作效率，图形软件可以直接获取钢筋软件画的图形。

　　具体流程如下：首先新建一个图形工程，在"导航栏"的"工程设置"中单击"楼层管理"，建立和要导入的钢筋工程同样的楼层和层高，然后单击在菜单栏"工程"中的"导入钢筋（GGJ）文件"，在弹出的导入 GGJ 工程对话框中，选择要导入的钢筋工程，单击"打开"按钮；选择需要导入的楼层和构件，最后单击"确认"按钮即可。

　　第一步：首先打开图形算量软件 GCL2008，新建一个工程。

　　第二步：切换导航栏到绘图输入，单击菜单栏下的【工程】→【导入钢筋（GGJ）文件】，如图 9.11-1 所示。

　　第三步：选择钢筋工程的保存路径，单击"打开"按钮后，在弹出的"导入 GGJ 文件"窗口中，选择要导入的楼层及构件，单击"确定"按钮即可导入钢筋文件，如图 9.11-2 所示。

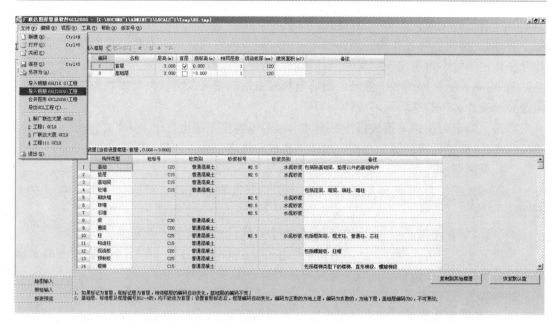

图 9.11-1

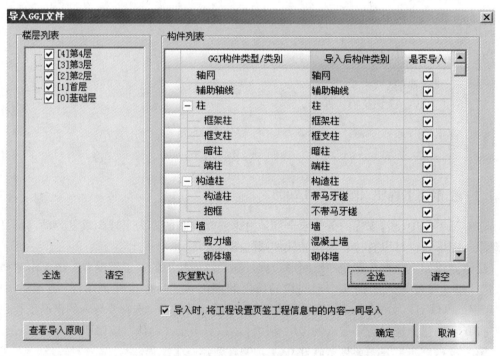

图 9.11-2

第四步：修改构件信息，按照图纸补充完整图形。

第五步：汇总，打印报表。

9.11.2 把图形算量工程导入钢筋抽样 GGJ2009

操作步骤如下：

第一步：首先打开钢筋抽样软件 GGJ2009，新建一个工程。

第二步：切换"导航栏"到绘图输入，单击菜单栏下的【文件】→【导入图形工程】，如图 9.11-3 所示。

图 9.11-3

第三步：选择图形工程的保存路径，单击"打开"后，弹出"层高对比"对话框，选择按照图形层高导入，如图 9.11-4 所示。

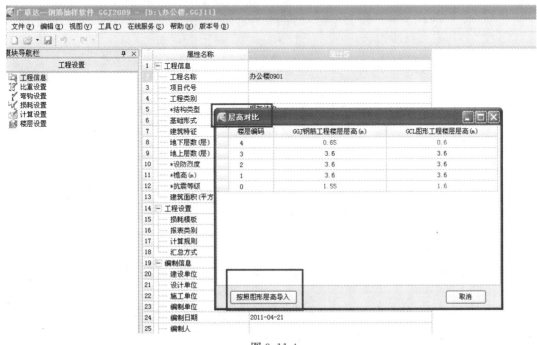

图 9.11-4

第四步：在弹出的"导入 GGJ 文件"窗口中选择要导入的楼层及构件，单击"确定"按钮，即可导入 GCL 文件，如图 9.11-5 所示。

图 9.11-5

第五步：构件管理配置图纸相应的钢筋即可。

第六步：汇总，打印报表。

9.11.3　导入 CAD 电子文件

通过导入 CAD 文件，则可以实现快速绘图并配筋，大大提高我们的工作效率，导入 CAD 文件的前提条件是电子文件的数据格式为：＊.dwg，否则不能导入，如图 9.11-6 所示。

（1）导入 CAD 文件

新建工程后（设置好计算规则、计算设置以及节点设置、楼层及各层混凝土强度等级），在绘图输入界面当中，通过构件"导航栏"中打开"CAD 识图"导航栏，按照"导航栏"的顺序进行操作即可，如图 9.11-7 所示。

单击"CAD 草图"界面，在工具栏中单击"导入 CAD 图"按钮，然后找到存放 CAD 图文件的路径并打开，导入过程当中，还需要根据 CAD 图纸比例的大小、设置并调整，软件默认是 1∶1。

在"CAD 草图"状态下，还可以转换钢筋级别符号、识别柱表、剪力墙连梁表、门窗表等。

导入CAD文件流程图

新建工程 （工程信息、楼层设置、工程设置）

导入CAD图

识别轴网 （提取轴线、提取轴线标识）

导入CAD图 （调整CAD图、定位CAD图）

| 识别柱 | 识别墙 | 识别门窗洞 | 识别梁 | 板钢筋 |

识别柱表	提取柱边线	识别连梁表	提取墙边线	识别门窗表	提取门窗洞	提取梁边线	提取集中标注	画板
提取柱标识	识别柱	提取墙标识	自动分解墙	提取标识	识别门窗	提取原位标注	识别梁	识别主筋	识别负筋
		提取墙厚	识别墙						

图 9.11-6

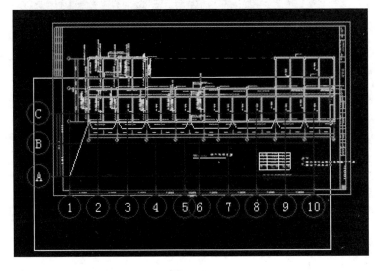

图 9.11-7

（2）导入轴网

在"导航栏"中选择"识别轴网"，然后选择提取轴线（ctrl＋左键选择，右键确认），提取轴标识（ctrl＋左键选择，右键确定），最后单击"识别轴线"按钮，这样就可以把轴线识别过来了。

点开"CAD识别"的"CAD草图"界面，打开"导入CAD图"，在对话框中把需要导入的CAD文件打开（在这里以软件安装程序下提供的CAD图来导入作讲解，路径是"C:\Grandsoft\GGJ\10.0\Sample\示范工程一"里面）。

导图和画图的顺序一样，需要先确定轴网，再画柱子，所以一般选择柱平面布置图来导轴网和柱子。

1）单击"识别轴网"按钮，进入轴网识别界面，单击"提取轴线"按钮，如图9.11-8所示。

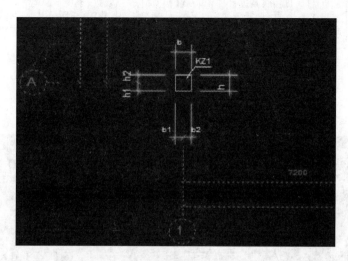

图9.11-8

鼠标移动到任意一根红色的轴线位置，手按住键盘上Ctrl键，鼠标左键单击轴线，这样就可以按照CAD图的图层批量选中轴线（若要按照CAD图的颜色来选取，则按住Alt键选择），选中后所有的轴线呈蓝色状态，单击鼠标右键，则可以把轴线提取，如图9.11-9所示。

图9.11-9

2）接下来单击"提取轴线标识"按钮，同样按照上面的方法批量选中轴线的标识（注意，此时需要把标注长度和标注号全部选中，如图9.11-9所示），选中后点击鼠标右键将轴线标识提取。（注意：需要正确选择红色的轴线和绿色的标识，不要选反）

3）最后点击"识别轴线"即可将轴线完全识别过来。

（3）导入柱

提取柱的操作步骤：

第一步：在"CAD草图"中导入CAD图，CAD图中需包括可用于识别的柱；

对于柱子，如果CAD图提供平法柱表格式配筋，则可以将柱钢筋快速导入，操作如下：

1）回到"CAD草图"界面，单击"转换符号"按钮，软件自动弹出符号转换对话框，将鼠标移动到任何一个CAD原始钢筋符号处，单击一下，软件自动提示出软件的钢筋符号（也可以下来修改），单击"转换"按钮，选择"是"，即可批量将相同标注的钢筋符号快速转换过来，如图9.11-10所示。

2）转换完后，即可进行柱表的识别，单击"识别柱表"，拉框选中柱表呈黄色虚线状态，如图9.11-11所示。

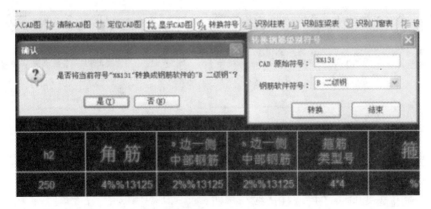

图 9.11-10

图 9.11-11

　　单击鼠标右键，软件会弹出"识别柱表—选择对应列"的对话框，在此对话框第一行的空白行中单击鼠标左键，从下拉框中选择该列的对应关系，如图 9.11-12 所示。

图 9.11-12

　　选择好了后单击"确定"按钮，弹出的对话框选择"是"，再次弹出的对话框也单击"是"按钮，如图 9.11-13 所示。

　　这样就进入"柱表定义"界面（此时柱表里面的信息已经有了），单击对话框下面"生成构件"按钮，直到弹出"生成构件成功"才能退出该界面（如果已经导入了 CAD 图则此步可省略）。

 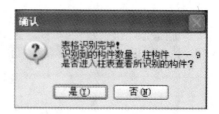

图 9.11-13

第二步：在"CAD 草图"中转换钢筋级别符号，识别柱表并重新定位 CAD 图；

第三步：单击导航栏"CAD 识别"中的"识别柱"按钮；

第四步：单击工具条"提取柱边线"按钮；

第五步：利用"选择相同图层的 CAD 图元"（ctrl＋左键）或"选择相同颜色的 CAD 图元"（alt＋左键）的功能，选中需要提取的柱 CAD 图元，此过程中也可以点选或框选需要提取的 CAD 图元，单击鼠标右键确认选择，则选择的 CAD 图元自动消失，并存放在"已提取的 CAD 图层"中；

第六步：单击绘图工具条"提取柱标识"按钮，如图 9.11-14 所示；

第七步：选择需要提取的柱标识 CAD 图元，单击鼠标右键确认选择；

第八步：检查提取的柱边线和柱标识是否准确，如果有误，还可以使用"画 CAD 线"和"还原错误提取的 CAD 图元"功能对已经提取的柱边线和柱标识进行修改，如图 9.11-15 所示；

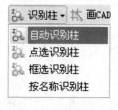

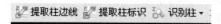

图 9.11-14　　　　　　　　　　　　　图 9.11-15

第九步：单击工具条"自动识别柱"下的"自动识别柱"按钮，则提取的"柱边线"和"柱标识"被识别为软件的柱构件，并弹出识别成功的提示。

（4）导入墙

1）提取墙线

第一步：导入 CAD 图，CAD 图中需包括可用于识别的墙（如果已经导入了 CAD 图则此步可省略）；

第二步：单击导航栏"CAD 识别"下的"识别墙"按钮；

第三步：单击工具条"提取墙线"按钮（如图 9.11-16 所示）；

图 9.11-16

第四步：利用"选择相同图层的 CAD 图元"或"选择相同颜色的 CAD 图元"的功能选中需要提取的墙边线 CAD 图元，单击鼠标右键确认选择。

2）读取墙厚

第一步：单击绘图工具条"读取墙厚"按钮，此时绘图区域显示刚刚提取的墙边线；

第二步：按鼠标左键，选择墙的两条边线，然后单击右键将弹出"创建墙构件"窗口，窗口中已经识别了墙的厚度，并默认了钢筋信息，只需要输入墙的名称，并修改钢筋信息等参数，单击"确定"按钮，则墙构件建立完毕（如图9.11-17所示）；

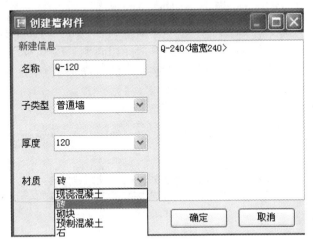

图9.11-17

第三步：重复第二步操作，读取其他厚度的墙构件。

3）识别墙

第一步：单击工具条中的"识别"按钮，软件弹出确认窗口，提示"建议识别墙前先画好柱，此时识别出的墙的端头会自动延伸到柱内，是否继续"，单击"是"即可；

第二步：单击"退出"按钮，退出自动识别命令，如图9.11-18所示。

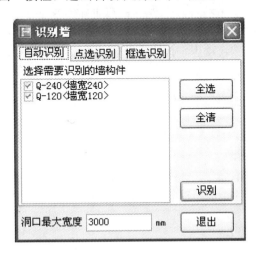

图9.11-18

（5）导入门窗

1）提取门窗标识

第一步：在CAD草图中导入CAD图，CAD图中需包括可用于识别的门窗，识别门

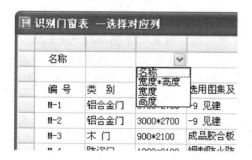

图 9.11-19

窗表（如果已经导入了 CAD 图，则此步可省略）。

　　第二步：单击导航栏"CAD 识别"下的"识别门窗洞"按钮（如图 9.11-19 所示）。

　　第三步：单击工具条中的"提取门窗标识"按钮。

　　第四步：利用"选择相同图层的 CAD 图元"或"选择相同颜色的 CAD 图元"的功能，选中需要提取的门窗标识 CAD 图元，单击鼠标右键确认选择。

　　2）提取墙边线

　　第一步：单击绘图工具条"提取墙线"按钮（如图 9.11-20 所示）。

图 9.11-20

　　第二步：利用"选择相同图层的 CAD 图元"或"选择相同颜色的 CAD 图元"的功能选中需要提取的墙边线 CAD 图元，单击鼠标右键确认选择。

　　3）自动识别门窗

　　第一步：单击"设置 CAD 图层显示状态"或按"F7"键，打开"设置 CAD 图层显示状态"窗口，将已提取的 CAD 图层中"门窗标识"、"墙边线"显示，将 CAD 原始图层隐藏。

　　第二步：检查提取的门窗标识和墙边线是否准确，如果有误，还可以使用"画 CAD 线"和"还原错误提取的 CAD 图元"功能对已经提取的门窗标识和墙边线进行修改。

　　第三步：单击工具条"自动识别门窗"下的"自动识别门窗"按钮，则提取的门窗标识和墙边线被识别为软件的门窗构件，并弹出识别成功的提示，如图 9.11-21 所示。

　　（6）导入梁

　　1）提取梁边线

　　第一步：在 CAD 草图中导入 CAD 图，CAD 图中需包括可用于识别的梁（如果已经导入了 CAD 图则此步可省略）。

　　第二步：单击导航栏中的"CAD 识别"下的"识别梁"按钮。

　　第三步：单击工具条"提取梁边线"按钮（如图 9.11-22 所示）。

图 9.11-21

图 9.11-22

第四步：利用"选择相同图层的 CAD 图元"或"选择相同颜色的 CAD 图元"的功能，选中需要提取的梁边线 CAD 图元。

2）自动提取梁标注

第一步：单击工具条中的"提取梁标注"下的"自动提取梁标注"按钮。

第二步：利用"选择相同图层的 CAD 图元"或"选择相同颜色的 CAD 图元"的功能，选中需要提取的梁标注 CAD 图元，包括集中标注和原位标注；也可以利用"提取梁集中标注"和"提取梁原位标注"分别进行提取。

3）自动识别梁

单击工具条中的"识别梁"按钮，选择"自动识别梁"，即可自动识别梁构件（建议识别梁之前先画好柱构件，这样识别梁跨更为准确）。

4）识别原位标注

第一步：单击工具条中的"识别原位标注"按钮，选择"单构件识别梁原位标注"（如图 9.11-23 所示）。

第二步：鼠标左键选择需要识别的梁，右键确认即可识别梁的原位标注信息，依次类推则可以识别其他梁的原位标注信息。

图 9.11-23

（7）导入板受力筋

1）提取钢筋线

第一步：单击导航栏"CAD 识别"下的"识别受力筋"按钮。

第二步：单击工具条"提取钢筋线"按钮。

第三步：利用"选择相同图层的 CAD 图元"或"选择相同颜色的 CAD 图元"的功能，选中需要提取的钢筋线 CAD 图元，单击鼠标右键确认选择。

2）提取钢筋标注

第一步：单击工具条"提取钢筋标注"按钮。

第二步：利用"选择相同图层的 CAD 图元"或"选择相同颜色的 CAD 图元"的功能，选中需要提取的钢筋标注 CAD 图元，单击鼠标右键确认选择。

3）识别受力钢筋

"识别受力筋"功能可以将提取的钢筋线和钢筋标注识别为受力筋，其操作前提是已经提取了钢筋线和钢筋标注，并完成了绘制板的操作。

操作方法：

单击工具条上的"识别受力筋"按钮，打开"受力筋信息"窗口，输入钢筋名称即可，依次可识别其他的受力筋。

（8）识别板负筋

提取钢筋线

第一步：在 CAD 草图中导入 CAD 图，CAD 图中需包括可用于识别的板负筋（如果已经导入了 CAD 图则此步可省略）。

第二步：单击导航栏"CAD 识别"下的"识别负筋"按钮。

第三步：单击工具条中的"提取钢筋线"按钮。

第四步：利用"选择相同图层的 CAD 图元"或"选择相同颜色的 CAD 图元"的功

能，选中需要提取的钢筋。

　　第五步：单击工具条中的"提取钢筋标注"按钮。

　　第六步：选择需要提取的钢筋标注 CAD 图元，单击右键确认。

　　第七步：单击工具条上的"识别负筋"按钮，打开"负筋信息"窗口，输入负筋名称即可，依次可识别其他的受力筋。

第三篇　清单计价软件

第 10 章　计价软件基础知识

10.1　计价软件简介

10.1.1　计价软件的产生背景和开发思路

工程造价的确定是建筑工程概（预）算编制的主要目的，工程造价确定过程中的主要工作应包括工程计量和工程计价两大部分，在前面的章节中，我们详细地阐述了如何利用预算软件提高工程量计算的速度和准确性的基本原理和操作过程；在本篇中，我们将围绕工程计价的基本思路，来阐述如何利用预算软件使工程计价工作变得轻松，从而把工程预算人员从烦冗的手工套定额、提取工料分析、汇总工程造价中解放出来，提高工作效率。

广联达推出的融计价、招标管理、投标管理于一体的全新计价软件，旨在帮助工程造价人员解决电子招标投标环境下的工程计价和招标投标业务问题，使计价更高效，招标更便捷，投标更安全。现以 GBQ4.0 为例，讲解计价软件的编制思路和操作流程。

GBQ4.0 包含三大模块，即招标管理模块、投标管理模块、清单计价模块。招标管理和投标管理模块是站在整个项目的角度进行招标投标工程造价管理。清单计价模块用于编辑单位工程的工程量清单或投标报价。在招标管理和投标管理模块中可以直接进入清单计价模块，计价软件使用流程如图 10.1-1 所示。

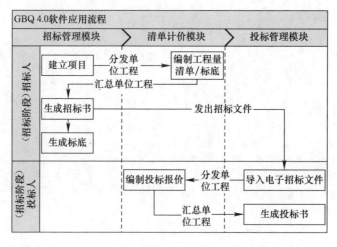

图 10.1-1

10.1.2　计价软件的运行环境

软件最低配置：

处理器：PentiumⅢ 800MHz 或更高

内存：512MB

硬盘：200MB 可用硬盘空间

显示器：VGA、SVGA、TVGA 等彩色显示器，分辨率 800×600，16 位真彩

各种针式、喷墨和激光打印机

推荐配置：

处理器：Pentium4 2.0GHz 或更高

内存：1GB

硬盘：1GB 可用硬盘空间

显示器：VGA、SVGA、TVGA 等彩色显示器，分辨率 1024 * 768 或者以上，24 位真彩

各种针式、喷墨和激光打印机

软件环境

操作系统：简体中文版 Windows 2000、简体中文版 Windows XP、简体中文版 Windows Vista

浏览器：建议使用 Internet Explorer6.0 以上版本

10.1.3　计价软件的安装与卸载

（1）软件的安装

1）请您先检查一下您的磁盘空间，看看是否还有足够的空间安装 GBQ4.0，GBQ4.0 大约会占用 120MB 磁盘空间，如果空间不足，请先清理磁盘空间，然后再开始安装。

2）GBQ4.0 默认的安装目录为 C：\ Program Files \ GrandSoft \，也可通过浏览命令任意选择安装路径。

3）将光盘放进光驱，等待光盘自启动。

第一步：单击"安装广联达计价软件 GBQ4.0"快捷图标，稍许等待后将弹出如图 10.1-2 所示的窗口。

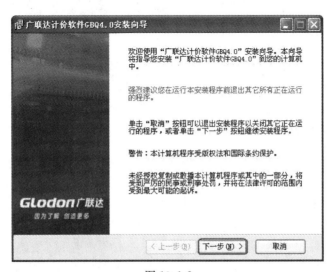

图 10.1-2

第二步：单击"下一步"按钮，进入"最终用户许可协议"页面，如图 10.1-3 所示，您必须同意许可协议才能继续安装。

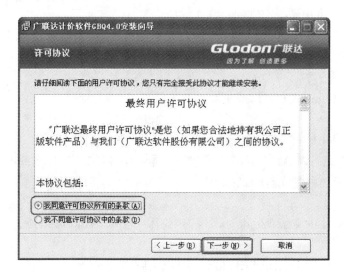

图 10.1-3

第三步：认真阅读《最终用户许可协议》后，选择"我同意许可协议所有的条款"，单击"下一步"按钮，进入"著作权声明"页面，如图 10.1-4 所示。

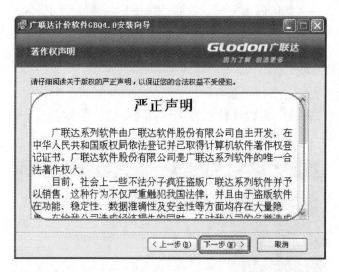

图 10.1-4

第四步：认真阅读《广联达软件股份有限公司严正声明》后，点击"下一步"按钮，进入"安装选项"页面，如图 10.1-5 所示。

说明：① 安装程序默认的安装路径为"C:\Program Files\GrandSoft\"，您可以通过"选择文件夹…"按钮来修改默认的安装路径。

② 组件名称前打"√"，则表示安装该组件。不打勾则表示不安装。

第五步：勾选需要安装的内容，点击"下一步"按钮，开始安装所选组件，如图 10.1-6 所示。

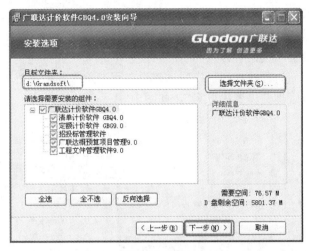

图 10.1-5

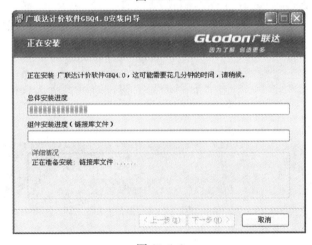

图 10.1-6

第六步：安装完成后会弹出如下图 10.1-7 所示窗口，点击"完成"按钮，即可完成安装。

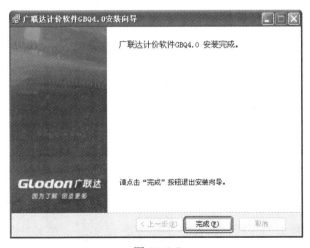

图 10.1-7

说明：安装定额库、清单库、报表的方法同上。

（2）软件的卸载

软件卸载，主要有下面两种方式。

第一种：在"开始"程序找到"广联达建设工程造价管理整体解决方案"下的"卸载广联达建设工程造价管理整体解决方案"，如图 10.1-8 所示。

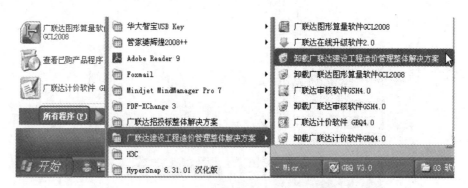

图 10.1-8

从中勾选要卸载的组件，单击"下一步"按钮，即可将所选软件卸载，如图 10.1-9 所示。

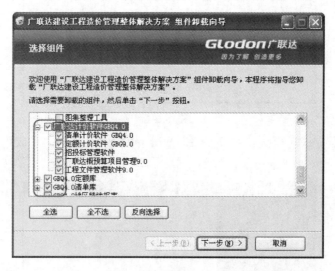

图 10.1-9

第二种：在 Windows 的"控制面板"中找到"添加或删除程序"，将弹出下列窗口，如图 10.1-10 所示。

单击"更改/删除"按钮，在需要卸载的组件前打"√"，单击"下一步"按钮，既可将所选组件卸载。

说明：卸载定额库、清单库、报表的方法同上。

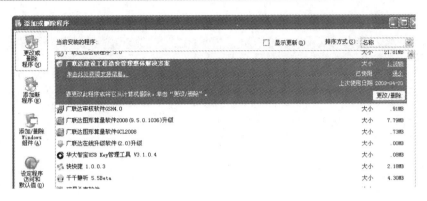

图 10.1-10

10.2　计价软件功能与操作界面

广联达计价软件 GBQ4.0 分三种计价模式：清单计价模式、定额计价模式和项目管理模式。

10.2.1　软件主界面

（1）清单计价模式

清单计价模式主界面由下面几部分组成：

1）菜单栏：分为九部分，集合了软件所有功能和命令。

2）通用工具条：无论切换到任一界面，它都不会随着界面的切换而变化。

3）界面工具条：会随着界面的切换，工具条的内容不同。

4）导航栏：左边导航栏可切换到不同的编辑界面。

5）分栏显示区：显示整个项目下的分部结构，点击分部实现按分部显示，可关闭此窗口。

6）功能区：每一编辑界面都有自己的功能菜单，可关闭此功能区。

7）属性窗口：功能菜单单击后就可泊靠在界面下边，形成属性窗口，可隐藏此窗口。

8）属性窗口辅助工具栏：根据属性菜单的变化而更改内容，提供对属性的编辑功能，跟随属性窗口的显示和隐藏。

9）数据编辑区：切换到每个界面，都会有自己特有的数据编辑界面，供用户操作，这部分是用户的主操作区域，如图 10.2-1 所示。

（2）定额计价模式

定额计价模式主界面同"清单计价模式主界面"。

（3）项目管理模式

1）招标管理模块主界面：主要由菜单、工具条、内容显示区、功能区、导航栏几部分组成，如图 10.2-2 所示。

2）投标管理模块主界面，主要由菜单、工具条、内容显示区、功能区、导航栏几部分组成，如图 10.2-3 所示。

说明：定额计价的项目管理界面同上。

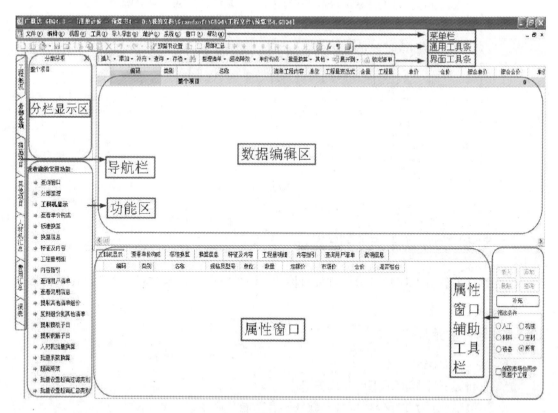

图 10.2-1

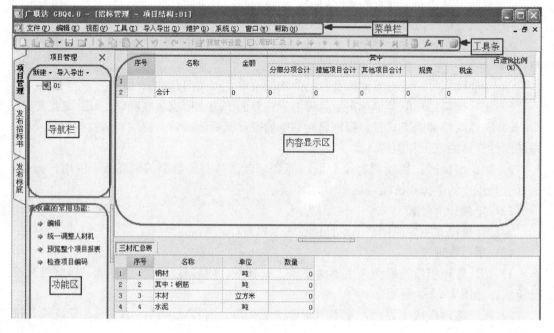

图 10.2-2

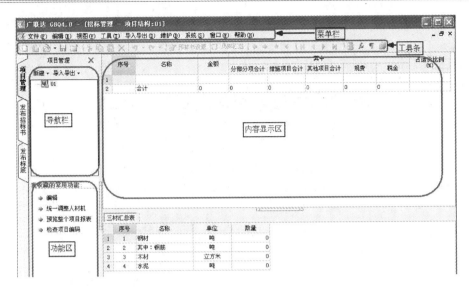

图 10.2-3

10.2.2 菜单栏介绍

菜单栏由下面九部分组成，如图 10.2-4 所示。

文件(F) 编辑(E) 视图(V) 工具(T) 导入导出(D) 维护(D) 系统(S) 窗口(W) 帮助(H)

图 10.2-4

（1）文件：如图 10.2-5 所示。

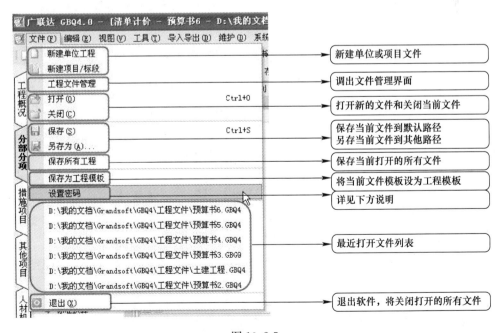

图 10.2-5

关于"设置密码",如图 10.2-6 所示。

注意,红色方框中的内容,新密码是空的时候,即表示密码取消了,密码一定要牢记,如果密码忘记,工程将无法打开。

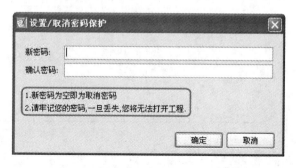

图 10.2-6

（2）编辑:主要是进行一些常用操作:撤销/恢复/剪切/复制/粘贴/删除,如图 10.2-7 所示。

（3）视图:主要是进行工具条显示和隐藏的编辑,如图 10.2-8 所示。

图 10.2-7   图 10.2-8

（4）工具:主要是软件的通用工具,如图 10.2-9 所示。

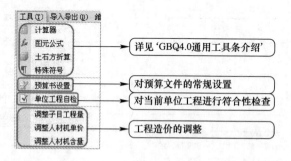

图 10.2-9

（5）导入导出:此菜单下的项目是本软件与外部数据传输的接口,如图 10.2-10 所示。

说明:

1）导入 Excel,只可以导入 Excel2003 格式的文件。

2）导入单位工程,只可以导入与当前工程文件类型一致的 GBQ4.0 文件。

3）导入广联达算量工程文件，可以导入 GCL8.0 和 GCL2008 两种类型的工程。

（6）维护：用于维护定额库、人材机、费率等有关数据，如图 10.2-11 所示。

说明：

进行主要指标材料维护后，需关闭软件重新新建工程才可以更新，当前工程无法更新。

（7）系统：主要是设置界面显示的风格，如图 10.2-12 所示。

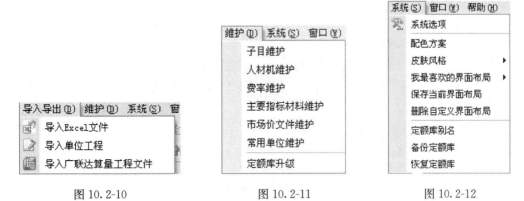

图 10.2-10　　　　　　　图 10.2-11　　　　　　　图 10.2-12

（8）窗口：可以编辑多个文件的显示方式及显示当前文件信息，如图 10.2-13 所示。

（9）帮助：可以查看软件的使用说明及功能讲解，并可以了解软件版本及注册信息（图 10.2-14）。

图 10.2-13　　　　　　　　　　　　　　　图 10.2-14

10.2.3　通用工具条介绍

广联达计价软件 GBQ4.0 通用工具条，它存在于导航栏的每个界面，如图 10.2-15 所示。

图 10.2-15

共有 6 组工具条组成，下面一一介绍。

（1）系统工具条

从左到右各个按钮分别代表：

1）新建单位工程：新建一个单位工程文件。

2）新建项目或标段：新建一个项目或标段文件。

3）打开：用于打开已经保存的工程文件。

4）保存：保存您所建立的当前工程，建议在编制过程中定时保存。

5）关闭：关闭您正在编辑的工程文件，不是关闭 GBQ4.0 的程序。

系统工具条与菜单栏"文件"下的部分功能是一一对应的。

（2）编辑工具条

主要是进行一些常用操作，从左到右分别为：剪切/复制/粘贴/删除/撤销/恢复。

编辑工具条与菜单栏"编辑"下的功能是一一对应的。

（3）工程工具条

主要是对工程的设置操作。

1）预算书设置：用于存放控制预算书计算的各个选项。

2）局部汇总：用于对已选择子目或分部的汇总取费，实现按分部、按所需呈现工程造价。

（4）表操作工具条

主要是进行一些常用操作：上移/下移，升级/降级。

1）上移/下移：是指对当前选择项进行上下移动。

2）升级/降级：是指对两部分内容的关系的定位，可以平级，也可以上、下级，需要调整时，请使用此功能。用于对分部的级别定位。

（5）表格导航工具条

主要是进行光标定位操作，所表示的内容依次是：第一行/上一行/下一行/最后一行。

操作比较简单，这里就不阐述了。

（6）常用工具工具条

所表示的内容依次是：

1）图元公式：是以图形方式体现的一些常用计算公式，可以计算工程量，选择图元，输入参数，多个图元可以累加，一个图元参数输入完毕，单击图面左下方的"选择"按钮，多外图元时，可以多次选择，最后单击"确定"按钮，即可累加。

2）特殊符号：可以插入一些特殊符号。

3）计算器：可以通过这个计算器进行四则运算及其他科学运算并得到运算结果。

4）土石方体积折算：可以计算夯实、松填、虚方体积。

10.2.4　软件的启动与退出

（1）软件的启动

可以通过以下两种方法来启动 GBQ4.0 软件。

方法一：通过鼠标左键单击 windows 菜单【开始】→【所有程序】→【广联达建设工程造价管理整体解决方案】按钮，选择【广联达计价软件 GBQ4.0】，如图 10.2-16 所示。

方法二：在桌面上双击"广联达计价软件 GBQ4.0"快捷图标，在弹出的界面中选择相应的方式进入。

（2）软件的退出

可以通过以下两种方法来退出 GBQ4.0 软件。

方法一：鼠标左键单击软件主界面右上角的按钮关闭。

方法二：单击【文件】下的【退出】按钮退出，如图 10.2-17 所示。

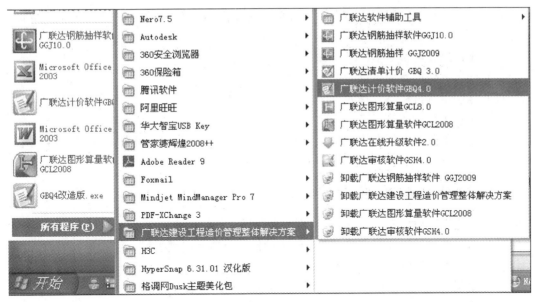

图 10.2-16

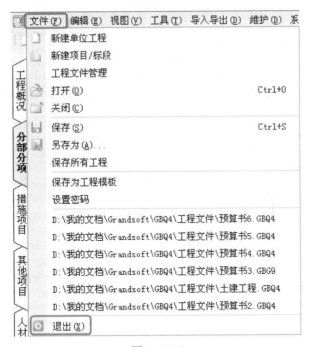

图 10.2-17

10.3　软件操作流程

以招标投标过程中的工程造价管理为例，软件操作流程如下：

10.3.1　招标方的主要工作

（1）新建招标项目，包括新建招标项目工程，建立项目结构。

（2）编制单位工程分部分项工程量清单，包括输入清单项，输入清单工程量，编辑清单名称，分部整理。

（3）编制措施项目清单。

（4）编制其他项目清单。

（5）编制甲供材料、设备表。

（6）查看工程量清单报表。

（7）生成电子标书包括招标书自检，生成电子招标书，打印报表，刻录及导出电子标书。

10.3.2 投标人编制工程量清单

（1）新建投标项目。

（2）编制单位工程分部分项工程量清单计价，包括套定额子目，输入子目工程量，子目换算，设置单价构成。

（3）编制措施项目清单计价，包括计算公式组价、定额组价、实物量组价三种方式。

（4）编制其他项目清单计价。

（5）人材机汇总，包括调整人材机价格，设置甲供材料、设备。

（6）查看单位工程费用汇总，包括调整计价程序，工程造价调整。

（7）查看报表。

（8）汇总项目总价，包括查看项目总价，调整项目总价。

（9）生成电子标书，包括符合性检查，投标书自检，生成电子投标书，打印报表，刻录及导出电子标书。

第11章 清单计价

11.1 新建招标项目

11.1.1 软件启动

在桌面上双击"广联达计价软件 GBQ4.0"快捷图标，软件会启动文件管理界面，如图 11.1-1 所示。

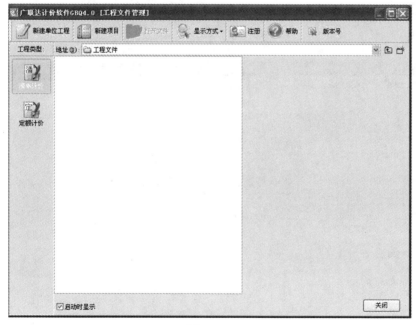

图 11.1-1

在文件管理界面选择工程类型为清单计价，单击【新建项目】按钮，进入新建标段页面，选择招标项目，填写相关信息，如图 11.1-2 所示。

选择【招标】页面，单击【确定】按钮，软件会进入招标管理主界面，如图 11.1-3 所示。

11.1.2 建立项目结构

（1）新建单项工程

单击"新建"按钮，选择"新建单项工程"，如图 11.1-4 所示。

在弹出的新建单项工程界面中输入单项工程名称"教学楼（办公楼）"，如图 11.1-5 所示。

图 11.1-2

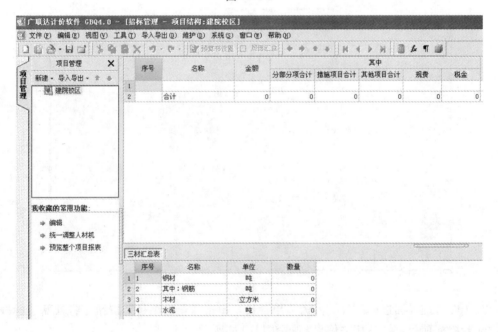

图 11.1-3

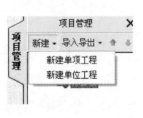

图 11.1-4

图 11.1-5

（2）新建单位工程

选中单项工程节点"办公楼"，单击鼠标右键，选择"新建单位工程"，如图 11.1-6 所示。

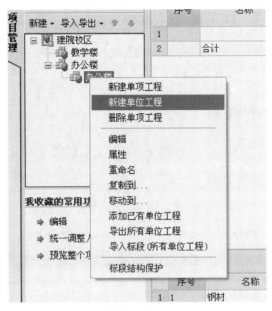

图 11.1-6

选择清单库"2004 甘肃清单设置规则"，清单专业选择"建筑工程"，定额库选择"甘肃省建筑工程消耗量定额（2004）"，定额专业为"土建工程"。工程名称输入为土建工程，在这里，建筑面积会影响单方造价。单击【确定】按钮，则完成新建土建单位工程文件，如图 11.1-7 所示。

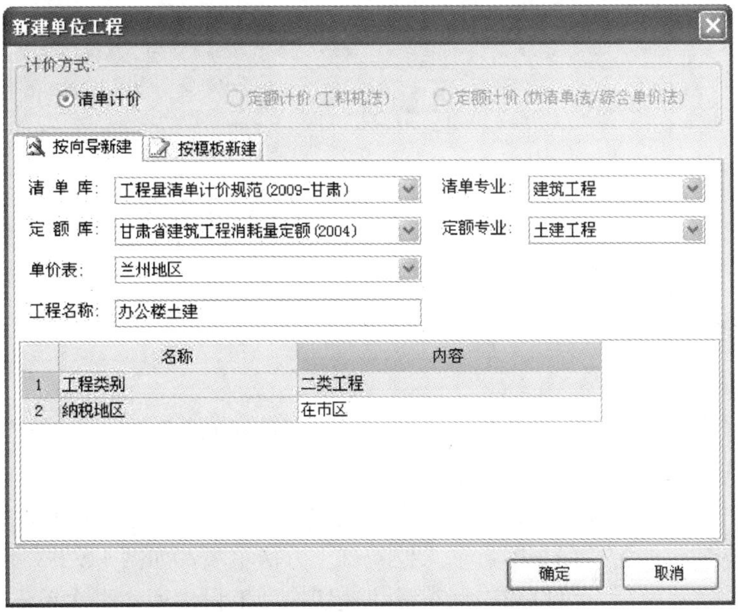

图 11.1-7

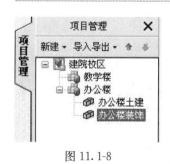

图 11.1-8

用同样的方法新建装饰工程，如图 11.1-8 所示。

通过以上操作，就新建了一个招标项目，并且建立项目的结构，如图 11.1-8 所示。

11.1.3　保存文件

单击 [□保存(S)] 按钮，在弹出的另存为界面单击【保存】按钮。

11.2　工程量清单的编制

下面我们以土建工程为例，介绍分部分项工程工程量清单的编制流程。

11.2.1　进入单位工程编辑界面

选择"办公楼土建"工程，单击【进入编辑窗口】，或双击"办公楼土建"进入编辑界面。软件会进入单位工程编辑主界面，如图 11.2-1 所示。

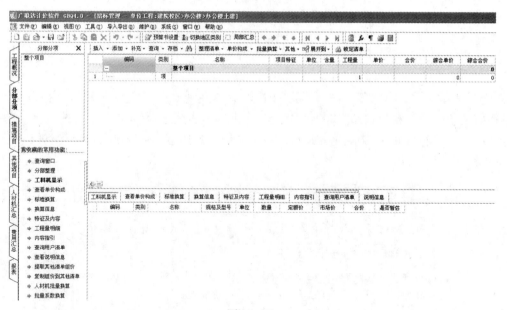

图 11.2-1

11.2.2　输入工程量清单

（1）查询输入

在查询清单库界面找到平整场地清单项，单击【选择清单】窗口，如图 11.2-2 所示。

（2）按编码输入

单击鼠标右键，选择【添加】下的【添加清单项】，在空行的编码列输入 010101003，单击回车键，在弹出的窗口回车即可输入挖基础土方清单项，如图 11.2-3 所示。

提示：输入完清单后，可以敲击回车键快速切换到工程量列，再次单击回车键，软件会新增一空行，软件默认情况是新增定额子目空行。

图 11.2-2

	编码	类别	名称	单位	工程量表达式	工程量	单价	合价
			整个项目					
1	010101001001	项	平整场地	m2	1	1		
2	010101003001	项	挖基础土方	m3	1	1		

图 11.2-3

（3）简码输入

如对于 010302004001 填充墙清单项，我们输入 1-3-2-4 即可，如图 11.2-4 所示。清单的前九位编码可以分为四级，附录顺序码 01，专业工程顺序码 03，分部工程顺序码 02，分项工程项目名称顺序码 004，软件把项目编码进行简码输入，提高输入速度，其中清单项目名称顺序码 001 由软件自动生成。

	编码	类别	名称	单位	工程量表达式	工程量	单价	合价
			整个项目					
1	010101001001	项	平整场地	m2	1	1		
2	010101003001	项	挖基础土方	m3	1	1		
3	010302004001	项	填充墙	m3	1	1		

图 11.2-4

同理，如果清单项的附录顺序码、专业工程顺序码等相同，只需输入后面不同的编码即可。例如：对于 010306002001 砖地沟、明沟清单项，只需输入 6-2 回车即可，因为它的附录顺序码 01、专业工程顺序码 03 和前一条挖基础土方清单项一致。输入两位编码 6-2，单击回车键。软件会保留前一条清单的前两位编码 1-3。

在实际工程中，编码相似也就是章节相近的清单项一般都是连在一起的，所以用简码输入方式处理起来更方便快速。

按以上方法输入其他清单，如图 11.2-5 所示。

	编码	类别	名称	单位	工程量表达式	工程量	单价	合价
			整个项目					
1	010101001001	项	平整场地	m2	1	1		
2	010101003001	项	挖基础土方	m3	1	1		
3	010302004001	项	填充墙	m3	1	1		
4	010306002001	项	砖地沟、明沟	m	1	1		
5	010401003001	项	满堂基础	m3	1	1		
6	010402001001	项	矩形柱	m3	1	0		
7	010403002001	项	矩形梁	m3	1	1		
8	010405001001	项	有梁板	m3	1	1		
9	010407002001	项	散水、坡道	m2	1	1		

图 11.2-5

（4）补充清单项

当图纸设计中出现清单库中没有的分项工程清单项目时，可利用补充清单项来完成。如编码列输入 B-1，名称列输入清单项名称"截水沟盖板"，单位为 m，即可补充一条清单项，如图 11.2-6 所示。

| 10 | B-1 | 补项 | 截水沟盖板 | m | 1 | 1 |

图 11.2-6

提示：编码可根据用户自己的要求进行编写。

11.2.3　输入工程量

（1）直接输入

当工程量已知时，可在工程量列直接输入即可，如"平整场地"，在工程量列输入 4211，如图 11.2-7 所示。

	编码	类别	名称	单位	工程量表达式	工程量	单价	合价
			整个项目					
1	010101001001	项	平整场地	m2	4211	4211		

图 11.2-7

（2）图元公式输入

对于能够根据图形的特征直接利用公式计算的项目，可在此利用图元公式输入。如选择"挖基础土方"清单项，双击工程量表达式单元格，使单元格数字处于编辑状态，即光标闪动状态。单击【工具】下的【图元公式】或右上角 按钮。在"图元公式"界面中选择公式类别为体积公式，图元选择"2.2 长方体体积"，输入参数值如图 11.2-8 所示。

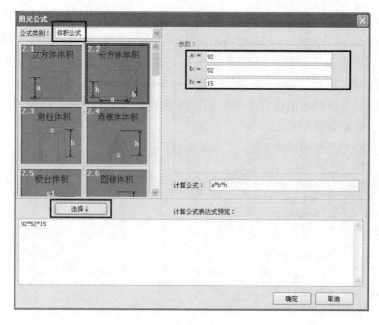

图 11.2-8

单击【选择】下的【确定】按钮，退出"图元公式"界面，输入结果如图11.2-9所示。

1	— 010101001001	项	平整场地			m2	4211	4211	
2	— 010101003001	项	挖基础土方			m3	7176	7176	

图 11.2-9

提示：输入完参数后要单击"选择"按钮，且只单击一次，如果点击多次，相当于对长方体体积结果的一个累加，工程量会按倍数增长。

（3）计算明细输入

选择要编辑的清单项，如"填充墙"清单项，双击工程量表达式单元格，点击小三点 ⋯按钮，在编辑工程量表达式界面，输入工程量计算表达式。单击鼠标左键选择【确定】按钮，如图11.2-10所示。

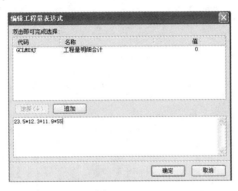

图 11.2-10

单击【确定】按钮，计算结果如图11.2-11所示。

2	— 010302004001	项	填充墙			m3	∨	32.5*12.3-1.9*55	295.25

图 11.2-11

（4）简单计算公式输入

对于一些计算方法比较简单的项目，可直接在工程量表达式中列式计算。如选择"砖地沟、明沟"清单项，在工程量表达式输入2.1m×2m，如图11.2-12所示。

4	— 010306002001	项	砖地沟、明沟			m		2.1*2	4.2

图 11.2-12

按以上方法，参照图11.2-13的工程量表达式输入所有清单的工程量。

	编码	类别	名称	单位	工程量表达式	工程量	单价	合价
			整个项目					
1	010101001001	项	平整场地	m2	4211	4211		
2	010101003001	项	挖基础土方	m3	7176	7176		
3	010302004001	项	填充墙	m3	B+A	1832.16		
4	010306002001	项	砖地沟、明沟	m	2.1*2	4.2		
5	010401003001	项	满堂基础	m3	1958.12	1958.12		
6	010402001001	项	矩形柱	m3	1110.24	1110.24		
7	010403002001	项	矩形梁	m3	1848.64	1848.64		
8	010405001001	项	有梁板	m3	2112.72+22.5+36.93	2172.15		
9	010407002001	项	散水、坡道	m2	415	415		
10	B-1	补项	截水沟盖板	m	35.3	35.3		

图 11.2-13

11.2.4　清单名称描述

（1）项目特征输入清单名称

1）选择一个清单项目如"平整场地"清单，单击【清单工作内容/项目特征】界面，单击土壤类别的特征值单元格，选择为"一类土、二类土"，填写运距，如图 11.2-14 所示。

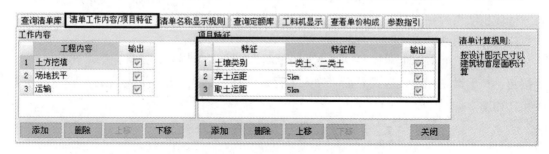

图 11.2-14

2）单击【清单名称显示规则】界面，在界面中单击【应用规则到全部清单项】按钮，如图 11.2-15 所示。

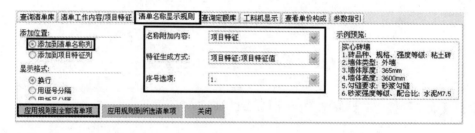

图 11.2-15

软件会把项目特征信息输入到项目名称中，如图 11.2-16 所示。

	编码	类别	名称	单位	工程量表达式	工程量	单价	合价
			整个项目					
1	010101001001	项	平整场地 1.土壤类别：　一类土、二类土 2.弃土运距：　5km 3.取土运距：　5km	m2	4211	4211		

图 11.2-16

（2）直接修改清单名称

选择一条清单项目，如"矩形柱"清单，单击项目名称单元格，使其处于编辑状态，单击单元格右侧的小三点 … 按钮，在编辑【名称】界面中输入项目名称，如图 11.2-17 所示。

图 11.2-17

按以上方法，设置所有清单的名称，如图 11.2-18 所示。

	编码	类别	名称	单位	工程量表达式	工程量	单价	合价
1	010101001001	项	平整场地 1. 土壤类别：一类土、二类土 2. 弃土运距：5km 3. 取土运距：5km	m2	4211	4211		
2	010101003001	项	挖基础土方 1. 土壤类别：一类土、二类土 2. 挖土深度：1.5km 3. 弃土运距：5km	m3	7176	7176		
3	010302004001	项	填充墙 1. 砖品种、规格、强度等级：陶粒空心砖墙，强度小于等于8km/m3 2. 墙体厚度：200mm 3. 砂浆强度等级：混合M5.0	m3	B+A	1832.16		
4	010306002001	项	砖地沟、明沟 1. 沟截面尺寸：2080*1500 2. 垫层材料种类、厚度：混凝土，200mm厚 3. 混凝土强度等级：c10 4. 砂浆强度等级、配合比：水泥M7.5		2.1*2	4.2		
5	010401003001	项	满堂基础 1. C10混凝土（中砂）垫层，100mm厚 2. C30混凝土 3. 石子粒径0.5cm~3.2cm	m3	1958.12	1958.12		
6	010402001001	项	矩形柱 1. c35混凝土 2. 石子粒径0.5cm~3.2cm	m3	1110.24	1110.24		
7	010403002001	项	矩形梁 1. c30混凝土 2. 石子粒径0.5cm~3.2cm	m3	1848.64	1848.64		
8	010405001001	项	有梁板 1. 板厚120mm 2. c30混凝土 3. 石子粒径0.5cm~3.2cm	m3	2112.72+22.5+36.93	2172.15		
9	010407002001	项	散水、坡道 1. 灰土3:7垫层，厚300mm 2. c15混凝土 3. 石子粒径0.5cm~3.2cm	m2	415	415		
10	B-1	补项	截水沟盖板 1. 材质：铸铁 2. 规格：50mm厚，300mm宽	m	35.3	35.3		

图 11.2-18

提示：对于名称描述有类似的清单项，可以采用 ctrl＋c 和 ctrl＋v 的方式快速复制、粘贴名称，然后进行修改。尤其是给水排水工程，很多同类清单名称描述类似。

11.2.5　分部整理

在左侧功能区单击【分部整理】界面，在右下角属性窗口的分部整理界面勾选"需要章分部标题"，如图 11.2-19 所示。

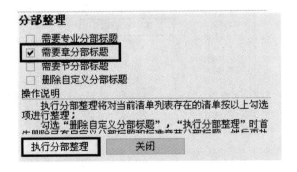

图 11.2-19

单击【确定】按钮，软件会按照计价规范的章节编排增加分部行，并建立分部行和清单行的归属关系，如图 11.2-20 所示。

	编码	类别	名称	单位	工程量表达式	工程量	单价
			整个项目				
B1	A.1	部	土石方工程				
1	010101001001	项	平整场地 1.土壤类别: 一类土、二类土 2.弃土运距: 5km 3.取土运距: 5km	m2	4211	4211	
2	010101003001	项	挖基础土方 1.土壤类别: 一类土、二类土 2.挖土深度: 1.5km 3.弃土运距: 5km	m3	7176	7176	
B1	A.3	部	砌筑工程				
3	010302004001	项	填充墙 1.砖品种、规格、强度等级: 陶粒空心砖 墙，强度小于等于8km/m3 2.墙体厚度: 200mm 3.砂浆强度等级: 混合M5.0	m3	B+A	1832.16	
4	010306002001	项	砖地沟、明沟 1.沟截面尺寸: 2080*1500 2.垫层材料种类、厚度: 混凝土，200mm 厚 3.混凝土强度等级: c10 4.砂浆强度等级、配合比: 水泥M7.5	m	2.1*2	4.2	
B1	A.4	部	混凝土及钢筋混凝土工程				
5	010401003001	项	满堂基础 1.C10混凝土（中砂）垫层，100mm厚 2.C30混凝土 3.石子粒径0.5cm~3.2cm	m3	1958.12	1958.12	
6	010402001001	项	矩形柱 1.c35混凝土 2.石子粒径0.5cm~3.2cm	m3	1110.24	1110.24	
7	010403002001	项	矩形梁 1.c30混凝土 2.石子粒径0.5cm~3.2cm	m3	1848.64	1848.64	
8	010405001001	项	有梁板 1.板厚120mm 2.c30混凝土 3.石子粒径0.5cm~3.2cm	m3	2112.72+22.5 +36.93	2172.15	
9	010407002001	项	散水、坡道 1.灰土3:7垫层，厚300mm 2.c15混凝土 3.石子粒径0.5cm~3.2cm	m2	415	415	
B1		部	补充分部				
10	B-1	补项	截水沟盖板 1.材质: 铸铁 2.规格: 50mm厚，300mm宽	m	35.3	35.3	

图 11.2-20

在分部整理后，补充的清单项会自动生成一个分部为补充分部，如果想要编辑补充清单项的归属关系，在页面单击鼠标右键，选中【页面显示列设置】页面，在弹出的界面对【指定专业章节位置】进行勾选，点击【确定】按钮，如图 11.2-21 所示。

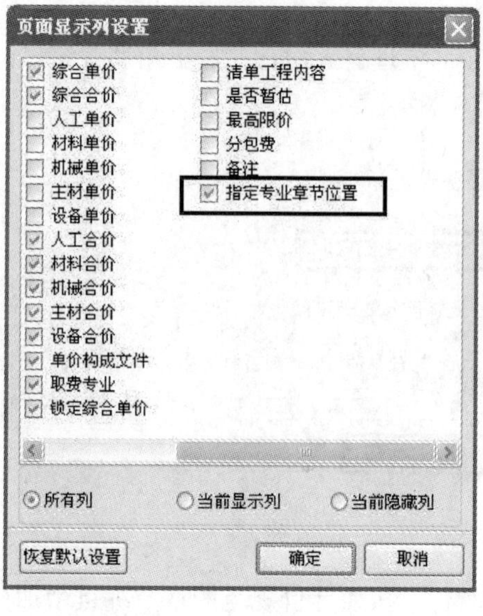

图 11.2-21

在页面就会出现【指定专业章节位置】一列（将水平滑块向后拉），单击单元格，出现三个小点⋯按钮，如图 11.2-22 所示。

	编码	类别	名称	取费专业	锁定综合单价	指定专业章节位置
B1	⊟ A.4	部	混凝土及钢筋混凝土工程			
5	010401003001	项	满堂基础 1.C10混凝土（中砂）垫层，100mm厚 2.C30混凝土 3.石子粒径0.5cm~3.2cm	建筑工程	☐	104010000
6	010402001001	项	矩形柱 1.c35混凝土 2.石子粒径0.5cm~3.2cm	建筑工程	☐	104020000
7	010403002001	项	矩形梁 1.c30混凝土 2.石子粒径0.5cm~3.2cm	建筑工程	☐	104030000
8	010405001001	项	有梁板 1.板厚120mm 2.c30混凝土 3.石子粒径0.5cm~3.2cm	建筑工程	☐	104050000
9	010407002001	项	散水、坡道 1.灰土3：7垫层，厚300mm 2.c15混凝土 3.石子粒径0.5cm~3.2cm	建筑工程	☐	104070000
B1		部	补充分部			
10	B-1	补项	截水沟盖板 1.材质：铸铁 2.规格：50mm厚，300mm宽		☐	⋯

图 11.2-22

单击三小点⋯按钮，选择章节即可，我们选择【混凝土及钢筋混凝土工程】中的【其他预制构件】章节，单击【确定】按钮。

指定专业章节位置后，再重复进行一次【分部整理】，补充清单项就会归属到选择的章节中了，如图 11.2-23 所示。

	编码	类别	名称	取费专业	锁定综合单价	指定专业章节位置
B1	⊟ A.4	部	混凝土及钢筋混凝土工程			
5	010401003001	项	满堂基础 1.C10混凝土（中砂）垫层，100mm厚 2.C30混凝土 3.石子粒径0.5cm~3.2cm	建筑工程	☐	104010000
6	010402001001	项	矩形柱 1.c35混凝土 2.石子粒径0.5cm~3.2cm	建筑工程	☐	104020000
7	010403002001	项	矩形梁 1.c30混凝土 2.石子粒径0.5cm~3.2cm	建筑工程	☐	104030000
8	010405001001	项	有梁板 1.板厚120mm 2.c30混凝土 3.石子粒径0.5cm~3.2cm	建筑工程	☐	104050000
9	010407002001	项	散水、坡道 1.灰土3：7垫层，厚300mm 2.c15混凝土 3.石子粒径0.5cm~3.2cm	建筑工程	☐	104070000
10	B-1	补项	截水沟盖板 1.材质：铸铁 2.规格：50mm厚，300mm宽		☐	104170000

图 11.2-23

提示：通过以上操作就编制完成了土建单位工程的分部分项工程量清单，接下来编制措施项目清单。

11.3 措施项目及其他项目清单

11.3.1 措施项目清单

按照我国现行措施费项目清单，软件内置了措施费通用项目和专业项目，如果实际工程有增项，可自定义添加。如选择"1.11 施工排水、降水措施项，"单击鼠标右键【添加】下的【添加措施项】，插入两空行，分别输入序号，名称为"1.12 高层建筑超高费"、"1.13 工程水电费"，如图 11.3-1 所示。

序号	名称	机械合价	主材合价	设备合价	单价构成文件	不可竞争费	备注
	措施项目	0	0	0			
1	通用项目	0	0	0			
1.1	环境保护	0	0	0	[缺省模板(直接费	☐	
1.2	文明施工	0	0	0	[缺省模板(直接费	☐	
1.3	安全施工	0	0	0	[缺省模板(直接费	☐	
1.4	临时设施	0	0	0	[缺省模板(直接费	☐	
1.5	夜间施工	0	0	0	[缺省模板(直接费	☐	
1.6	二次搬运	0	0	0	[缺省模板(直接费	☐	
1.7	大型机械设备进出场及安拆	0	0	0	建筑工程	☐	
1.8	混凝土、钢筋混凝土模板及支架	0	0	0	建筑工程	☐	
1.9	脚手架	0	0	0	建筑工程	☐	
1.10	已完工程及设备保护	0	0	0	建筑工程	☐	
1.11	施工排水、降水	0	0	0	建筑工程	☐	
1.12	高层建筑超高费	0	0	0	[缺省模板(直接费	☐	
1.13	工程水电费	0	0	0	[缺省模板(直接费	☐	
2	建筑工程	0	0	0			
2.1	垂直运输机械	0	0	0	建筑工程	☐	

图 11.3-1

11.3.2 其他项目清单

其他项目清单的编制按照我国现行 GB50500-2008《建设工程工程量清单计价规范》规定进行，选中相应的费用名称双击，选择插入费用行，输入金额即可，如"暂列金额"，输入 10000 元，如图 11.3-2、图 11.3-3 所示。

图 11.3-2

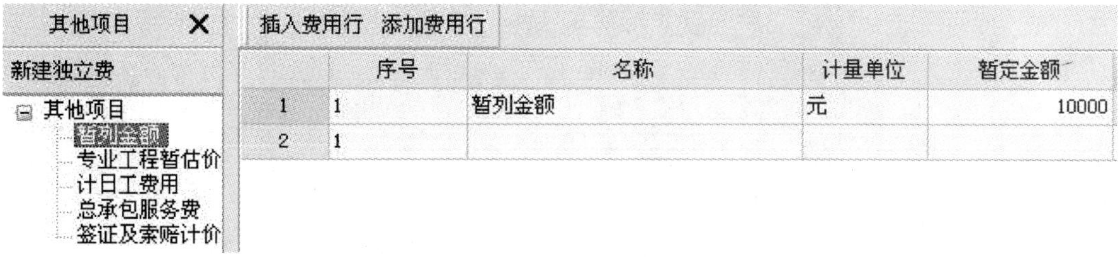

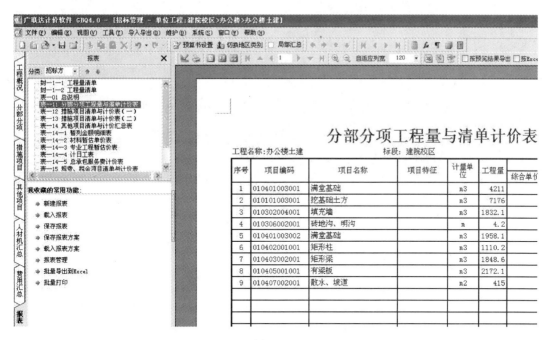

图 11.3-3

11.4　报表输出

11.4.1　报表的查看与编辑

进入报表编辑界面后，可根据自己的需求对报表的文字版式、表格样式进行二次编辑，编辑完成后查看本单位工程的报表，例如"分部分项工程量清单"，如图 11.4-1 所示。

图 11.4-1

单张报表可以导出为 Excel，单击右上角的"导出到 Excel 文件"按钮，在保存界面输入文件名，单击"保存"按钮。

也可以把所有报表批量导出为 Excel，单击"批量导出到 Excel"按钮，如图 11.4-2 所示。

勾选需要导出的报表，如图 11.4-3 所示。

单击【确定】按钮，输入文件名后单击【保存】按钮即可。

图 11.4-2

图 11.4-3

11.4.2 打印报表

单击【预览招标书】页面，软件会进入预览招标书界面，这个界面会显示本项目所有报表，包括建设项目、单项工程、单位工程的报表，如图 11.4-4 所示。

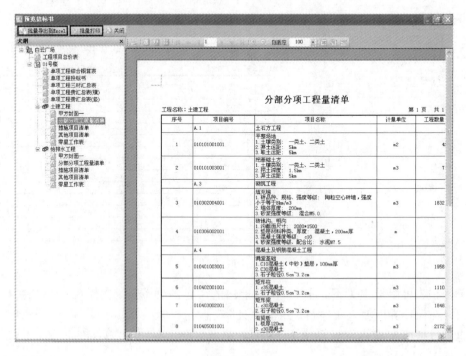

图 11.4-4

单击【批量导出到 Excel】按钮，选择导出文件夹的保存路径，单击【确定】按钮，如图 11.4-5 所示。

图 11.4-5

单击【批量打印】页面，勾选需要打印的报表，单击【打印选中表】按钮，也可以在左下角设置打印范围，如图 11.4-6 所示。

图 11.4-6

11.4.3　保存退出

通过以上方式就编制完成了土建单位工程的工程量清单。单击▣按钮，然后单击▣按钮，返回招标管理主界面。

11.5　工程量清单计价的编制

11.5.1　新建投标项目

在"文件管理界面"选择工程类型为清单计价，单击【新建项目】界面，进入【新建标段】页面，选择【投标】项目，填写相关信息，单击【确定】按钮，如图 11.5-1 所示。

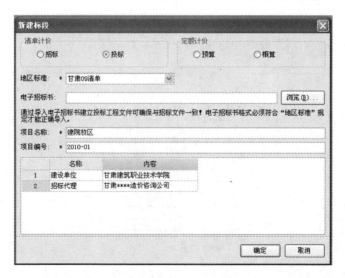

图 11.5-1

项目结构建立同"招标项目"部分，不再阐述，直接新建单位工程。

11.5.2　进入单位工程界面

选择"办公楼土建工程"，单击【进入编辑窗口】或双击"办公楼土建工程"，在新建清单计价单位工程界面选择清单库、定额库及专业，另外输入，如图 11.5-2 所示。

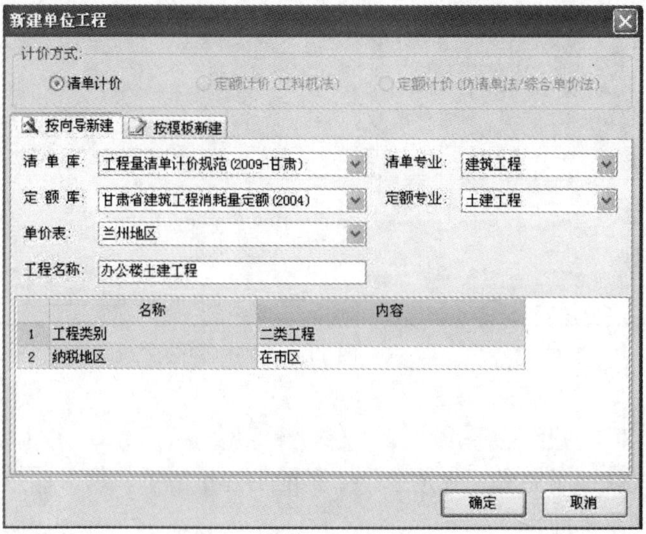

图 11.5-2

单击【确定】按钮后，软件会进入单位工程编辑主界面，如图 11.5-3 所示。按"导航栏"的顺序逐一进行编辑。

（1）工程概况

在导航栏中单击【工程概况】按钮，打开工程概况编辑界面，根据图纸输入相关信息，如图 11.5-4、图 11.5-5 所示。

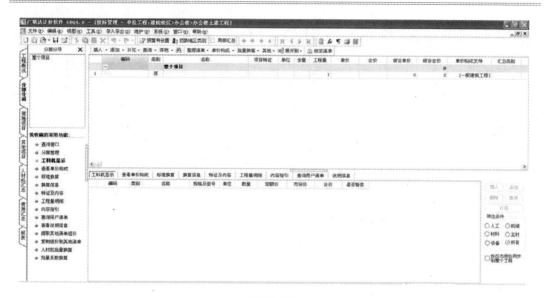

图 11.5-3

图 11.5-4

	广联达计价软件 GBQ4.0 — [投标管理 — 单位工程:建院校区>办公楼>办公楼土建工程]	
	文件(F) 编辑(E) 视图(V) 工具(T) 导入导出(D) 维护(D) 系统(S) 窗口(W) 帮助(H)	
		预算书设置 切换地区类别 □ 局部汇总 ← → ↑

		名称	内容
工程概况	1	工程类型	办公楼
	2	结构类型	框架结构
	3	基础类型	满基筏式
	4	建筑特征	点式
	5	建筑面积(m2)	2400
	6	其中地下室建筑面积(m2)	
	7	总层数	3
	8	地下室层数(+/-0.00以下)	
	9	建筑层数(+/-0.00以上)	3
	10	建筑物总高度(m)	11.4
	11	地下室总高度(m)	
	12	首层高度(m)	3.6
	13	裙楼高度(m)	
	14	标准层高度(m)	3.6
	15	基础材料及装饰	
	16	楼地面材料及装饰	
	17	外墙材料及装饰	
	18	屋面材料及装饰	
	19	门窗材料及装饰	

工程概况栏:工程信息、工程特征、指标信息
导航栏:分部分项、措施项目、其他项目、人材机汇

图 11.5-5

（2）分部分项工程计价

在导航栏中单击【分部分项】按钮，进入分部分项工程计价编辑界面。清单项目的录入方法有两种。

第一种：直接录入方式同招标模式下清单项目录入，在此不再赘述。

第二种：导入方式。软件提供了三种导入方式（导入 Excel 文件、导入单位工程、导入广联达算量文件），根据实际情况选择导入方式，如图 11.5-6 所示。

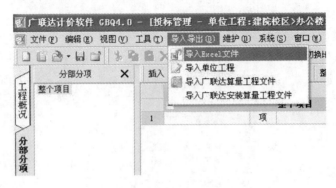

图 11.5-6

如导入 Excel 方式，如图 11.5-7 所示。

图 11.5-7

如导入广联达算量文件方式，如图 11.5-8 所示。

图 11.5-8

1）套定额组价。

在土建工程中，套定额组价通常采用的方式有以下三种。

① 内容指引。

软件提供了清单项的内容指引，如选择挖基础土方清单，单击【内容指引】按钮，选择 1-1 和 1-98 子目，如图 11.5-9 所示。

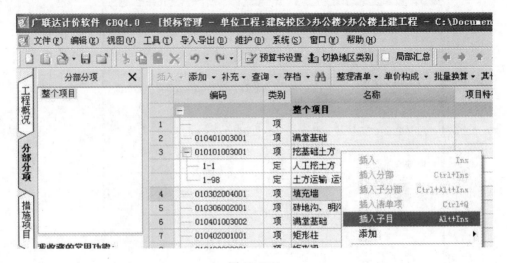

图 11.5-9

单击【选择】按钮，软件即可输入定额子目，输入子目工程量，如图 11.5-10 所示。

			名称			
010101003001	项	挖基础土方		m3		7176
1-1	定	人工挖土方 一二类土 深度1.5m以内		m3		7176	4.41
1-98	定	土方运输 运输距离 1000m以内 50m		m3	0.3079	2210	7.09

图 11.5-10

提示：清单项下面都会有主子目，软件默认其工程量和清单项的工程量相等，如果子目工程量不同时，点击到工程量列自行输入即可。

② 直接输入。

在熟悉定额子目的前提下，也可直接输入定额子目。如选择填充墙清单，单击【插入】下的【插入子目】按钮，如图 11.5-11 所示。

图 11.5-11

在空行的编码列输入 3-48-3，工程量为 1832.16m³。如图 11.5-12 所示。

⊟ 010302004001	项	填充墙			m3	1832.16
└ 3-48-3	定	加气混凝土砌块墙	水泥砂浆M7.5		m3	1832.16

图 11.5-12

提示：输入完子目编码后，单击回车光标会跳格到工程量列，再次单击回车键会在子目下插入一空行，光标自动跳格到空行的编码列，这样能通过回车键快速切换。

③ 查询输入。

软件也提供了定额库查询输入的方法，如选中 010402001001 矩形柱清单，单击【查询定额库】页面，选择混凝土及钢筋混凝土工程章节，选中 4-12-2 子目现浇矩形柱混凝土 C25，单击【插入】按钮，输入工程量为 1110.24m³。输入结果如图 11.5-13 所示。

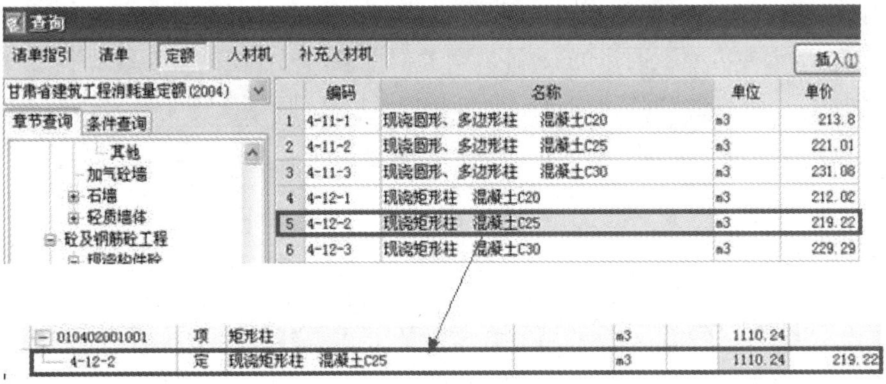

图 11.5-13

2）输入子目工程量。

输入定额子目的工程量，如图 11.5-14 所示。

编码	类别	名称	项目特征	单位	含量	工程量	单价	合价	综合单价	综合合价
⊟		整个项目				1			0	3303998.1
	项					1			0	0
⊟ 010401003001	项	满堂基础		m3		4211			236.06	994048.66
└ 4-9-2	定	现浇满堂基础有梁式混凝土C25		m3		4211	197.94	833525.34	236.06	994048.66
⊟ 010101003001	项	挖基础土方		m3		7176			17.71	127086.96
└ 1-1	定	人工挖土方 一二类土 深度1.5m以内		m3	1.2820	9200	4.41	40572	9.97	91724
└ 1-98	定	土方运输 运输距离 1000m以内 50m		m3	0.3079	2210	7.09	15668.9	16.01	35382.1
⊟ 010302004001	项	填充墙		m3		1832.16			206.85	378982.3
└ 3-48-3	定	加气混凝土砌块墙 水泥砂浆M7.5		m3		1832.16	166.35	304779.82	206.85	378982.3
⊟ 010306002001	项	砖地沟、明沟		m		4.2			20.15	84.63
└ 3-45-1	定	零星砖砌体 水泥砂浆M5.0		m3	0.08	0.336	180.56	60.67	251.94	84.65
⊟ 010401003002	项	满堂基础		m3		1958.12			246.45	482578.67
└ 4-9-3	定	现浇满堂基础有梁式混凝土C30		m3		1958.12	208.31	407895.98	246.45	482578.67
⊟ 010402001001	项	矩形柱		m3		1110.24			286.43	318006.04
└ 4-12-2	定	现浇矩形柱 混凝土C25		m3		1110.24	219.22	243386.81	286.43	318006.04
⊟ 010403002001	项	矩形梁		m3		1848.64			252.85	467428.62
└ 4-27-3	定	现浇有梁板 混凝土C30		m3		1848.64	210.93	389933.64	252.85	467428.62
⊟ 010405001001	项	有梁板		m3		2172.15			242.45	526637.77
└ 4-27-2	定	现浇有梁板 混凝土C25		m3		2172.15	200.56	435646.4	242.45	526637.77
⊟ 010407002001	项	散水、坡道		m2		415			22.03	9142.45
└ 4-40-1	定	现浇小型构件 混凝土C15		m3	0.06	24.9	273.18	6802.18	367.23	9144.03

图 11.5-14

提示：当补充清单项不套定额，直接给出综合单价时，选中补充清单项的综合单价列，单击【其他】下的【强制修改综合单价】按钮，如图 11.5-15 所示。

在弹出的对话框中输入综合单价，如图 11.5-16 所示。

图 11.5-15　　　　　　　　　　　　　　　　　图 11.5-16

3）换算：

① 系数换算。

选中挖基础土方清单下的 1-99 子目，单击子目编码列，使其处于编辑状态，在子目编码后面输入□*3，软件就会把这条子目的单价乘以 3 的系数，如图 11.5-17 所示。

- 010101003001	项	挖基础土方	m3		7176	
1-1	定	人工挖土方 一二类土 深度1.5m以内	m3	1.2820	9200	4.41
1-98	定	土方运输 运输距离 1000m以内　50m	m3	0.3079	2210	7.09
1-99 *3	换	土方运输 运输距离 1000m以内　每增50m 子目乘以系数3	m3	0.3079 71	2210	1.71

图 11.5-17

② 标准换算。

标准换算可以处理的换算内容包括：定额书中的章节说明、附注信息，混凝土、砂浆强度等级换算，运距换算。在实际工作中，大部分换算都可以通过标准换算来完成。如需将 C30 矩形梁换为 C35 矩形梁。选中矩形梁清单下的 4-12-3 子目，在左侧功能区单击【标准换算】按钮，在右下角属性窗口的标准换算界面选择 C35 塑性卵石混凝土，单击即可完成换算，如图 11.5-18 所示。

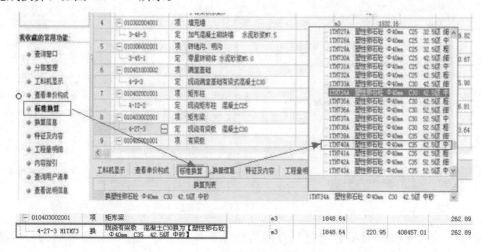

图 11.5-18

4）单价构成。

软件提供的单价构成方式有三种：单价构成、按专业匹配单价构成和费率切换。在工具栏中单击【单价构成】下的【单价构成】按钮，如图 11.5-19 所示。

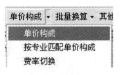

图 11.5-19

在"管理取费文件"界面选择相应工程（如"一般建筑工程"），软件按工程类别自动载入费率，进行综合单价计算，如图 11.5-20 所示。

	序号	费用代号	名称	计算基数	基数说明	费率(%)	费用类别
1	一	A	分项直接工程费	A1 + A2 + A3	人工费+材料费+机械费		直接费
2	1	A1	人工费	RGF*1.528	人工费*1.528		人工费
3	2	A2	材料费	A21 + A22	材料直接费+检验试验费		材料费
4	3	A21	材料直接费	CLF	材料费		材料费
5	4	A22	检验试验费	CLF	材料费	0.24	检验试验费
6	5	A3	机械费	JXF	机械费		机械费
7	二	B	管理费	A1+A3	人工费+机械费	35.26	管理费
8	三	C	利润	A1+A3	人工费+机械费	12.55	利润
9	四	D	风险费用				风险费
10	五		综合成本合计	A+B+C+D	分项直接工程费+管理费+利润+风险费用		工程造价

图 11.5-20

如果工程中有多个专业，并且每个专业都要按照本专业的标准取费，可以利用软件中的【按专业匹配单价构成】功能快速设置。

在"按专业匹配单价构成"界面单击【按取费专业自动匹配单价构成文件】列表，如图 11.5-21 所示。

选择各取费专业对应的单价构成文件：

	取费专业	单价构成文件
1	建筑工程	建筑工程
2	装饰装修工程	装饰工程
3	仿古建筑	仿古建筑
4	安装工程	安装工程
5	电梯工程	安装工程
6	其他安装工程	安装工程
7	市政道桥工程	市政工程
8	市政管道工程	市政工程
9	绿化工程	绿化工程
10	庭园工程	庭园工程
11	地铁工程	市政工程

图 11.5-21

11.5.3 措施项目、其他项目清单组价

（1）措施项目组价方式

措施项目的计价方式包括五种，分别为计算公式组价方式、定额组价方式、实物量组价、清单组价、子措施组价方式，其中：

1）计算公式组价：措施项目费用是由计算基础×费率来计算的。例如："文明施工费"的计算方式是"人工费"×费率计算出来的。

2）定额组价：措施项目费用是由套入的定额来计算的。例如："脚手架"是套定额 3-1 和对应的工程量计算的。

3）实物量组价：措施项目费是由具体的实物单价与数量计算出来的。例如："临时设施费"中是由具体的人工、机械、材料费组成。

图 11.5-22

4）清单组价：措施项目费是由措施清单综合单价与工程量计算出来的。例如：将"脚手架"作为一条措施清单，需要描述其五元素后，套定额，得出其综合单价，并由综合单价×工程量得到综合合价，即为此措施清单的费用。

5）子措施组价：措施项目费是由子措施的费用汇总而来，子措施项的费用由以上四种方式组价而来。

这五种方式可以互相转换，单击"组价方式"按钮，如图 11.5-22 所示。

选择高层建筑超高费措施项，在组价内容界面，单击当前的计价方式下拉框，选择定额计价方式，如图 11.5-23 所示。

序号	类别	名称	单位	项目特征	组价方式
13		超高增加费	项		定额组价
	定				计算公式组价
14		施工排水、降水	项		实物量组价
	定				清单组价
					子措施组价

图 11.5-23

在弹出的的确认界面单击【是】按钮，如图 11.5-24 所示。

图 11.5-24

提示：如果当前措施项已经组价，切换计价方式会清除已有的组价内容。

通过以上方式就把超高增加费措施项的计价方式由计算公式计价方式修改为定额计价方式，用同样的方式可以设置其他措施项目的计价方式。

（2）措施项目组价

1）计算公式组价方式。

在费率措施费计算时，通常采用按计算公式组价方式，在操作时只需根据工程图纸在计算基数和费率列选择相应取费基数和费率即可，如图 11.5-25 所示。

措施项目						
安全文明施工						
安全施工费		项	计算公式组	RGF*1.528+JX	11.7	1
文明施工费		项	计算公式组	RGF*1.528+JX	2.1	1
环境保护费		项	计算公式组	RGF*1.528+JX	1.31	1
临时设施费		项	计算公式组	RGF*1.528+JX	7.05	1
其他措施项目						
夜间施工费		项	计算公式组	RGF*1.528+JX	3.15	1
二次搬运费		项	计算公式组	RGF*1.528+JX	4.15	1
冬雨季施工费		项	计算公式组	RGF*1.528+JX	4.15	1
生产工具用具使用费		项	计算公式组	RGF*1.528+JX	2.⋯	1
工程定位复测、工程点交、场地清理费		项	计算公式组	RGF*1.528+JX	0.85	1
已完工程及设备保护		项	计算公式组	RGF*1.528+JX	0.17	1
施工因素增加费		项	计算公式组	RGF*1.528+JX	0	1
缩短工期措施费		项	计算公式组	RGF*1.528+JX	0	1
特殊地区增加费		项	计算公式组	RGF*1.528+JX	0	1
混凝土、钢筋混凝土模板及支架		项	定额组价			1

图 11.5-25

2）定额组价方式。

在定额措施费计算时，通常采用按定额组价方式，在操作时先选定措施项目，然后插入相应的定额子目，输入工程量即可。例如，选定混凝土、钢筋混凝土模板及安装措施项目，右键单击鼠标→【插入子目】按钮，手动输入相应子目、双击相应序号列的位置或单击【查询窗口】按钮，选择相应的定额子目，然后输入工程量即可，如图 11.5-26 所示。

10		混凝土、钢筋混凝土模板及支架	项	定额组价					1		149088
1-1	定	建筑物模板 住宅 混合结构	m2					2400	42.97	103128	62.12

图 11.5-26

在"查看单价构成"界面查看提取的模板子目，如图 11.5-27 所示。

查看单价构成	工料机显示	标准换算	换算信息	特征及内容	说明信息	工程量明细				
	序号	费用代号	名称	计算基数	基数说明	费率(%)	单价	合价	费用类别
1	一	A	分项直接工程费	A1 + A2 + A3	人工费+材料费+机械费		50.74	121776	直接费
2	1	A1	人工费	RGF*1.528	人工费*1.528		22.31	53544	人工费
3	2	A2	材料费	A21 + A22	材料直接费+检验试验费		26.95	64680	材料费
4	3	A21	材料直接费	CLF	材料费		26.89	64536	
5	4	A22	检验试验费	CLF	材料费	0.24	0.06	144	检验试验
6	5	A3	机械费	JXF	机械费		1.48	3552	机械费
7	二	B	管理费	A1+A3	人工费+机械费	35.26	8.39	20136	管理费
8	三	C	利润	A1+A3	人工费+机械费	12.55	2.99	7176	利润
9	四	D	风险费用				0	0	风险费用
10	五		综合成本合计	A+B+C+D	分项直接工程费+管理费+利润+风险费用		62.12	149088	工程造价

图 11.5-27

3）实物量组价方式。

选择需要组价的措施，点击组价方式下拉菜单选择实物量组价。单击属性窗口中的【查看单价构成】界面，然后单击属性窗口辅助工具栏的【插入】按钮或单击鼠标右键，选择【插入】，插入费用行，输入序号、费用代号、名称、计算基数、费率等，最后将合计行的计算基数改为费用代号相加,即可得到此措施项的费用。以"工程水电费"为例,如下图 11.5-28 所示。

图 11.5-28

最终"工程水电费"的综合单价即为【查看单价构成】中合价的金额,如图 11.5-29 所示。

名称	组价方式	计算基数	费率(%)	工程量	综合单价
工程水电费	实物量组价			1	1070.35

图 11.5-29

4)清单组价。

根据 2008 清单计价规范,措施分为可计量和不可计量,可计量措施可以使用清单组价,软件里,选中需要进行清单组价的措施项,修改其组价方式为清单组价,如图 11.5-30 所示。

	3.2		垂直运输机械	项	清单组价		1	73082.65	73082.65	
		BB001	垂直运输机械	台班	1.高度50m; 2.荷载量5T; 3.专人值守。		1	73082.65	73082.65	一般建筑
		22-10	定	建筑物垂直运输塔式起重机施工现浇框架檐高<60m,14-19层	天			100	730.82	73082	一般建筑

图 11.5-30

软件将在措施项下,增加一行清单,输入清单编号、名称、单位、工程量、项目特征、计算规则、工作内容等,如图 11.5-31 所示。

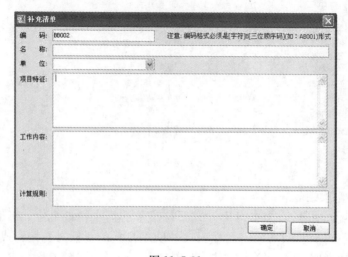

图 11.5-31

在清单下，查询所匹配定额，输入子目，输入工程量。

如果子目需要换算，可按照第11.2.3节中分部分项工程计价3换算中内容进行相关操作。

5）子措施组价。

当一措施项下有子措施项时，可以用此组价方式。

将措施项的组价方式修改为子措施组价后，软件自动在其下一行插入一行措施，且默认为定额组价，我们可根据实际情况进行调整其组价方式，然后按照上述组价方式的操作进行子措施项的组价，而措施项将直接汇总子措施项的费用，如下图11.5-32所示。

	2		建筑工程						448.16	
	2.1		混凝土、钢筋混凝土模板及支架	项		定额组价		1	0	0
	2.2		脚手架	项		子措施组价		1	448.16	448.16
	2.2.1		砌筑脚手架	项		定额组价		1	68.77	68.77
	19-1	定	砌墙脚手架里架子 (3.6m以内)	10m2				10	6.88	68.8	一般建筑
	2.2.2		模板脚手架	项		定额组价		1	379.39	379.39
	19-7换	定	基础砼浇捣脚手架	10m2				20	18.97	379.4	一般建筑
	2.3		垂直运输机械	项		定额组价		1		

图 11.5-32

（3）其他项目清单

投标人部分如果没有发生费用，如图11.5-33所示。

	序号	名称	单位	计算基数	费率(%)	金额	费用类别
1	一	**其他项目**				**0**	
2	1	暂列金额		暂列金额		0	暂列金额
3	2	暂估价		专业工程暂估价		0	暂估价
4	2.1	材料暂估价		ZGJCLHJ		0	材料暂估价
5	2.2	专业工程暂估价		专业工程暂估价		0	专业工程暂估价
6	3	计日工		计日工		0	计日工
7	4	总承包服务费		总承包服务费		0	总承包服务费
8	5	索赔与现场签证		索赔与现场签证		0	索赔与现场签证

图 11.5-33

如果有费用发生，招标书已给出金额，应输入相同的金额，其余按实际情况进行组价。具体操作流程如下：

1）如何查询费用代码。

鼠标点击所要查询的其他清单项的计算基数列，如暂列金额，单击属性窗口的【查询费用代码】界面或双击计算基数列，并单击…按钮，如图11.5-34所示。

在窗口里，选择其他项目，选择暂列金额，双击即可输入。

2）暂列金额编辑：

① 鼠标单击"导航栏"，选择【暂列金额】下拉列表；如图11.5-35所示。

② 在右边的窗口里，输入暂列项的名称、单位、金额即可。

③ 如果有多个暂列项，请在右边的窗口里单击右键，选择【插入费用】或【添加费用】，然后重复第二步操作即可。

④ 如需删除，请先选择需要删除的费用项，单击右键，选择【删除】或选择【编辑工具条】里的【删除】。

3）专业工程暂估价编辑，同暂列金额编辑操作。

4）计日工费用记取，同暂列金额编辑操作。

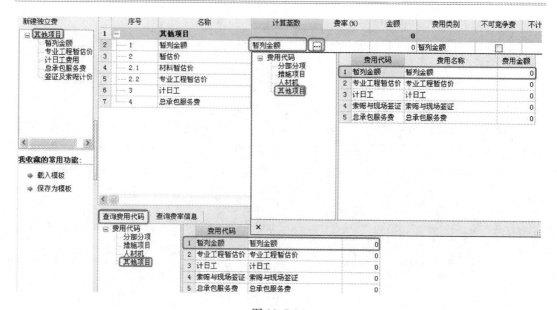

图 11.5-34

图 11.5-35

5）总承包服务费记取，同暂列金额编辑操作。

注意：

其他项目里的材料暂估价已计入分部分项费用，这里不能重复记取。

11.5.4　人材机汇总

根据招标控制价和投标报价的需要，我们需要调整人、材、机价格。在人、材、机汇总可以进行人材机的预览与编辑。

（1）人材机编辑

1）修改人材机市场价。

点击选择需要修改市场价的人材机，在"市场价"列输入所需实际市场价，修改完毕后，软件将以不同颜色来区分，如下图 11.5-36 所示。

	编码		名称	规格型号	单位	数量	预算价	市场价	市场价合计	价差	价差合计
1	GR2	人	二类工		工日	156.048	26	26	4057.25	0	0
2	LR	利	利润		元	6427.9	1	1	6427.9	0	0
3	15002	机	对讲机(对话机)		台班	148.6	8	10	1486	2	297.2

图 11.5-36

2) 设置主要材料表和甲方评标主要材料表：

① 单击导航栏的【主要材料表】按钮，在"我收藏的常用功能"里，选择要使用的设置，如图 11.5-37 所示。

② 如果选择【自动设置主要材料】，软件将给出设置方式，选择一种方式后，单击【确定】按钮，软件将自动生成所需材料为主要材料，如图 11.5-38 所示。

图 11.5-37

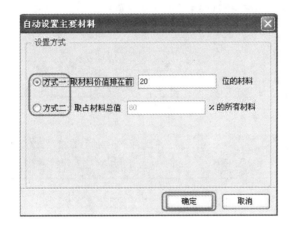

图 11.5-38

③ 如果选择【从人材机汇总选择】界面，软件将弹出人材机的选择窗口，在所需人材机前打勾，选择完需要的人材机后，单击【确定】按钮，软件自动设置所勾选人材机为主要材料，如图 11.5-39 所示。

	选择	编码	类别	名称	规格型号	单位	数量	市场价	供货方式	产地	厂家	备注
1	☐	QTCLF	材	其他材料费		元	44.86	1	自行采购			
2	☐	GR2	人	二类工		工日	156.048	26	自行采购			
3	☑	401035	材	周转木材		m3	0.04	1249	自行采购			
4	☑	513109	材	工具式金属脚手		kg	2.9	3.4	自行采购			
5	☐	04004	机	载重汽车4t		台班	0.164	249.46	自行采购			
6	☐	GLF	管	管理费		元	13392.1	1	自行采购			
7	☐	LR	利	利润		元	6427.9	1	自行采购			
8	☑	504177	材	脚手钢管		kg	8.46	3.1	自行采购			
9	☑	507042	材	底座		个	0.06	6	自行采购			
10	☑	507108	材	扣件		个	1.2	3.4	自行采购			
11	☑	510122	材	镀锌铁丝	8#	kg	1.56	3.55	自行采购			
12	☐	03038	机	塔式起重机8t		台班	64.2	386.82	自行采购			
13	☐	05026	机	双笼施工电梯100m		台班	74.3	315.59	自行采购			
14	☐	15002	机	对讲机(对话机)		台班	148.6	10	自行采购			

图 11.5-39

说明：人材机都有时，可以使用【查找】页面，输入相关字符即可找到。

3）暂估材料表。

暂估材料表的材料不是通过自动设置而得来的，需要根据实际清单，去人材机汇总里选设置【是否暂估】列，如图 11.5-40 所示。

编码	类别	名称	规格型号	单位	数量	预算价	市场价	市场价合计	价差	价差合计	是否暂估
401035	材	周转木材		m3	0.04	1249	1249	49.96	0	0	☐
504177	材	脚手钢管		kg	8.46	3.1	3.1	26.23	0	0	☑
507042	材	底座		个	0.06	6	6	0.36	0	0	☑
507108	材	扣件		个	1.2	3.4	3.4	4.08	0	0	☐
510122	材	镀锌铁丝	8#	kg	1.56	3.55	3.55	5.54	0	0	☑
513109	材	工具式金属脚手		kg	2.9	3.4	3.4	9.86	0	0	☐
QTCLF	材	其他材料费		元	44.86	1	1	44.86	0	0	☐

图 11.5-40

勾选完了之后，我们再去看暂估材料表，软件自动显示出这三条材料为暂估材料，如图 11.5-41 所示。

		材料号	费用类别	材料名称	规格型号	单位	暂定价	厂家	产地	备注	关联材料号
新建	1	504177	材料费	脚手钢管		kg	3.1				504177
	2	507042	材料费	底座		个	6				507042
	3	510122	材料费	镀锌铁丝	8#	kg	3.55				510122

所有人材机
　人工表
　材料表
　机械表
　设备表
　主材表
分部分项人材机
措施项目人材机
甲供材料表
主要材料指标表
甲方评标主要材料表
主要材料表
暂估材料表

图 11.5-41

4）甲供材料表。

甲供材料表的材料不是通过自动设置而得来的，需要根据实际清单，去人材机汇总里选择设置【供货方式】和【甲供数量】列，如图 11.5-42 所示。

编码	类别	名称	规格型号	单位	数量	预算价	市场价	市场价合计	价差	价差合计	是否暂估	供货方式	甲供数量
401035	材	周转木材		m3	0.04	1249	1249	49.96	0	0	☐	自行采购	
504177	材	脚手钢管		kg	8.46	3.1	3.1	26.23	0	0	☑	完全甲供	8.46
507042	材	底座		个	0.06	6	6	0.36	0	0	☑	供 ∨	0.03
507108	材	扣件		个	1.2	3.4	3.4	4.08	0	0	☐	自行采购	0
510122	材	镀锌铁丝	8#	kg	1.56	3.55	3.55	5.54	0	0	☑	部分甲供	0
513109	材	工具式金属脚手		kg	2.9	3.4	3.4	9.86	0	0	☐	甲定乙供	0
												自行采购	

图 11.5-42

设置完全甲供或部分甲供后，再去看甲供材料表，软件自动显示出为甲供材料，如图 11.5-43 所示。

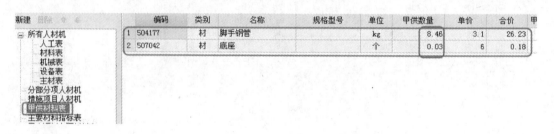

		编码	类别	名称	规格型号	单位	甲供数量	单价	合价
新建	1	504177	材	脚手钢管		kg	8.46	3.1	26.23
	2	507042	材	底座		个	0.03	6	0.18

所有人材机
　人工表
　材料表
　机械表
　设备表
　主材表
分部分项人材机
措施项目人材机
甲供材料表
主要材料指标表

图 11.5-43

说明：甲供的数量只有设置为【部分甲供】才可进行调整。

5）载入市场价及市场价存档。

除了直接修改人材机的市场价外，还可以载入做好的市场价和历史工程的市场价，如图 11.5-44 所示。

① 单击【载入市场价】页面，在弹出的窗口里找到需要的市场价文件，单击【确定】按钮，工程的人材机市场价将自动修改为市场价文件里相同材料的市场价，如图 11.5-45 所示。

图 11.5-44

图 11.5-45

② 单击【市场价存档】页面，选择保存路径，输入保存的名称，单击【确定】按钮，即可保存此工程的市场价文档，以便后续使用，如图 11.5-46 所示。

图 11.5-46

③ 点击【载入历史工程市场价文件】界面，软件弹出工程选择窗口，选择需要的历史工程，单击【打开】按钮，软件将把此历史工程的人材机市场应用到当前工程相同人材机的市场价，如图 11.5-47 所示。

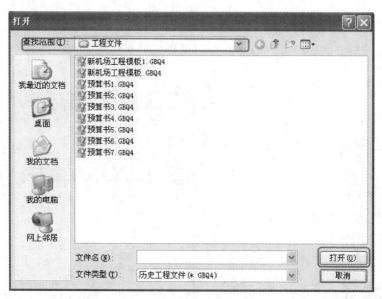

图 11.5-47

6）单击【加权载入多个市场价文件】页面，弹出信息价选择窗口，通过窗口里的【选择信息价】选择所需市场价文件，然后修改加权系数，单击【确定载入】按钮，即可按所设置权重载入市场价到当前工程，如图 11.5-48 所示。

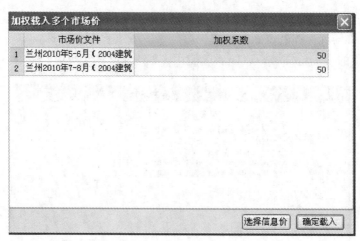

图 11.5-48

（2）人材机预览

在人材机汇总界面我们可以预览查看以下汇总数据：

1）所有人材机：显示整个工程的人材机条目。

2）人工表：显示整个工程的人工条目。

3）材料表：显示整个工程的材料条目。

4）机械表：显示整个工程的机械条目。

5）主材表：显示整个工程的主材条目。

6）设备表：显示整个工程的设备条目。

7）分部分项人材机：显示分部分项的人材机条目。

8）措施项目人材机：显示措施项目的人材机条目。

9）甲供材料表：显示设置为甲供的材料条目。

10）主要材料指标表：显示主要材料的指标分析数据。

11）甲方评标主要材料表：显示设置为甲方评标材料的材料条目。

12）主要材料表：显示设置为主要材料的材料条目。

13）暂估材料表：显示设置为暂估的材料条目。

（3）人材机其他功能

1）显示对应子目。

当需要查找某一人材机属于哪条子目时，可以使用此功能。鼠标左键选择需要查看的那条人材机，单击右键或单击【界面工具条】的【显示对应子目】，软件将显示出使用此条目的定额子目及清单子目，如图 11.5-49 所示。

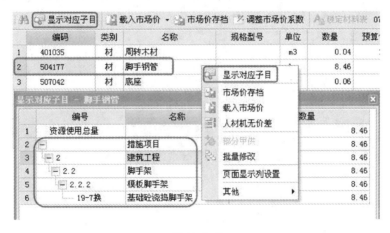

图 11.5-49

2）人材机无价差。

当需要人材机没有价差时，需要用到此功能。

在人材机操作界面，单击右键或单击界面工具条【其他】下的【人材机无价差】按钮，软件将提示是否进行无价差调整，单击【是】按钮后，软件的价差列数值就全为"0"，如图 11.5-50 所示。

使用此操作后，所有人材机的市场价都等于预算价。

3）设置采保费。

当一条人材机条目只给出了出厂价时，我们需要设置其采保费率。

① 软件默认不显示出出厂价、采保费率列，需要单击右键，选择【页面显示列设置】页面，在弹出的窗口里，将出厂价和采保费率打"√"，如图 11.5-51 所示。

② 回到编辑界面后，我们输入一条材料的出厂价，设置采保费率，软件将按照出厂价×（1+采保费率）得到市场价，如图 11.5-52 所示。

	编码	类别	名称	规格型号	预算价	市场价	市场价合计	价差	价差合计
1	401035	材	周转木材		1249	1249	49.96	0	0
2	504177	材	脚手钢管		3.1	4	33.84	0.9	7.61
3	507042	材	底座		6	7	0.42	1	0.06
4	507108	材	扣件		3.4	4	4.8	0.6	0.72
5	510122	材	镀锌铁丝	8#	3.55	3.55	5.54	0	0
6	513109	材	工具式金属脚手		3.4	3.4	9.86	0	0
7	QTCLF	材	其他材料费		1	1	44.86	0	0

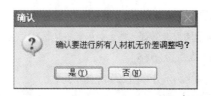

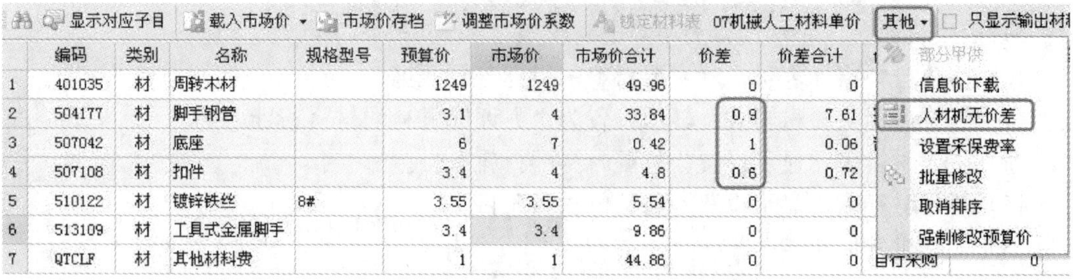

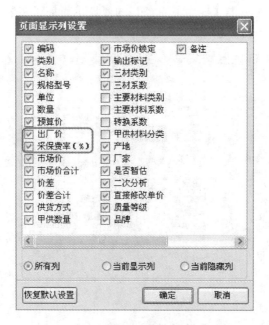

图 11.5-50

图 11.5-51

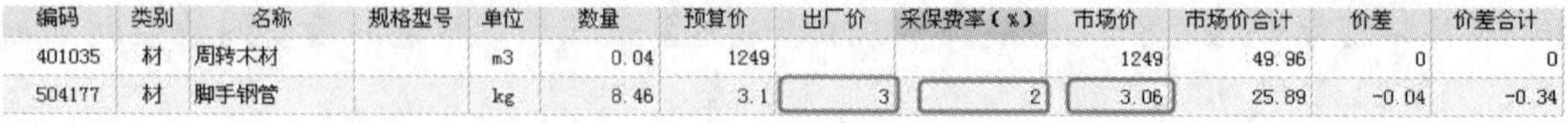

编码	类别	名称	规格型号	单位	数量	预算价	出厂价	采保费率(%)	市场价	市场价合计	价差	价差合计
401035	材	周转木材		m3	0.04	1249			1249	49.96	0	0
504177	材	脚手钢管		kg	8.46	3.1	3	2	3.06	25.89	-0.04	-0.34

图 11.5-52

4）批量修改。

此功能为批量设置材料的相关属性，用于修改材料的供货方式、市场价锁定状态、三材类别、主要材料类别、输出标志状态等。

① 以修改供货方式为例，先选择需要修改的材料，然后单击【其他】按钮或右键下的【批量修改】按钮，软件弹出设置界面，如图 11.5-53 所示。

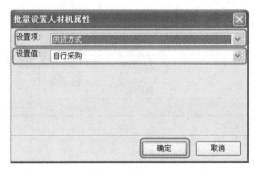

图 11.5-53

② 将设置项选为【供货方式】，修改设置值。单击【确定】按钮，所选材料就修改完毕。

③ 其他属性修改与此雷同。

5）取消排序：

① 软件提供了对人材机进行排序的功能，单击标题行，即可按标题进行排序，如图 11.5-54。

图 11.5-54

② 而通过【取消排序】，我们可以取消前一步的操作。单击界面工具条中的【其他】下的【取消排序】按钮，软件将自动取消上一次排序结果。

6）强制修改预算价。

材料存在价差，而价差是市场价和预算价之差，我们在进行补充材料时，输入的价格第一次默认是预算价，当输入错误或需要修改时，使用此功能，以确保材料的价差正确。此功能只针对补充材料和未计价材料进行设置，特殊地区针对所有人材机。

操作：先选择所要修改的材料，单击界面工具栏的【其他】下的【强制修改预算价】按钮，输入实际预算价，单击【确定】按钮即可，如图 11.5-55 所示。

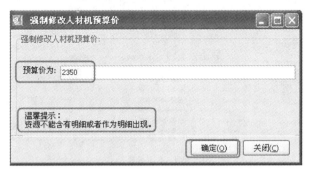

图 11.5-55

注意：配比材料及配比机械不可调整。

7）查询。

当工程比较大、所用材料比较多时，在修改材料市场价时，要找到需要修改的材料比较困难，这个时候可以使用查询功能。

单击界面工具条的【望远镜】按钮，或按 CTRL＋F，将弹出查询窗口，输入查询条件信息，然后单击【查找】按钮，如图 11.5-56 所示。

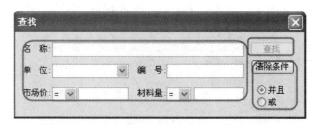

图 11.5-56

11.5.5 费用汇总

分部分项、措施项目及其他项目做完后，我们进行了价格调整，现在要进行取费的调整以及预览项目的工程造价组成。

软件中内置了工程量清单的费用构成，可以直接使用，如有特殊需要，也可自由修改，单击导航栏中的"费用汇总"即可进入该界面，如图 11.5-57 所示。

序号	费用代号	名称	计算基数	基数说明	费率(%)	金额	费用类别
1	F1	分部分项工程	FBFXHJ	分部分项合计		206.56	分部分项工程量清单合
2	F2	措施项目	CSXMHJ	措施项目合计		73,946.05	措施项目清单合计
2.1	F3	安全文明施工费	AQWMSGF	安全及文明施工措施费		0.00	安全文明施工费
3	F4	其他项目	QTXMHJ	其他项目合计		500,000.00	其他项目清单合计
3.1	F5	暂列金额	暂列金额	暂列金额		500,000.00	暂列金额
3.2	F6	专业工程暂估价	专业工程暂估价	专业工程暂估价		0.00	专业工程暂估价
3.3	F7	计日工	计日工	计日工		0.00	计日工
3.4	F8	总承包服务费	总承包服务费	总承包服务费		0.00	总承包服务费
4	F9	规费	F10+F11+F12+F13	工程排污费+安全生产监督费+社会保障费+住房公积金		20,439.83	规费
4.1	F10	工程排污费	F1+F2+F4	分部分项工程+措施项目+其他项目	0	0.00	工程排污费
4.2	F11	安全生产监督费	F1+F2+F4	分部分项工程+措施项目+其他项目	0.06	344.49	安全生产监督费
4.3	F12	社会保障费	F1+F2+F4	分部分项工程+措施项目+其他项目	3	17,224.58	社会保障费
4.4	F13	住房公积金	F1+F2+F4	分部分项工程+措施项目+其他项目	0.5	2,870.76	住房公积金
5	F14	税金	F1+F2+F4+F9	分部分项工程+措施项目+其他项目+规费	3.44	20,453.98	税金
6	F15	工程造价	F1+F2+F4+F9+F14	分部分项工程+措施项目+其他项目+规费+税金		615,046.42	工程造价

查询费用代码　查询费率信息

费用代码	费用名称	费用金额
1 FBFXHJ	分部分项合计	206.56
2 ZJF	分部分项直接费	206.56
3 RGF	分部分项人工费	41.34
4 CLF	分部分项材料费	147.1
5 JXF	分部分项机械费	2.06
6 SBF	分部分项设备费	0
7 ZCF	分部分项主材费	0

图 11.5-57

（1）删除行

如果需要删除费用项，请选择所要删除的费用项，单击系统工具条的【删除】按钮或右键单击【删除】按钮。

（2）插入行

如果需要添加费用项，则选中一个费用项，单击【插入】按钮，软件会在此费用项行的上方出现一空行，然后输入费用名称、取费基数、费率等。

（3）查询费用代码

当需要修改费用项的计算基数或在新的费用项输入计算基数时，用到此功能。

1）单击【查询费用代码】界面，会出现"费用代码"的查询窗口，如图 11.5-58 所示。

图 11.5-58

2）在右侧窗口中找到需要的代码，双击左键即可写入当前费用项。

（4）查询费率信息

当我们需要修改费用项的费率或在新的费用项输入费率时，用到此功能。

1）单击【查询费率信息】界面，会弹出费率查询的窗口，如图 11.5-59 所示。

图 11.5-59

2）在需要的费率值上双击，该费率会自动套费到费用项上。

（5）保存为模板

前面修改了计算基数和费率，如果有相同工程要用到，可以进行存档，以便以后使用。

1）单击"我收藏的常用功能区"的【保存为模板】界面，会弹出保存窗口，如图 11.5-60 所示。

2）选择好保存路径后，输入文件名，单击【保存】按钮，就保存了这个费用模板。

（6）载入模板

工程用到的费用模板以前已经保存过，或者在软件的后台模板里有，我们用此工程调出使用。

图 11.5-60

1）单击"我收藏的常用功能区"的【载入模板】界面，会弹出打开窗口，如图 11.5-61 所示。

图 11.5-61

2）选择好需要的模板后，单击【确定】按钮，就把此模板应用到当前工程了。

11.5.6　报表

报表是结果的形式化体现。招标方需要给出清单及投标格式，投标方需要根据招标方要求报出投标书。我们需要对报表进行预览、编辑设计、打印等操作。

报表界面用于预览、编辑设计和输出报表。

（1）预览报表

用于查看报表格式。

1）窗口左侧为报表名称列表，操作鼠标或键盘选择报表，窗口右方即预览报表；

2）鼠标切换报表类型时，可以查看招标方、投标方和其他的报表；

3）如果计算机设置显示 1024×768 像素，系统默认显示比例为 46％；

4）当鼠标移至预览页框内时，鼠标指针变为"＋"，单击报表放大为 100％，鼠标指针变为"－"，再次单击恢复。

（2）编辑设计报表

当软件中提供的报表格式不符合要求时，可以利用强大的报表设计功能，设计出自己需要的报表形式。

以下我们列举一下简单的操作：

1）竖表改为横表：

① 鼠标左键选择要编辑的报表，报表页面点击右键，左键单击【报表设计】页面，进入报表设计界面，在这个界面的工具栏里找到 按钮，左键点击，弹出页面设置窗口，如图 11.5-62 所示。

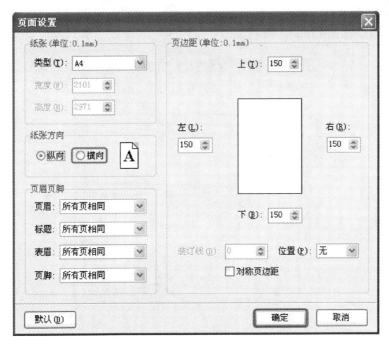

图 11.5-62

图 11.5-63

如图 11.5-64 所示。

② 选择纸张方向为【横向】，单击【确定】按钮，退出页面设置窗口。

③ 再单击工具栏里的设置列宽，如图 11.5-63 所示。

④ 单击【退出设计】按钮，即可看到横向的报表。

2）数值为零时不输出：

① 同样进入报表设计，单击 按钮，进入报表选项界面，

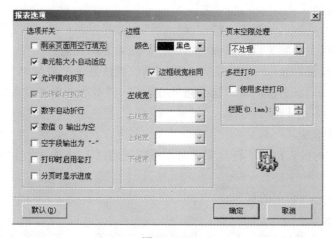

图 11.5-64

② 将"数值 0 输出为空"打"√"，单击【确定】按钮，报表里数值为零的都不会输出了。

3）设置数值的小数位数：

① 同样进入报表设计，左键选中需要设置小数位数的代码，单击 按钮，进入单元格格式设置窗口，如图 11.5-65 所示。

图 11.5-65

② 左键单击【格式】按钮，在小数显示位数里选择所需位数，单击【确定】按钮，

报表对应的数据就是所设置位数。

（3）输出报表

报表输出包括"报表打印"和"导出到 EXCEL"。

1）报表打印：

① 单个报表打印：单击界面工具条 图标，可打印当前报表；批量打印；

② 单击"我收藏的常用功能"中的【批量打印】界面，系统弹出以下窗口（图 11.5-66）。

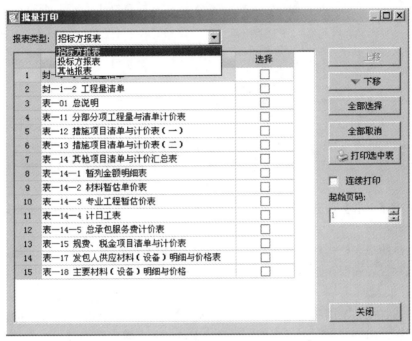

图 11.5-66

说明：

选择：在报表名称右边的小方框中点击鼠标，框中出现"√"，表示打印此表；

上移、下移：改变报表打印顺序；

连续打印：打"√"后将连续打印所选报表；

起始页码：指定从哪一页开始打。

③ 单击【打印选中表】按钮，即可开始打印。

2）导出到 EXCEL。

软件中的报表可以导出到 EXCEL 中进行加工、保存，导出方式包括单张报表导出和批量导出。

① 单张报表导出：

导出到 EXCEL ：按报表默认名称和软件默认保存路径导出；

导出到 EXCEL 文件 ：可输入报表名称和选择保存路径；

导出到已有的 EXCEL 表 ：选择已有的 EXCEL 表将报表内容添加进去；

② 批量导出：

单击"我收藏的常用功能"中的【批量导出到 EXCEL】界面，可选择多张报表一起导出，如图 11.5-67 所示。

图 11.5-67

左键单击【全选】按钮，再单击【确定】按钮，即可导出所有报表为 EXCEL 表格。

（4）保存报表

把修改过的报表格式保存起来，在其他工程文件中调用。

分为保存报表和保存报表方案。

1）保存报表。

单击"我收藏的常用功能"中的【保存报表】界面，或单击鼠标右键选择【保存报表】界面，在弹出的"保存报表文件"窗口中输入报表名称，单击【保存】按钮退出，即可保存此报表，如图 11.5-68 所示。

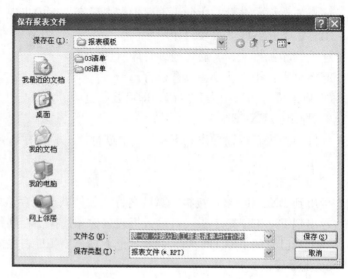

图 11.5-68

2）保存报表方案。

单击"我收藏的常用功能"中的【保存报表方案】界面，或单击鼠标右键选择【保存报表方案】界面，在弹出的"保存报表文件"窗口中输入报表名称，单击【保存】按钮退出，即可保存此报表，如图 11.5-69 所示。

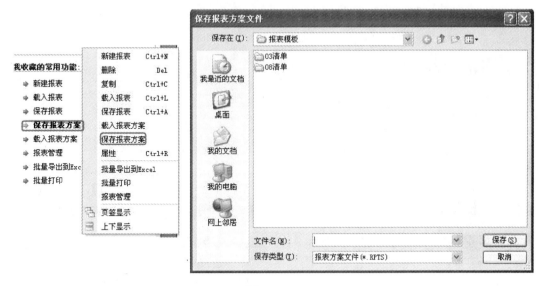

图 11.5-69

（5）载入报表

分为载入报表和载入报表方案。单击"我收藏的常用功能"中的【载入报表】，或单击鼠标右键选择【载入报表】，在弹出的"打开报表文件"窗口中选中所需报表，单击【打开】按钮退出，软件将载入此报表，如图 11.5-70 所示。

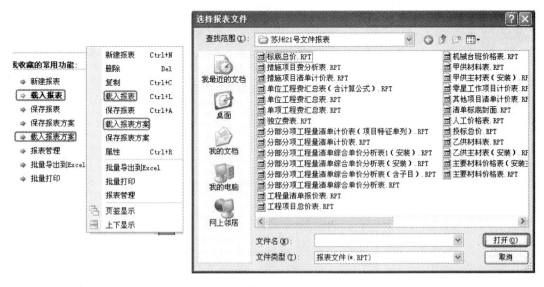

图 11.5-70

载入报表方案操作与载入报表一致。

第 12 章 定 额 计 价

12.1 新建投标项目

12.1.1 进入软件

在桌面上双击"广联达计价软件 GBQ4.0"快捷图标，软件会启动文件管理界面，如图 12.1-1 所示。

在文件管理界面选择工程类型为【定额计价】界面，单击【新建项目】，进入【新建标段】页面，选择【预算】，填写相关信息，注意定额库序列的选择，如图 12.1-2 所示。

图 12.1-1

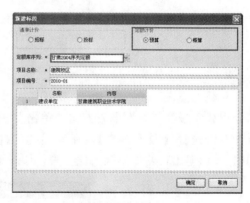

图 12.1-2

单击【确定】按钮，软件会进入招标管理主界面，如图 12.1-3 所示。

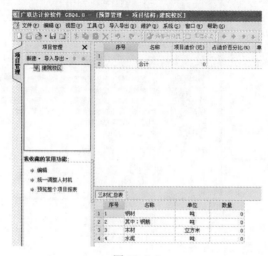

图 12.1-3

12.1.2 建立项目结构

（1）新建单项工程

定额计价中新建单项工程同清单计价。

（2）新建单位工程

选中单项工程节点"办公楼"，单击鼠标右键，选择【新建单位工程】，如图 12.1-4 所示。

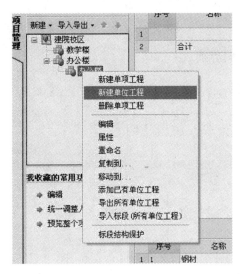

图 12.1-4

定额库选择"甘肃省建筑工程消耗量定额（2004）"，定额专业为"土建工程"。工程名称输入为土建工程，工程类别为二类工程。单击【确定】按钮，则完成新建土建单位工程文件，如图 12.1-5 所示。

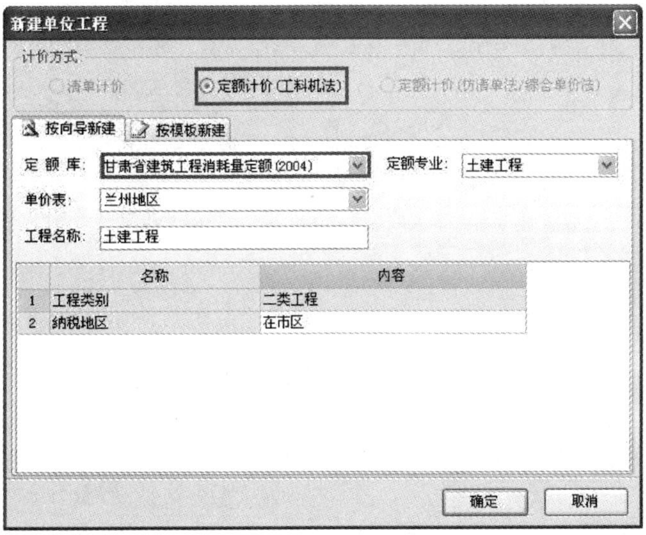

图 12.1-5

以同样的方法可以建立其他的单位工程。

12.1.3　保存文件

单击 按钮，在弹出的另存为界面单击【保存】按钮。

12.2　预算书的编制

下面我们以土建工程为例，介绍单位工程预算书的编制流程。

12.2.1　进入单位工程编辑界面

选择办公楼土建工程，单击【进入编辑】窗口，或双击办公楼土建【进入编辑】界面。

软件会进入单位工程编辑主界面，如图 12.2-1 所示。

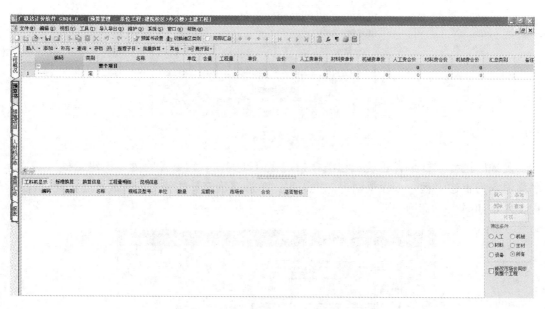

图 12.2-1

12.2.2　子目的录入

把定额子目输入预算书中，便于工程计价。

子目输入方法有：直接输入、跟随输入、查询输入、补充子目输入、借用定额子目。

（1）直接输入

直接输入定额号，例如 3-1，子目会进入预算书。

（2）跟随输入

如果要输入的子目和前一条子目属于同一章的，那么，直接输入序号，无需输入章号，软件会自动增加章号，例如，在上一条子目的下面直接输入 2，则定额号自动为 3-2。

（3）查询输入

可以通过查询定额的方法，输入定额子目，操作方法：单击功能区"查询窗口"，弹出查询窗口对话框。

双击定额子目即可输入，可以连续双击，同时输入多条定额子目。

（4）补充子目输入

定额本中没有的定额子目，需要补充定额子目，方法是：单击工具栏"补充"按钮，选择"子目"；或者直接输入补充定额号，例如：b：001，如图 12.2-2 所示。

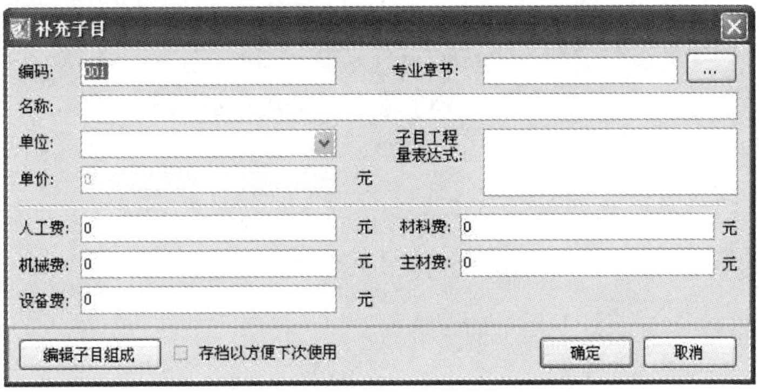

图 12.2-2

依次输入"编码"、"名称"、"单位"、"子目工程量表达式"、"人工费"、"材料费"、"机械费"、"主材费"、"设备费"，单击【确定】按钮即可。

如果想编辑补充子目的工料机构成，可以单击"编辑子目构成"界面，如图 12.2-3 所示。

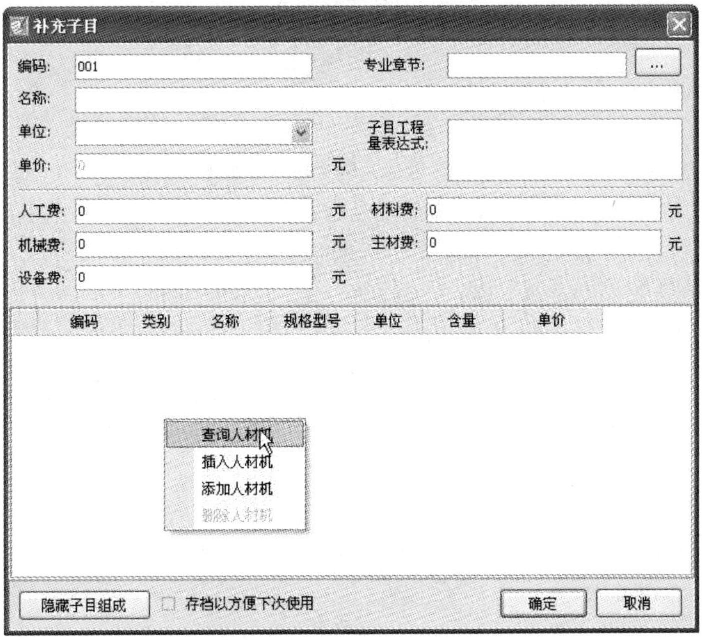

图 12.2-3

图 12.2-4

在下面的窗口中单击鼠标右键，通过查询人材机，插入、添加人材机来编辑工料机构成。

存档以方便下次使用：把这条补充子目存档，便于以后调用。

（5）借用定额子目

借用其他定额的子目，查询窗口中，切换为其他定额，如图 12.2-4 所示。

左面选择章节，右面双击定额子目，即可输入。

12.2.3 工程量输入

把定额子目工程量输入预算书中，软件自动计算出工程直接费。

子目工程量输入方法有：直接输入、图元公式、工程量明细、算量文件的导入。具体输入方法详见清单计价中子目工程量的输入。

12.2.4 预算书的换算和整理

预算书录入之后，还需要进行一些处理，这些处理有定额换算、预算书整理。

（1）定额换算

按照定额说明或者工程实际情况，对定额子目进行换算。

子目换算的方法有标准换算、直接输入换算、批量换算、手工换算、人材机类别换算，换算之后，我们可以查看换算信息，必要时候，可以取消换算。

1）标准换算：标准换算的具体步骤详见清单计价中的换算。

2）直接输入换算。

直接输入子目时，可以在定额号的后面跟上一个或多个换算信息来进行换算。同样，换算完成子目类别也会从"定"改为"换"。输入方法如下：

① 定额号□R＊n（□代表空格，n 为系数，R 大小写均可）：子目人工×系数，例如：2－56□R＊1.1—>表示人工费乘 1.1 系数。

② 定额号□C＊n（□代表空格，n 为系数，C 大小写均可）：子目材料×系数，例如：2－56□C＊1.1—>表示材料费乘 1.1 系数。

③ 定额号□J＊n（□代表空格，n 为系数，J 大小写均可）：子目机械×系数，例如：2－56□J＊1.1—>表示机械费乘 1.1 系数。

④ 定额号□Z＊n（□代表空格，n 为系数，Z 大小写均可）：子目主材×系数，例如：4－12□Z＊1.1—>表示主材乘以 1.1 系数。

⑤ 定额号□S＊n（□代表空格，n 为系数，S 大小写均可）：子目设备×系数，例如：8－42□S＊1.1—>表示设备乘以 1.1 系数。

⑥ 定额号□＊n（□代表空格，n 为系数）：子目×系数，它等价于 R＊n，C＊n，J＊n，例如：2－56□＊1.1—>表示子目人工、材料、机械同时乘 1.1 系数。

⑦ 定额号□R+n 或 R-n（□代表空格，n 为金额，R 大小写均可）：子目人工费±金额，例如：2-56□R+15.6—>表示子目人工费增加 15.6 元。

⑧ 定额号□C+n 或 C-n（□代表空格，n 为金额，C 大小写均可）：子目材料费±金额，例如：2-56□C-16.8—>表示子目材料费减少 16.8 元。

⑨ 定额号□J+n 或 J-n（□代表空格，n 为金额，J 大小写均可）：子目机械费±金额：例如：2-56□J+16.8—>表示子目机械费增加 16.8 元。

⑩ Z+n 或 Z-n（□代表空格，n 为金额，Z 大小写均可）：子目主材费±金额，例如：4-12□Z+1000—>表示主材费增加 1000 元。

⑪ +/-其他定额号及换算信息：加减其他子目，例如：2-56□+□2-101*10—>表示子目 2-56 加 2-101 乘 10 倍，合并为新子目。

3）批量换算：

批量换算可以分为人材机批量换算，批量系数换算。

人材机批量换算，如果多条子目中含有同一条材料，我们想把这条材料统一替换为另外一条材料，或者删除这条材料，就可以用人材机批量换算来完成。

单击工具栏"批量换算"按钮，选择"人材机批量换算"，或者直接单击功能区"人材机批量换算"按钮，如图 12.2-5 所示。

人材机批量换算

人材机汇总：

	编码	类别	名称	规格型号	单位	数量	预算价	市场价
1	GR2	人	二类工		工日	6.6	26	26
2	201008	材	标准砖	240x115x53m	百块	10.72	21.42	21.42
3	301023	材	水泥	32.5级	kg	0.6	0.28	0.28
4	401035	材	周转木材		m3	0.0004	1249	1249
5	511533	材	铁钉		kg	0.004	3.6	3.6
6	613206	材	水		m3	2.654	2.8	2.8
7	06016	机	灰浆拌和机200L		台班	0.106	51.43	51.43
8	GLF	管	管理费		元	47.28	1	1
9	LR	利	利润		元	22.7	1	1
10	□ 013003	浆	水泥砂浆	1:2	m3	0.031	212.43	212.43
11	— 101022	材	中砂		t	0.0454	38	38
12	— 301023	材	水泥	32.5级	kg	17.267	0.28	0.28
13	— 613206	材	水		m3	0.0093	2.8	2.8
14	605155	材	塑料薄膜		m2	0.56	0.86	0.86
15	13072	机	砼搅拌机400L		台班	0.112	83.39	83.39
16	15004	机	砼震动器(插入式)		台班	0.224	12	12
			C30粒径31.5					

替换人材机　　删除人材机　　恢复　　　　　　　　执行批量换算　　取消

图 12.2-5

选择要替换的人材机，单击"替换人材机"按钮，如图 12.2-6 所示。

选择一条要替换成的工料机，单击"替换"按钮，则这条材料完成替换。这样，所有选中的子目中，包含的那条原材料就同时被替换成了目标材料，如图 12.2-7 所示。

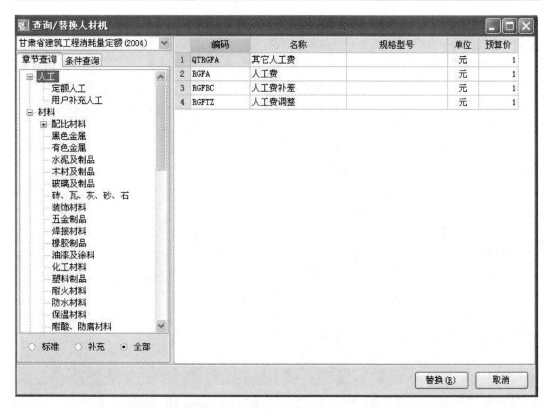

图 12.2-6

图 12.2-7

想恢复的时候，可以单击"恢复"按钮。

如果要完成工料机删除，则在人材机替换窗口中，选择一条工料机，直接单击"删除人材机"即可。

4）手工换算：

通过手工调整人材机的含量、价格、人材机替换来完成子目的换算。

选择需要换算的定额子目，单击功能区"工料机显示"，在属性窗口中就显示出这条子目下的工料机，如图 12.2-8 所示。

			整个项目				0				0	0	0
1	4-12-2	定	现浇矩形柱 混凝土C2S	m3	0	219.22	0	50.7	162.22	6.3	0	0	0

	工料机显示	标准换算	换算信息	工程量明细	说明信息								
	编码	类别	名称	规格及型号	单位	损耗率	含量	数量	定额价	市场价	合计	是否暂估	锁定数量	原始含量
1	R8000A	人	综合工日		工日		2.164	0	23.43	23.43	0			2.164
2	35A	材	水		m3	0.909	0	0.84	0.84	0			0.909
3	+ 1TH731A	砼	塑性卵石砼	Φ40mm C25	m3	0.986	0	156.72	156.72	0			0.986
0	+ 3TH44A	浆	水泥砂浆	1:2	m3	0.031	0	212.92	212.92	0			0.031
12	693A	材	草袋		片	0.209	0	1.6	1.6	0			0.209
13	J3075A	机	灰浆搅拌机	200L	台班	0.004	0	50.03	50.03	0			0.004
14	J3074A	机	混凝土搅拌机	400L	台班	0.062	0	98.35	98.35	0			0.062

插入 添加
删除 查询
补充

筛选条件
○人工 ○机械
○材料 ○主材
○设备 ⊙所有

□修改市场价同步
到整个工程

图 12.2-8

在工料机显示窗口中，可以直接修改子目的含量，来进行换算，方法是直接选择要修改的单元格，输入想要的值即可。

也可以直接修改材料编码，把人材机编码改成其他人材机的编码，直接完成人材机的替换。

除此之外，还能够添加、删除、补充人材机进行换算，方法是，单击鼠标右键，如图12.2-9 所示。

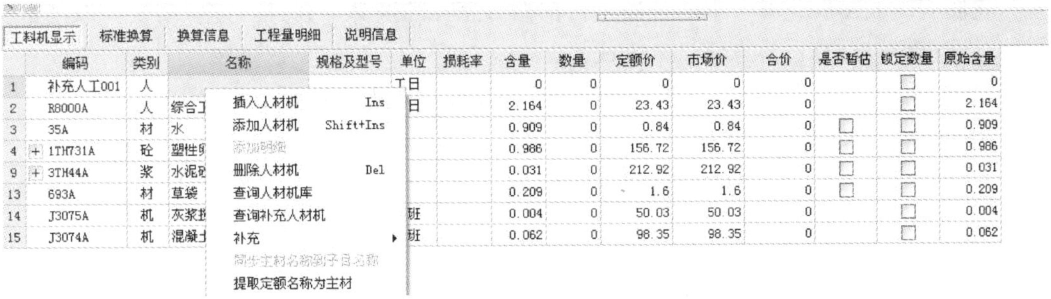

	工料机显示	标准换算	换算信息	工程量明细	说明信息								
	编码	类别	名称	规格及型号	单位	损耗率	含量	数量	定额价	市场价	合价	是否暂估	锁定数量	原始含量
1	补充人工001	人					0	0	0	0	0			0
2	R8000A	人	综合	插入人材机 Ins	日		2.164	0	23.43	23.43	0			2.164
3	35A	材	水	添加人材机 Shift+Ins			0.909	0	0.84	0.84	0			0.909
4	+ 1TH731A	砼	塑性卵	添加明细			0.986	0	156.72	156.72	0			0.986
9	+ 3TH44A	浆	水泥砂	删除人材机 Del			0.031	0	212.92	212.92	0			0.031
13	693A	材	草袋	查询人材机库			0.209	0	1.6	1.6	0			0.209
14	J3075A	机	灰浆搅	查询补充人材机	班		0.004	0	50.03	50.03	0			0.004
15	J3074A	机	混凝土	补充 ▶	班		0.062	0	98.35	98.35	0			0.062

简化主材名称到子目名称
提取定额名称为主材

图 12.2-9

① 插入人材机：在当前行前面插入空白行，在空白行的编码列直接输入人材机的编码完成人材机添加。

② 添加人材机：在最下面添加一行空白行，在空白行的编码列直接输入人材机的编码完成人材机添加。

③ 添加明细：选中配比材料时此项有效，在当前配比材料下面增加一空白行，在空白行的编码列直接输入人材机的编码完成人材机添加。

④ 删除人材机：删除当前人材机；选中多行时，可以一次性删除多条人材机。

⑤ 查询人材机库：打开人材机查询窗口，从人材机库中选择一条材料替换或追加到

当前行。

⑥ 补充：包括补充人工、材料、机械、主材、设备、暂估，点击后出现补充人材机窗口，如图 12.2-10 所示。

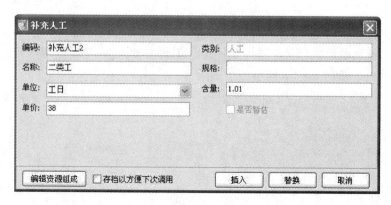

图 12.2-10

输入补充人材机的信息后，单击"插入"按钮，可插入到当前行的前面，单击"替换"按钮，则替换掉当前人材机，单击"编辑资源组成"，可以编辑此人材机明细。

5）人材机类别换算：

做工程的时候，有时候需要把某些普通材料转换成主材、设备，有时候，我们又需要反过来，把主材、设备转换成普通人材机。软件中可以这样操作完成，选择某定额子目，在工料机显示窗口中找到需要转换成主材的材料，单击"类别"按钮，下拉展开选择"主材"即可。

6）查看换算信息：

我们有时候需要查看一下，定额子目都做过怎样的换算，并且，按照需要，取消部分换算，这都可以用查看换算信息来完成。

单击功能区"换算信息"按钮，属性窗口中就显示换算信息窗口，如图 12.2-11 所示。

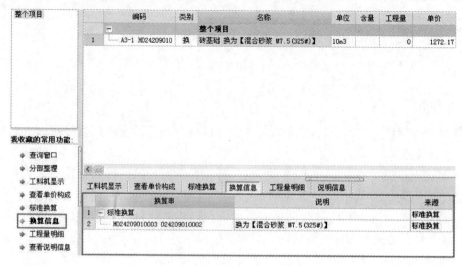

图 12.2-11

换算信息窗口中，列出了当前子目做过的所有换算的换算串、换算说明和换算来源。如果我们想取消某一步换算，可以选择这个换算，单击右面的"删除"按钮（图 12.2-12）。

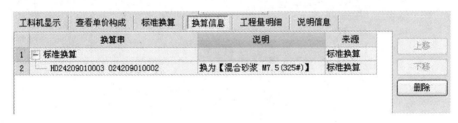

图 12.2-12

7）取消换算：

对已经换算的子目如果想取消换算，可以单击鼠标右键，在右键菜单中选择"取消换算"，如图 12.2-13 所示。

图 12.2-13

（2）预算书的整理

软件支持自动分部整理、手动添加分部进行分部整理、子目排序、保存和还原子目顺序。

1）自动分部整理：

单击功能区"分部整理"按钮，或者单击工具栏"整理子目"下的"分部整理"按钮，如图 12.2-14 所示。

在上面选择需要的分部标题，单击"确定"按钮，完成分部整理。

说明：

① 需要专业分部标题：分部整理时，按专业分部，显示分部名称。

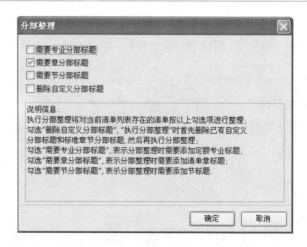

图 12.2-14

② 需要章分部标题：分部整理时，按章分部，显示章名称。

③ 需要节分部标题：分部整理时，按节分部，显示分节名称。

④ 删除自定义分部标题：删除手动分部时自定义好的分部标题。

2）手动添加分部：

第一步：鼠标点击整个项目，单击工具栏"插入"下的"插入子分部"按钮，或者直接单击鼠标右键，选择"插入子分部"；则第一个分部被插入到第一行，手动输入编码和名称即可。

第二步：鼠标点击第二个分部的第一条子目，单击工具栏"插入"下的"插入分部"按钮，或者直接单击鼠标右键，选择"插入分部"；则第二个分部被插入，输入编码和名称。

第三步：需要插入二级分部时，鼠标点击一级分部，点击工具栏"插入"下的"插入子分部"按钮，或者直接单击鼠标右键，选择"插入子分部"；则二级分部被插入，输入编码和名称；用第二步的方法，就可以插入第二个二级分部。

反复使用上述方法，可以建立多级分部。

3）子目排序：

单击工具栏"整理清单"下的"子目排序"按钮，子目就按照章节顺序排序。

4）保存和还原子目顺序：

有时候，我们需要记忆定额子目顺序，分部整理或者排序后，又希望能够恢复到整理排序前的顺序，这时可以首先保存子目顺序，随后希望恢复的时候，可以还原清单顺序。

① 保存子目顺序：单击工具栏"整理清单"下的"保存子目原顺序"按钮，则子目的顺序就被保存下来。

② 还原子目顺序：当我们需要恢复上次保存的子目顺序时，单击"整理清单"下的"还原子目原顺序"按钮，则清子目的顺序就恢复到上次保存的状态。

12.2.5　措施项目组价

根据工程实际施工需要，我们列出各个措施项，并根据本地计价办法进行组价。

措施的组价方式分为：计算公式组价、定额组价、实物量组价、子措施组价。

（1）计算公式组价

软件默认给出符合当地的计算基数和费率。

如果您需要修改，可按以下操作进行修改：

1）单击【计算基数】列需修改基数，双击后，再点击⋯按钮，即可选择代码进行修改，如果您已经熟悉代码，就可以直接输入代码进行修改；

2）单击【费率】列修改费率，双击后，再点击⋯按钮，即可选择所需费率进行修改，如果您已经熟悉费率，就可以直接输入费率进行修改，如图 12.2-15 所示。

		措施项目				
	一	费率措施项目				
	1	安全施工费	计算公式组	RGF*1.528+JX	11.7	1
	2	文明施工费	计算公式组	RGF*1.528+JX	2.1	1
	3	环境保护费	计算公式组	RGF*1.528+JX	1.31	1

图 12.2-15

如果您增加一个按计算公式组价的措施项，也按以上操作进行。

（2）定额组价

1）选择需要组价的措施项，如脚手架，单击【查询】或【查询窗口】按钮，将弹出如图 12.2-16 所示界面。

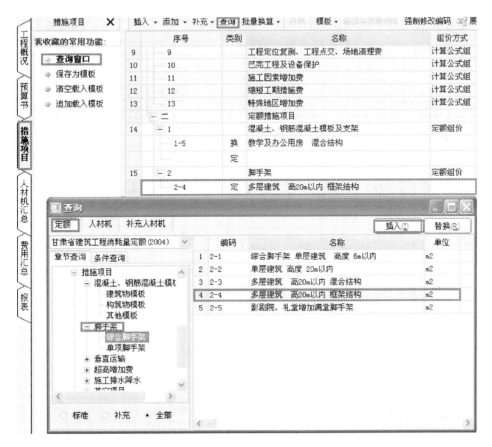

图 12.2-16

471

2）找到需要的措施定额，双击子目插入或选中子目后单击【插入】按钮，输入工程量，即输入措施子目。

3）如有多条子目请重复上述步骤进行组价。

4）当子目里工料机需要进行换算时，单击属性窗口的【工料机显示】按钮，单击属性窗口的辅助工具栏里的【查询】按钮，进行增加材料和替换材料，如图 12.2-17 所示。

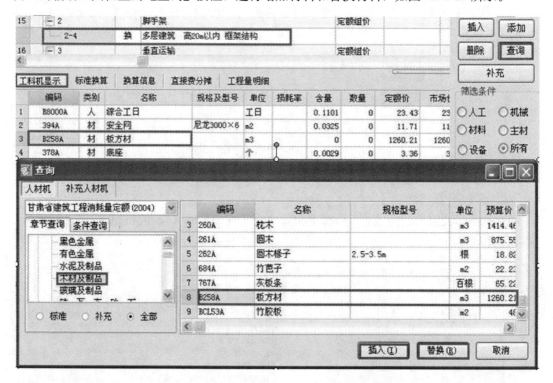

图 12.2-17

5）调整工料机市场价时，如我们调整图 12.2-17 周转木材市场价为 1500 元，想让其他地方的此材料也是此价格，只需将属性窗口的辅助工具栏里的【修改市场价同步到整个工程】打"√"，即可实现。

（3）实物量组价

实物量组价同清单计价换算中的子措施组价。

（4）子措施组价

子措施组价同清单计价换算中的子措施组价。

12.2.6　人材机汇总

人材机的汇总内容与方法详见清单计价中的人材机汇总。

12.3　费用计算及报表输出

12.3.1　费用计算

汇总各部分费用，进行取费设置，单击导航栏中的"费用汇总"按钮，即可进入该界面，如图 12.3-1 所示。

一	A		直接费	A1+A2+A3	其中：人工费+材料费+机械费	
	A1		其中：人工费	B1+C1a+C2a	其中：人工费+其中：人工费+其中：人工费	
	A2		材料费	B2+C1b+C2b	材料费+材料费+材料费	
	A3		机械费	B3+C1c+C2c	机械费+ 机械费+ 机械费	
(一)	B		直接工程费	B1+B2+B3	其中：人工费+材料费+ 机械费	
	B1		其中：人工费	RGF*1.528	人工费*1.528	
	B2		材料费	B21+B22	材料直接费+检验试验费	
	B21		材料直接费	CLF	材料费	
	B22		检验试验费	CLF	材料费	0.24
	B3		机械费	JXF	机械费	
(二)	C		措施费	C1+C2	费率措施费+定额措施费	
	C1	c	费率措施费	C1a+C1b+C1c	其中：人工费+材料费+ 机械费	
	C1a		其中：人工费	ZZCS_RGF	费率措施人工费	
	C1b		材料费	C1b1+C1b2	材料直接费+检验、试验测定费	
	C1b1		材料直接费	ZZCS_CLF	费率措施材料费	
	C1b2		检验、试验测定费	ZZCS_CLF	费率措施材料费	0.24
	C1c		机械费	ZZCS_JXF	费率措施机械费	
	C2		定额措施费	C2a+C2b+C2c	其中：人工费+材料费+ 机械费	
	C2a		其中：人工费	JSCS_RGF*1.528	定额措施项目人工费*1.528	
	C2b		材料费	C2b1+C2b2	材料直接费+检验、试验测定费	
	C2b1		材料直接费	JSCS_CLF	定额措施项目材料费	
	C2b2		检验、试验测定费	JSCS_CLF	定额措施项目材料费	0.24
	C2c		机械费	JSCS_JXF	定额措施项目机械费	
二	D	d	间接费	A1+A3	其中：人工费+机械费	35.26
三	E	e	利润	A1+A3	其中：人工费+机械费	12.55
四	F	f	人工费调整	A1	其中：人工费	30
	G		材料价差	G1+G2	其中：一类材差+二类材差	
	G1		其中：一类材差	CLJC	材料价差	
	G2	g2	二类材差	A2	材料费	0
	H	h	机械费调整	A3	机械费	0
五	J		规费	J1+J2+J3+J4+J5	社会保障费+住房公积金+工程排污费+危险作业意外伤害保险+企业可持续发展基金	
	J1	j1	社会保障费	A1	其中：人工费	0
	J2	j2	住房公积金	A1	其中：人工费	0
	J3	j3	工程排污费	A1+A3	其中：人工费+机械费	0.22
	J4	j4	危险作业意外伤害保险	A1+A3	其中：人工费+机械费	0.4
	J5	j5	企业可持续发展基金	A1+A3	其中：人工费+机械费	9.4
六	M	m	税金	A+D+E+F+G+H+J	直接费+间接费+利润+人工费调整+材料价差+机械费调整+规费	3.41
七	N		工程造价	A+D+E+F+G+H+J+M	直接费+间接费+利润+人工费调整+材料价差+机械费调整+规费+税金	

注意定额计价与清单计价工程造价的组成

图 12.3-1

(1) 删除行

如果需要删除费用项，请选择所要删除的费用项，单击系统工具条的【删除】或右键【删除】按钮。

(2) 插入行

如果需要添加费用项，则选中一个费用项，单击【插入】按钮，软件会在此费用项行的上方出现一空行，然后输入费用名称、取费基数、费率等。

(3) 查询费用代码

当我们需要修改费用项的计算基数或在新的费用项输入计算基数时，我们用到此功能。

1) 单击【查询费用代码】，会出现费用代码的查询窗口。

2) 在右侧窗口中找到需要的代码，双击左键，即可写入当前费用项。

（4）查询费率信息

当我们需要修改费用项的费率或在新的费用项输入费率时，我们用到此功能。

1）单击【查询费率信息】，会弹出费率查询的窗口。

2）在需要的费率值上双击，该费率会自动套费到费用项上。

（5）保存为模板

前面修改了计算基数和费率，如果有相同工程要用到，我们可以进行存档，以便以后使用。

1）单击"我收藏的常用功能"区的【保存为模板】按钮，会弹出保存窗口。

2）选择好保存路径后，输入文件名，单击【保存】按钮，就保存了这个费用模板。

（6）载入模板

工程用到的费用模板以前已经保存过，或者在软件的后台模板里有，我们用此工程调出使用。

1）单击"我收藏的常用功能"区的【载入模板】按钮，会弹出打开窗口。

2）选择好需要的模板后，单击【确定】按钮，就把此模板应用到当前工程了。

12.3.2 报表编辑及输出

报表的预览、编辑、输出和保存的具体操作步骤同清单计价的表格章节，详见第11.4节中相关内容。定额计价报表内容如图12.3-2所示。

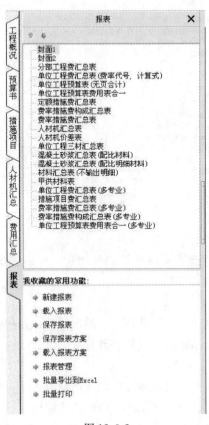

图12.3-2